例題で学ぶ
光エレクトロニクス入門

INTRODUCTION TO OPTOELECTRONICS

樋口英世 著

森北出版株式会社

● 本書のサポート情報を当社 Web サイトに掲載する場合があります．下記の URL にアクセスし，サポートの案内をご覧ください．

　　　　　　　　http://www.morikita.co.jp/support/

● 本書の内容に関するご質問は，森北出版　出版部「(書名を明記)」係宛に書面にて，もしくは下記の e-mail アドレスまでお願いします．なお，電話でのご質問には応じかねますので，あらかじめご了承ください．

　　　　　　　　editor@morikita.co.jp

● 本書により得られた情報の使用から生じるいかなる損害についても，当社および本書の著者は責任を負わないものとします．

■ 本書に記載している製品名，商標および登録商標は，各権利者に帰属します．

■ 本書を無断で複写複製（電子化を含む）することは，著作権法上での例外を除き，禁じられています．複写される場合は，そのつど事前に(社)出版者著作権管理機構（電話 03-3513-6969，FAX 03-3513-6979，e-mail：info@jcopy.or.jp）の許諾を得てください．また本書を代行業者等の第三者に依頼してスキャンやデジタル化することは，たとえ個人や家庭内での利用であっても一切認められておりません．

まえがき

　1960 年代にレーザ発振が実現して以来，計測，光通信，情報の記録・再生，機械加工，医療などのさまざまな分野でレーザ光が利用されてきた．これらの分野におけるレーザ光利用技術およびレーザ光発生技術などを，一般に光エレクトロニクスと総称している．各技術分野を解説した専門書はすでに数多く存在するが，内容の質，量とも，学部レベルの教科書としては程度が高すぎるものが多いと思われる．

　そこで本書では，基本的なテーマのみを取り上げ，それらについてはできるだけ詳しく解説し，光エレクトロニクスの内容を定量的かつ直観的に理解してもらえる教科書となるよう心がけた．記述にあたって，とくに留意したのは次の点である．

(1) 光エレクトロニクスのエッセンスを理解するのに必要最小限と思われるテーマを取り上げ，大学の一般教養レベルの数学の知識で理解できるよう，詳しく解説した．
(2) 式の導出については，目視でフォローできる程度まで詳しく記述した．
(3) 随所に例題を設け，得られた結果が具体的にどのような値になるか，数値例により確認した．
(4) 章末の演習問題には本文の記述を補足する基本的な問題を含め，巻末には詳細な解答例を付けた．

　以上の方針により，入門レベルの光エレクトロニクスの内容を，通年用の教科書として適当と思われる分量にまとめたが，筆者の浅学のため，思わぬ間違いがあるかもしれない．読者諸賢のご指摘をお願いする次第である．

　終わりに，本書の出版に際して，いろいろお世話になった森北出版株式会社の石田昇司氏をはじめとして，同社の方々に厚くお礼申し上げる．

2014 年 10 月　　　　　　　　　　　　　　　　　　　　　　　　　　　著　者

目　次

1章　光エレクトロニクスの概要　　1
1.1　光とは　　1
1.2　レーザ光の特徴とその利用技術　　5
演習問題　　10

2章　電磁波の基礎　　11
2.1　マクスウェル方程式　　11
2.2　波動方程式　　13
2.3　平面波　　14
2.4　ガウスビームと回折　　18
2.5　偏　光　　24
演習問題　　29

3章　異なる媒質中の電磁波　　31
3.1　反射，透過（屈折）と幾何光学　　31
3.2　スラブ導波路中の光の伝搬　　42
3.3　全反射とエバネッセント波　　54
演習問題　　59

4章　レーザ光の特徴 —単色性と指向性—　　60
4.1　単色性　　60
4.2　指向性　　64
演習問題　　67

5章　レーザの発振原理　　68
5.1　レーザの発展小史　　68
5.2　レーザの分類　　75
5.3　2準位系の原子およびフォトン密度の時間変動　　76

5.4	反転分布による光の増幅	80
5.5	増幅利得	83
5.6	光共振器とフォトン寿命	85
5.7	発振条件	88
	演習問題	91

6章 発光素子の動作原理　94

6.1	LDの構造と動作原理	94
6.2	光出力‐電流特性	103
6.3	FP-LDのスペクトル	108
6.4	分布帰還型レーザ	109
6.5	変調特性	111
6.6	発光ダイオード	118
	演習問題	120

7章 受光素子の動作原理　121

7.1	PDの構造と動作原理	121
7.2	感度と量子効率	122
7.3	PDの特性	124
7.4	応答速度	128
7.5	雑音特性	130
7.6	APDの動作原理と特性	132
	演習問題	138

8章 光ディスク装置の概要　140

8.1	光ディスク装置の構造と動作原理	140
8.2	光ディスクの分類	142
8.3	光ピックアップの集光特性	147
	演習問題	151

9章 光ファイバ通信方式　153

9.1	光ファイバ通信系の構成法	153
9.2	変調方式	154
9.3	光ファイバ	155

9.4 多重化方式 ……………………………………………… 163
演習問題 …………………………………………………… 166

演習問題の解答　168

付　録　201

A.1　ストークスの定理とガウスの定理 ……………………… 201
A.2　インコヒーレント光の周波数スペクトル ……………… 202
A.3　物理定数表 ………………………………………………… 206

参考文献　207

索　引　208

光エレクトロニクスの概要

　光エレクトロニクスは，レーザ光を発生させることが可能になった 1960 年代以降に急速に発展した比較的新しい技術分野である．

　レーザ光は，太陽光や白熱電球の光などの自然光に比べて波長が揃っており（単色性がよい），また特定の方向に強く放射される（指向性が強い）といった特徴をもつ．このため，レーザ光が出現して以来，その特徴を生かして，計測，光通信，情報の記録・再生，機械加工，医療などのさまざまな分野でレーザ光が利用されてきた．これらの分野におけるレーザ光利用技術およびレーザ光発生技術などを一般に**光エレクトロニクス**（optoelectronics）と総称している．

　本章では，まず光とは何かを述べ，次にレーザ光の特徴と，それがどのように使われるかを概観する．

1.1　光とは

　1864 年にイギリスのマクスウェル（J.C.Maxwell）は，それまでに知られていた電気（電界）と磁気（磁界）に関する現象が四つの基本方程式にまとめられることを示し，その解として**電磁波**（electromagnetic wave）の存在を予言した．1888 年になってドイツのヘルツ（H.R.Hertz）は電気振動から発生する電磁波の存在を確認し，それが反射，屈折，偏り（偏光）などの点で光と同一の性質をもつことを実証した．また，その伝搬速度もすでに知られていた光の速度に等しいことがわかり，光が電磁波の一種であることが明らかになった．

　図 1.1 は電磁波が真空中を伝搬する様子を示す模式図である．図 (a) のように，電磁波の伝搬方向を z 軸方向，電界の振動方向を x 軸方向にとると，磁界は y 軸方向に振動する．すなわち，電界ベクトル $\boldsymbol{E}_x$ を磁界ベクトル $\boldsymbol{H}_y$ 方向に右回転させるとき，右ネジの進む方向が伝搬方向であり，伝搬速度 c は真空中の光の速度（3×10^8 [m/s]）である．電界と磁界の振動方向は伝搬方向と直交しており，このような波動を**横波**（transverse wave）という．電界または磁界の振動の山（ピーク）から山（または谷から谷）の間隔を**波長**（wave length）λ という．電界および磁界の値が一定値をとる点の集合（たとえば，電界および磁界が山の値をもつ点の集合）は一般に面を形成し，この面を**波面**（wave front）という．図 (a) の電磁波の波面は図 (b) のように，

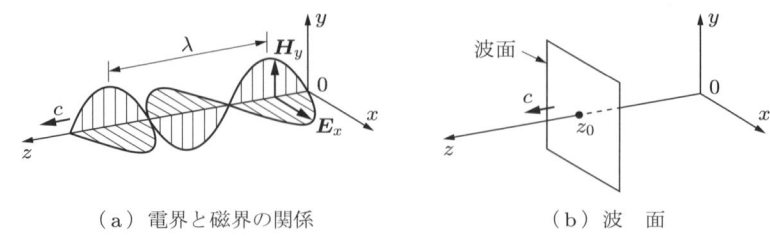

(a) 電界と磁界の関係　　　　　(b) 波　面

図 1.1　z 方向に伝搬する電磁波

ある値 z_0 で z 軸と直交する（無限に広い）平面となる．波面が平面となる電磁波を**平面波**（plane wave）といい，マクスウェルの方程式の基本的な解である．電磁波は波面と垂直方向に伝搬する．

図 1.1(a) のような横波は肉眼では見ることができないので，その様子を直感的に理解するのは難しいが，容易に観察できてわかりやすい横波もある．それは水面に発生する波である．静かな水面に石を落とすと，**図 1.2**(a) のように，石が落ちた点（×印）を中心にして速度 v で円形に波が広がる．図 (b) は図 (a) の破線に沿った断面であり，水面は波の進行方向と垂直に振動するが，水そのものは波の進行方向に動いているわけではない．水の振動の山は円形の波面を形成し，同心円状に広がる．そのときの波面と波面の間隔が波長 λ である．ほかに身近な波として音の波（音波）があるが，これは音が進む方向に空気（水中の場合は水）が粗密振動する波であり，このような波を**縦波**（longitudinal wave）という．これらの水や空気のように，波を伝搬させる役目をする物質を**媒質**（medium）という．

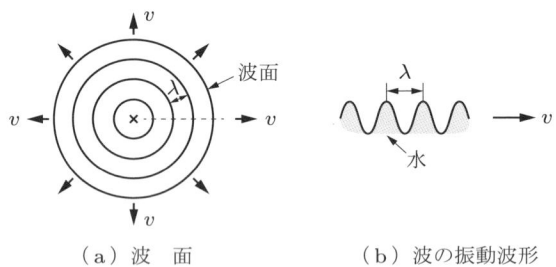

(a) 波　面　　　　　(b) 波の振動波形

図 1.2　水面に発生する波

水面の波や音波などは水や空気などの媒質がなければ存在しえないが，電磁波は媒質がなくても存在でき，たとえば真空中では光速 c で伝搬する．これは，図 1.1(a) のように，電界の時間変化が磁界の時間変化を誘起し，磁界の時間変化が電界の時間変化を誘起して，その連鎖で伝搬するからである．媒質がない空間でも伝搬できるのが

電磁波の著しい特徴である．

　電磁波は真空中では波長によらず光速 c で伝搬するので，電界または磁界の単位時間あたりの**振動数**すなわち**周波数**（frequency）f は次式で与えられる．

$$f = \frac{c}{\lambda}\,[\text{s}^{-1}] \quad (\equiv [\text{Hz}]) \tag{1.1}$$

したがって，電磁波は波長または周波数で分類することができる．電磁波を図 1.1(a) のような横波として直接見ることはできないが，ある波長帯の電磁波は赤や青などの色をもつ光として肉眼で見る（感じる）ことができる．つまり，われわれがふだん感じている**光**（light）とは，次に述べるように，肉眼で見える波長とその近辺の波長帯の電磁波のことなのである．

　図 1.3 は，波長および周波数により電磁波を分類した図（波長スペクトル，周波数スペクトル）であり，波長がおよそ 0.001 [μm]（1 [nm]）から 100 [μm] 程度の電磁波を光という．光のうち，波長が 0.38 [μm]（紫）から 0.7 [μm]（赤）程度の電磁波は肉眼で見えるので，この波長帯の光を**可視光**（visible light）または**可視光線**（visible ray）という．可視光より長波長帯の光を**赤外線**（infrared ray），短波長帯の光を**紫外線**（ultraviolet ray）という．赤外線や紫外線は肉眼では見えないので，通常，光といえば可視光をさすことが多い．波長が 100 [μm] 以上の電磁波を**電波**（radio wave, electric wave）といい，波長が 0.001 [μm]（1 [nm]）以下になると X 線，γ 線（放射

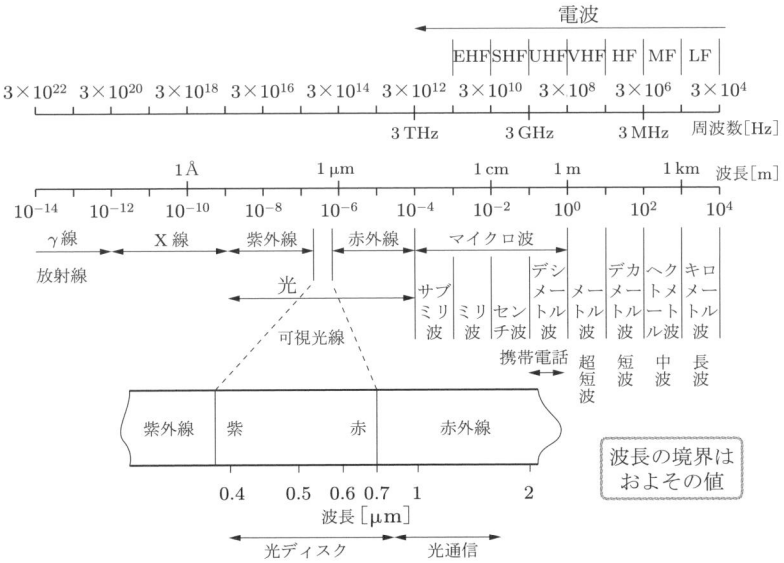

図 1.3　電磁波の波長・周波数スペクトル

線）となる．

　光には太陽光や白熱電球の光のように，昔から知られている自然光があるが，レーザ光も含まれる．

　光ディスクの読み取り・書き込み用には $0.4 \sim 0.78\,[\mu\mathrm{m}]$ 帯，光ファイバ通信用には $0.85 \sim 1.6\,[\mu\mathrm{m}]$ 帯のレーザ光が使われている．テレビ・ラジオ放送や携帯電話などには，赤外線より長波長帯にある電波が使われている．レントゲン写真などの医療用には，紫外線より短波長帯にある X 線が使われている．

　また，電磁波のエネルギーは波長の逆数，すなわち，周波数に比例して大きくなるので（5.1 節参照），とくに，紫外線やそれよりさらに波長が短い X 線，γ 線（放射線）などは大量に浴びないよう注意しなければならない．

例題 1.1　波長 $\lambda = 0.65\,[\mu\mathrm{m}]$ の光（赤色光）の周波数を求めよ．また，この波長が 0.5%長くなると，周波数はいくら変動するか．

解答　式 (1.1) より，周波数は以下のようになる．

$$f = \frac{3 \times 10^8}{0.65 \times 10^{-6}} \fallingdotseq 4.62 \times 10^{14}\,[\mathrm{Hz}] = 462\,[\mathrm{THz}]$$

波長変動分 $\Delta\lambda$ に対する周波数変動分を Δf として，図 1.4 のように，$\dfrac{\Delta f}{\Delta\lambda}$ を微分 $\dfrac{df}{d\lambda}$ で近似すると，次の関係が成り立つ．

$$\frac{df}{d\lambda} = -\frac{c}{\lambda^2} \fallingdotseq \frac{\Delta f}{\Delta\lambda}$$

$$\Delta f \fallingdotseq -\frac{c}{\lambda^2} \cdot \Delta\lambda = -\frac{c}{\lambda} \cdot \frac{\Delta\lambda}{\lambda}$$

$$= -\frac{3 \times 10^8}{0.65 \times 10^{-6}} \times 0.005 = -\frac{3 \times 5}{6.5} \times 10^{12}\,[\mathrm{Hz}] \fallingdotseq -2.31 \times 10^{12}\,[\mathrm{Hz}]$$

すなわち，周波数は約 2.31 [THz] 低くなる．微小な波長変動分 $\Delta\lambda$ と周波数変動分 Δf の関係を微分で近似する手法はしばしば用いられる．

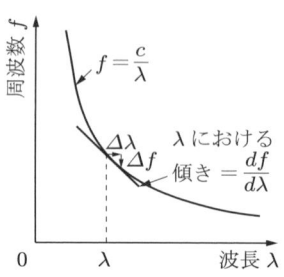

図 1.4　$\Delta f/\Delta\lambda$ と $df/d\lambda$ の関係

1.2 レーザ光の特徴とその利用技術

　レーザ光は自然光に比べて波長幅が非常に狭い（単色性がよい），特定の方向に強く放出される（指向性が強い），点滅速度（変調速度）が大きい，などの特徴をもつ．これらの特徴は発光原理に由来し，レーザ光の色々な側面を表すものであり，互いに独立ではない．レーザ光の発光原理の詳細については5章以降で述べる．本節では，これらの特徴とそれがどのように利用されるかを概観する．

1.2.1 レーザ光の特徴
(1) 単色性
　図1.3のように，肉眼で見える光の色は波長により決まる．たとえば，波長 $\lambda = 0.65\,[\mu m]$ 付近の光の色は赤であり，波長 $\lambda = 0.4\,[\mu m]$ 付近の光の色は青紫である．そこで，肉眼で見えるか否かにかかわらず，一つの波長（すなわち，一つの周波数）からなる光を**単色性**（monochromacy）のよい光または**単色光**（monochromatic light）という．新しい光である**レーザ光**（laser light）は，太陽光や白熱電球の光のような**自然光**（spontaneous light）に比べて，単色性のよい光である．

　図1.5に，太陽光と波長 $\lambda = 0.65\,[\mu m]$ の半導体レーザのスペクトル例を示す．大気圏外の太陽光は波長 $0.5\,[\mu m]$ 付近にピークをもち，$0.3\sim2.0\,[\mu m]$ にかけて広がるスペクトルをもつが，大気圏内の分子により光が吸収されるため，地表では破線のように複雑な凹みをもつ形状に変化する．このように，波長広がりが大きい（波長幅が広い）光は肉眼で白っぽく見える．これに対して，波長 $0.65\,[\mu m]$ の半導体レーザのスペクトルは $0.1\,[nm]$ 程度の波長幅しかもたないので，太陽光に比べて，極めて単色性のよい光である．このような光はスペクトルが一本の線のように見えるので，これを**線スペクトル**（line spectrum）ともいう．

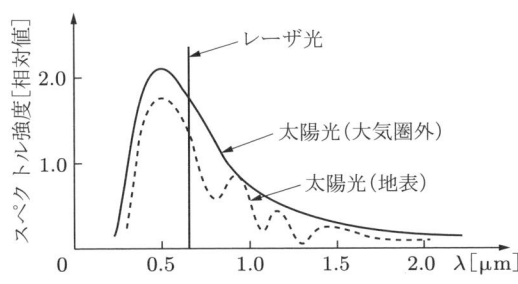

図1.5　太陽光と波長 $\lambda = 0.65\,[\mu m]$ の半導体レーザのスペクトル

(2) 指向性

図 1.6(a) にレーザ光, 図 (b) に自然光の**指向性** (directivity) の模式図を示す. レーザ光が指向性をもつのは, 図 (a) の矢印ように, 光共振器の対向するミラー面 (反射面) の間で光が往復する間に誘導放出光により増幅されて発振し, 発振光の一部が光共振器の外部に出射されるからである. これに対応して, 波面は発光部 (活性層) からミラー面に平行に, 平面波に近い形状で出射される. すなわち, レーザ光はミラー面に垂直な方向に出射される.

一方, 太陽光や白熱電球の光のような自然光の波面は, 図 (b) のように, 不規則に歪んだ, または途切れた形状で, 時間的, 空間的に相関をもたずに (ランダムに) 発生する. 光 (波) の進む方向は波面に垂直な方向であるから, このような波は色々な方向に進み, したがって, ほとんど指向性をもたないのである.

なお, 図 1.2(a) のような波面が円形の波は, 波面の形状が揃っていても, 波源を中心にして同心円状に広がるので, 指向性が強い波とはいえない.

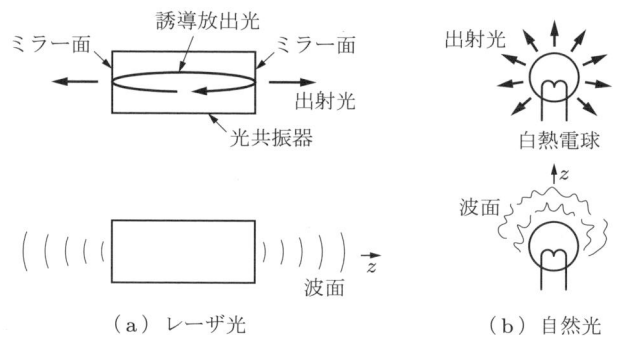

図 1.6 レーザ光と自然光の指向性の模式図

(3) パワー密度

図 1.6(a) のように, レーザ光は光共振器の狭い領域に閉じ込められて発振するので, 発光部の断面積は小さく, 出射面におけるパワー密度は一般に非常に高くなる. また, 指向性のよい光はレンズで集光しやすく, 焦点におけるパワー密度を非常に高くすることができる. これは, 図 1.7 のように, 焦点面における集光ビームの大きさ (ビーム径) d が波長に比例するからである. すなわち, 波長が短い高出力レーザの出射光を集光することにより, 焦点面におけるパワー密度を極めて高くすることができる. 自然光は, 一般に多くの波長成分をもつので, 焦点面における集光ビーム径が波長ごとに異なり, ぼやけてしまうのである. なお, 特定の方向に強く放射される電磁

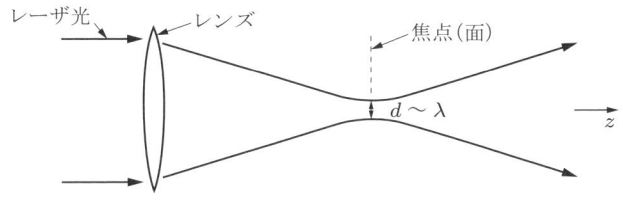

図 1.7 レンズによるレーザ光の集光

波または光の束を**ビーム**（beam）という．

例題 1.2 半導体レーザの出射面における発光部断面積は $1 \times 1\,[\mu m^2]$ 程度である．60 [W] で発光している白熱電球を半径 3 [cm] の球とみなす（電極部分の面積は無視する）とき，白熱電球表面における $1 \times 1\,[\mu m^2]$ あたりの光パワーと半導体レーザ発光部における光パワーの比を求めよ．ただし，半導体レーザの出射パワーは 5 [mW] とし，白熱電球は表面全体で一様に発光しているものとする．

....

解答 半径 r の球の表面積は $4\pi r^2$ であるから，白熱電球表面上の $1 \times 1\,[\mu m^2]$ の面積内の光パワーは次のようになる．

$$60 \times \frac{(1 \times 10^{-4})^2}{4 \times 3.14 \times 3^2} \fallingdotseq 0.53 \times 10^{-8}\,[W]$$

半導体レーザ出射面の発光部面積 $1 \times 1\,[\mu m^2]$ 内の光パワーは $5 \times 10^{-3}\,[W]$ である．したがって，これらの比は次のようになる．

$$\frac{0.53 \times 10^{-8}}{5 \times 10^{-3}} = 1.06 \times 10^{-6}$$

すなわち，半導体レーザの出射パワーは低いものの，パワー密度は白熱電球の 10^6 倍程度になる．

(4) 点滅速度（変調速度）

図 1.8 は半導体レーザの変調方法を示す模式図である．レーザは一般に，励起（エネルギー供給）をふやしていくと，ある値（しきい値）以上で光出力が発生する．半導体レーザの場合は電流（励起）を増加させると，ある電流値 I_th でレーザ光が出射されるので，光出力 P - 電流 I 特性 (P-I 特性) が I_th で折れ曲がる．I_th を**しきい値電流**（threshold current）という．半導体レーザをパルス変調する場合，しきい値電流以下に設定したバイアス電流に信号電流を重畳すると，信号電流波形に比例した光信号（点滅信号）が得られ，Gb/s 程度の速度で変調することができる．なお，変調の詳細については 6.5 節および 9.2 節で述べる．

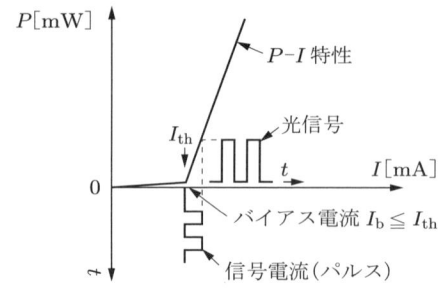

図 1.8 半導体レーザの変調方法模式図（パルス変調）

　白熱電球はフィラメントが高温になることにより発熱発光するので，原理的に高速変調には不向きであり，数十 [b/s] 程度が限度であろう．自然光光源に近い発光ダイオードでは Mb/s 程度の変調が可能である．

1.2.2　レーザ光の利用技術

　表 1.1 は，前項で述べたレーザ光の特徴が各技術分野でどのように利用されているかを示す表である．利用されている特徴を○印，その中でとくに重要度が高いと思われるものを◎印で表示した．ただし，照明，表示の分野は主に自然光を利用する分野であるが，参考のため便宜的に加えた．

表 1.1　レーザ光の特徴を利用する技術分野

技術分野＼レーザ光の特徴	単色性	指向性	パワー（密度）	変調速度
計測	◎	○		
光通信	○	○		◎
情報の記録・再生	◎	○	○	○
機械加工	○	○	◎	
医療	○	◎	○	
照明，表示			○	

(1)　計測

　レーザ光が最も早くから応用されてきた分野であり，大まかにレーザ光の直進性（指向性）を利用するものと，干渉性（単色性）を利用するものに分かれる（干渉性については 4.1 節参照）．

　建築，土木，測量などの分野では，レーザ光の直進性を利用して水平性などの位置出し（ケガキまたは墨入れ）を行うレベル計が用いられている．また，対象物にレー

ザ光を照射して反射光の位置ずれから，三角測距方式により対象物の変位量を計測する変位計がある．

干渉性を利用する計測は多彩である．主な干渉計としては，二つに分けた単色光を干渉させ，光路差の変化による干渉パターンの変化より，片方の光路に入れた対象物の屈折率や（波長レベルの）変位を計測する干渉計などがある．回折格子（6.4 節参照）を用いた波長・スペクトル測定なども干渉性を利用している．また，干渉性を利用して作製したホログラムを用いて，対象物の立体像を浮かび上がらせる技術にホログラフィがある．

ホログラムとは，単色光を対象物に照射したときに発生する透過光または反射光（散乱光）と元の単色光との干渉パターンを感光板（写真乾板または写真フィルム）に記録し，現像したものである．ホログラムを感光させた側から単色光を照射し，逆側からホログラムを見ると，元の位置に対象物の立体像が見える．ホログラフィは 3 次元計測のみならず，立体像を記録・再生する技術とみることもできる．

(2) 光通信

1960 年代には光ビーム（光信号）の空間伝送，レンズ列を用いた導波路などが検討されたが，雨や霧などによる減衰が大きいこと，レンズ列の軸ずれにより導波路を安定に維持するのが困難なことなどにより，実用には至らなかった．

1970 年代に低損失光ファイバが開発され，それ以降は光ファイバ通信が主流となっている（9 章参照）．光ファイバ通信では，レーザ（主に半導体レーザ）の光信号（点滅信号）をレンズで集光し，光ファイバのコア（光をガイドする部分で，直径 $10\,[\mu\mathrm{m}]$ 程度）に入射させて長距離伝送を行う．大容量伝送を行うには高速変調が不可欠であり，変調特性がとくに重要となる．多数の波長を同時に伝送する波長多重方式では，多数の波長を作り分けること，すなわち，単色性も重要となる．

(3) 情報の記録・再生

CD や DVD などの光ディスクを用いて，情報の記録・再生などを行う技術が主流となっている（8 章参照）．光ディスクを用いたシステムでは，レーザ（主に半導体レーザ）の出射光をレンズで集光し，光ディスクの記録面に照射する．再生モードでは，CW 光（連続光）を記録面に照射し，反射光の強弱でピット（凹み）の有無を 0，1 符合の系列として検出する．記録密度が大きくなる（ピット径が小さくなる）ほど，ビーム径も小さくなければならず，短波長化が要求される．すなわち，単色性が重要となる．記録モードでは，記録面に高出力のパルス光を照射して情報を書き込む（ピットを形成する）．記録密度が大きくなるほど，ピット径が小さくなるので，変調特性が重

要となる．

(4) 機械加工

　高出力レーザの出射光を集光して極めてパワー密度が高いレーザビームを発生させて金属の切断，溶接などを行う分野である．この用途のレーザとしては，主に高出力の気体レーザや固体レーザなど（5.2節参照）が用いられている．レーザ光を用いた加工は対象物に非接触で行うことができるのが特徴である．

(5) 医療

　機械加工の場合ほど高密度ではないが，パワー密度が高いレーザビームを利用したレーザメスがある．また，人体に熱変性を与えない程度の低出力レーザ光を皮膚や患部に照射して，血行改善，神経の興奮状態を制御することなどにより，痛みを和らげる治療なども行われている．レーザ光を用いた治療も患部に非接触で行うことができるのが特徴である．

(6) 照明，表示

　照明および表示用の光は，特殊用途を除き，一般にできるだけ等方的に照射されること，または空間のどの方向からも視認できることが望ましい．このためには，指向性が強く，単色性のよい光はかえって障害になる．したがって，通常はこれらの用途には自然光が用いられる．自然光光源に近い発光ダイオードは，白熱電球に比べて長寿命かつ低消費電力であり，2000年頃からは照明用としての需要も増大している．

演習問題

1.1 自然光に比べてレーザ光がもつ特徴を説明し，それぞれの特徴を最も有効に利用していると考えられる技術分野を一つあげよ．

1.2 レーザ光は一般的な照明や表示用の光源としては適さない理由を簡潔に述べよ．

電磁波の基礎

電磁波の粒子性が顕著になる場合（5.1節参照）を除いて，あらゆる電磁現象はマクスウェル方程式の解により説明できることが知られている．それらの解のうち，本章では，レーザ光をその一部として含む電磁波の基本的な性質を述べる．

電磁波は，マクスウェル方程式から導かれる波動方程式の解として得られる電界および磁界の波動現象である．本章では，単一媒質中の電磁波を対象として，光エレクトロニクスの分野で重要な役割を果たすいくつかの解について，その性質の概要を述べる（先を急ぐ読者は，2章，3章を飛ばして，まず4章以降に進まれることを勧める）．

2.1 マクスウェル方程式

次の四つの微分方程式をマクスウェル方程式という．

$$\nabla \times \boldsymbol{E} = -\frac{\partial \boldsymbol{B}}{\partial t} \tag{2.1}$$

$$\nabla \times \boldsymbol{H} = \boldsymbol{J} + \frac{\partial \boldsymbol{D}}{\partial t} \tag{2.2}$$

$$\nabla \cdot \boldsymbol{D} = \rho \tag{2.3}$$

$$\nabla \cdot \boldsymbol{B} = 0 \tag{2.4}$$

太字は空間方向の3成分をもつベクトルで，それぞれ次の物理量を表す．

$\boldsymbol{E}$ [V/m]：**電界**または**電場**（electric field）ベクトル

$\boldsymbol{H}$ [A/m]：**磁界**または**磁場**（magnetic field）ベクトル

$\boldsymbol{D}$ [C/m^2]：**電束密度**（electric displacement, electric flux density）ベクトル

$\boldsymbol{B}$ [T] = [Wb/m^2]：**磁束密度**（magnetic flux density）ベクトル

$\boldsymbol{J}$ [A/m^2]：**電流密度**（electric current density）ベクトル

ρ [C/m^3]：**電荷密度**（charge density, density of electric charge）

ただし，$\boldsymbol{D}$ と $\boldsymbol{E}$ および $\boldsymbol{B}$ と $\boldsymbol{H}$ の間にはそれぞれ次の関係がある．

$$\boldsymbol{D} = \varepsilon \boldsymbol{E} = \varepsilon_\mathrm{r} \varepsilon_0 \boldsymbol{E} \tag{2.5}$$

$$B = \mu H = \mu_r \mu_0 H \tag{2.6}$$

ε および μ はそれぞれ**誘電率**（dielectric constant），**透磁率**（magnetic permeability）である．さらに，ε_r は媒質の**比誘電率**（relative dielectric constant），μ_r は媒質の**比透磁率**（relative magnetic permeability）であり，ともに無次元の量である．ε_0 は**真空の誘電率**（dielectric constant of the vacuum），μ_0 は**真空の透磁率**（magnetic permeability of the vacuum）であり，それぞれ次の値をもつ．

$$\varepsilon_0 \fallingdotseq 8.854 \times 10^{-12} \, [\text{F/m}] \tag{2.7}$$

$$\mu_0 = 4\pi \times 10^{-7} \fallingdotseq 1.257 \times 10^{-6} \, [\text{H/m}] \tag{2.8}$$

$\partial/\partial t$ は時間微分であり，∇（nabla；ナブラ）は (x, y, z) 座標系では次の 3 成分をもつ微分演算子である．

$$\nabla \equiv \left(\frac{\partial}{\partial x}, \frac{\partial}{\partial y}, \frac{\partial}{\partial z} \right) \tag{2.9}$$

$\nabla \times E$ は ∇ と E のベクトル積（外積）を表し，次のように定義される．

$$\nabla \times E \equiv \begin{vmatrix} e_x & e_y & e_z \\ \dfrac{\partial}{\partial x} & \dfrac{\partial}{\partial y} & \dfrac{\partial}{\partial z} \\ E_x & E_y & E_z \end{vmatrix} = \left(\frac{\partial E_z}{\partial y} - \frac{\partial E_y}{\partial z}, \frac{\partial E_x}{\partial z} - \frac{\partial E_z}{\partial x}, \frac{\partial E_y}{\partial x} - \frac{\partial E_x}{\partial y} \right) \tag{2.10}$$

ただし，e_x, e_y, e_z はそれぞれ x, y, z 方向の単位ベクトルである．$\nabla \times E$ は E の回転または渦を表す．$\nabla \times H$ も同様である．$\nabla \cdot D$ は ∇ と D のスカラー積（内積）を表し，次のように定義される．

$$\nabla \cdot D \equiv \frac{\partial D_x}{\partial x} + \frac{\partial D_y}{\partial y} + \frac{\partial D_z}{\partial z} \tag{2.11}$$

$\nabla \cdot D$ は D の発散または湧き出しを表す．$\nabla \cdot B$ も同様である．

　式 (2.1)～(2.4) は，それぞれ**ファラデーの電磁誘導の法則**（Faraday's law of electromagnetic induction），**電流の周りの磁界に関するアンペールの法則**（Ampere's law of magnetic field due to electric current），**静電界に関するクーロンの法則**（Coulomb's law of electric force），**静磁界に関するクーロンの法則**（Coulomb's law of magnetic force）を一般化したものである．

2.2 波動方程式

本節以降では，真空中またはガラスや透明プラスチック中などのように，単独電荷が存在せず，また，減衰損失も無視できる**誘電体**（dielectrics）中の電磁波の伝搬を考える．このとき，式 (2.2), (2.3) はそれぞれ次式のようになる．

$$\nabla \times \boldsymbol{H} = \frac{\partial \boldsymbol{D}}{\partial t} \tag{2.12}$$

$$\nabla \cdot \boldsymbol{D} = 0 \tag{2.13}$$

ベクトル解析の公式より，任意のベクトル $\boldsymbol{A}$ に対して，次の関係が成り立つ．

$$\begin{aligned}
\nabla \times (\nabla \times \boldsymbol{A}) &= \nabla(\nabla \cdot \boldsymbol{A}) - \nabla^2 \boldsymbol{A} \\
&\equiv \left(\frac{\partial}{\partial x}\left(\frac{\partial A_x}{\partial x} + \frac{\partial A_y}{\partial y} + \frac{\partial A_z}{\partial z}\right), \frac{\partial}{\partial y}\left(\frac{\partial A_x}{\partial x} + \frac{\partial A_y}{\partial y} + \frac{\partial A_z}{\partial z}\right), \right. \\
&\qquad \left. \frac{\partial}{\partial z}\left(\frac{\partial A_x}{\partial x} + \frac{\partial A_y}{\partial y} + \frac{\partial A_z}{\partial z}\right) \right) \\
&\quad - \left(\frac{\partial^2}{\partial x^2} + \frac{\partial^2}{\partial y^2} + \frac{\partial^2}{\partial z^2} \right)(A_x, A_y, A_z)
\end{aligned} \tag{2.14}$$

式 (2.1) の左辺の回転をとり，式 (2.5), (2.13), (2.14) を用いると，次式が得られる．

$$\nabla \times (\nabla \times \boldsymbol{E}) = \nabla(\varepsilon^{-1}\nabla \cdot \boldsymbol{D}) - \nabla^2 \boldsymbol{E} = -\nabla^2 \boldsymbol{E} \tag{2.15}$$

式 (2.1) の右辺の回転をとり，式 (2.5), (2.6), (2.12) を用いると，次式が得られる．

$$-\nabla \times \frac{\partial \boldsymbol{B}}{\partial t} = -\mu \frac{\partial}{\partial t} \nabla \times \boldsymbol{H} = -\mu \frac{\partial}{\partial t}\left(\frac{\partial \boldsymbol{D}}{\partial t}\right) = -\varepsilon\mu \frac{\partial^2 \boldsymbol{E}}{\partial t^2} \tag{2.16}$$

したがって，電界 $\boldsymbol{E}$ に対して次式が得られる．

$$\nabla^2 \boldsymbol{E} = \varepsilon\mu \frac{\partial^2 \boldsymbol{E}}{\partial t^2} \tag{2.17}$$

同様に，式 (2.1), (2.4)〜(2.6), (2.12), (2.14) を用いると，磁界 $\boldsymbol{H}$ に対して，式 (2.17) と同形の次式が得られる．

$$\nabla^2 \boldsymbol{H} = \varepsilon\mu \frac{\partial^2 \boldsymbol{H}}{\partial t^2} \tag{2.18}$$

式 (2.17) および (2.18) は**波動方程式**（wave equation）とよばれ，それぞれ $\boldsymbol{E}$ および $\boldsymbol{H}$ の波動としてのふるまいを記述する方程式である．これらの波動方程式はともに 3

成分をもつが，電界 $\boldsymbol{E}$ について x 成分のみを取り出すと次式となる．

$$\frac{\partial^2 E_x}{\partial x^2} + \frac{\partial^2 E_x}{\partial y^2} + \frac{\partial^2 E_x}{\partial z^2} = \varepsilon\mu\frac{\partial^2 E_x}{\partial t^2} \tag{2.19}$$

電磁波の解析では，電磁界の時刻依存性を $\exp(j\omega t)$ とみなすことが多い．ただし，$j\ (\equiv \sqrt{-1})$ は虚数単位，ω は**角周波数**（angular frequency）である．（線形演算による解析の場合）解析結果の実部，または絶対値が実際の物理現象に対応する．このとき，式 (2.19) は次式となる．

$$\frac{\partial^2 E_x}{\partial x^2} + \frac{\partial^2 E_x}{\partial y^2} + \frac{\partial^2 E_x}{\partial z^2}$$
$$= \varepsilon\mu(-j\omega)^2 E_x = -\omega^2\varepsilon\mu E_x = -k^2 E_x \quad (k \equiv \omega\sqrt{\varepsilon\mu}) \tag{2.20}$$

k を**波数**（wave number）または**角波数**（angular wave number）という．E_y, E_z, H_x, H_y, H_z も式 (2.20) と同形の方程式をみたす．

2.3 平面波

2.3.1 平面波の解

式 (2.20) の形の方程式をみたす $\boldsymbol{E}$ および $\boldsymbol{H}$ の一番基本的な解は，それぞれ次のようになる（演習問題 2.1 参照）．

$$\boldsymbol{E} = \boldsymbol{E}_0 \exp j(\omega t - \boldsymbol{k}\cdot\boldsymbol{r}) \quad \text{または} \quad \boldsymbol{E}_0 \exp j(\omega t + \boldsymbol{k}\cdot\boldsymbol{r}) \tag{2.21}$$

$$\boldsymbol{H} = \boldsymbol{H}_0 \exp j(\omega t - \boldsymbol{k}\cdot\boldsymbol{r}) \quad \text{または} \quad \boldsymbol{H}_0 \exp j(\omega t + \boldsymbol{k}\cdot\boldsymbol{r}) \tag{2.22}$$

以下に述べるように，これらは平面波を表す．ただし，$\boldsymbol{E}_0$ および $\boldsymbol{H}_0$ は時刻 t および位置 (x,y,z) に依存しない定ベクトル，$\boldsymbol{k}$ は平面波の進む向きに一致し，大きさが k のベクトルであり，**波数**（wave number）ベクトルという．すなわち，次式が成り立つ．

$$|\boldsymbol{k}| = k \equiv \omega\sqrt{\varepsilon\mu} \tag{2.23}$$

$\boldsymbol{r}$ は位置ベクトル（成分が (x,y,z) で与えられるベクトル），$\boldsymbol{k}\cdot\boldsymbol{r}$ は $\boldsymbol{k}$ と $\boldsymbol{r}$ の内積である．

例題 2.1 式 (2.23) について，次の各問いに答えよ．
(1) $1/\sqrt{\varepsilon\mu}$ は速度の次元（単位）をもつことを示し，真空中における速度の値を求めよ．

(2) 真空中の波数ベクトルの大きさを k_0 とすると，$k_0 = 2\pi/\lambda$ となることを示せ．ただし，λ は真空中の波長である．

....

解答 (1) 式 (2.7), (2.8) より，$1/\sqrt{\varepsilon\mu}$ の次元は次のようになる．
$[\mathrm{F}] = \left[\dfrac{\mathrm{C}}{\mathrm{V}}\right] = \left[\dfrac{\mathrm{A}\cdot\mathrm{s}}{\mathrm{V}}\right]$, $[\mathrm{H}] = \left[\dfrac{\mathrm{V}\cdot\mathrm{s}}{\mathrm{A}}\right]$ であるから，

$$\left[\dfrac{\mathrm{m}}{\mathrm{F}}\cdot\dfrac{\mathrm{m}}{\mathrm{H}}\right]^{1/2} = [\mathrm{m}]\cdot\left[\dfrac{\mathrm{V}}{\mathrm{A}\cdot\mathrm{s}}\cdot\dfrac{\mathrm{A}}{\mathrm{V}\cdot\mathrm{s}}\right]^{1/2} = \left[\dfrac{\mathrm{m}}{\mathrm{s}}\right]$$

真空中では，ε_r および μ_r はともに 1 であるから，速度の値 c は次のようになる．

$$c = \dfrac{1}{\sqrt{\varepsilon_0\mu_0}} \fallingdotseq \dfrac{1}{\sqrt{8.854\times 10^{-12}\times 1.257\times 10^{-6}}}$$
$$\fallingdotseq \dfrac{10^9}{\sqrt{8.854\times 1.257}} \fallingdotseq 2.998\times 10^8\ [\mathrm{m/s}]$$

これは真空中の光の速度に一致する．
(2) 上記 (1) と式 (1.1), (2.23) より，k_0 は次のようになる．

$$k_0 = \omega\sqrt{\varepsilon_0\mu_0} = 2\pi f\times \dfrac{1}{c} = \dfrac{2\pi}{\lambda}\ [\mathrm{m}^{-1}]\quad \text{または}\quad [\mathrm{rad/m}]$$

[rad]（ラジアン）は弧度法により角度を表す無次元の呼称であって，[m] や [s] のような物理単位ではないことに注意する．

例題 2.1 より，ε_r および μ_r が 1 とは異なる媒質中における光の速度 c' は次式で表せる．

$$c' = \dfrac{c}{\sqrt{\varepsilon_\mathrm{r}\mu_\mathrm{r}}} \fallingdotseq \dfrac{c}{\sqrt{\varepsilon_\mathrm{r}}} \fallingdotseq \dfrac{c}{n}\quad (n \equiv \sqrt{\varepsilon_\mathrm{r}\mu_\mathrm{r}} \fallingdotseq \sqrt{\varepsilon_\mathrm{r}}) \tag{2.24}$$

n は媒質の**屈折率**（refractive index）である．ガラスや透明プラスチックなどの媒質中では $\mu_\mathrm{r} \fallingdotseq 1$ である．周波数は媒質中でも変化しないので，式 (1.1), (2.24) より，次式が得られる．

$$f = \dfrac{c}{\lambda} = \dfrac{c'}{\lambda'} = \dfrac{c}{n}\times\dfrac{1}{\dfrac{\lambda}{n}} \tag{2.25}$$

ただし，λ' は媒質中における光の波長である．すなわち，光の速度および波長は媒質中ではともに 1/(屈折率) 倍となる．したがって，媒質中の波数 k は次式のように k_0 の（屈折率）倍となる．

$$k = \frac{2\pi}{\dfrac{\lambda}{n}} = n \cdot \frac{2\pi}{\lambda} = nk_0 \tag{2.26}$$

波数は工学の分野では**位相定数**（phase constant）（または**伝搬定数**（propagation constant））とよばれ，β で表すことが多い．

2.3.2　等位相面と位相速度

式 (2.21), (2.22) において，

$$\omega t \pm \boldsymbol{k} \cdot \boldsymbol{r} \tag{2.27}$$

の部分を**位相**（phase）という．ある時刻 t_0 において，位相が一定となる点の集合は一般に面を形成するが，この面を**等位相面**（equiphase surface）という．図 2.1 のように，時刻 t_0 において波数ベクトル $\boldsymbol{k}$ に直交する平面を考える．この平面と $\boldsymbol{k}$ の交点を P，平面上の任意の点の位置ベクトルを $\boldsymbol{r}$，$\boldsymbol{r}$ と $\boldsymbol{k}$ のなす角を θ とすると，時刻 t_0 における位相は次の値をとる．

$$\omega t_0 \pm k \cdot r \cos\theta \tag{2.28}$$

$\boldsymbol{r}$ が平面上を動いても，線分 OP 上に射影される $r\cos\theta$ の値は変化しないので，位相の値は一定のままである．したがって，この平面は等位相面である．等位相面は 1.1 節で述べた波面と等価である．等位相面または波面が平面であるから，式 (2.21), (2.22) は平面波を表す．

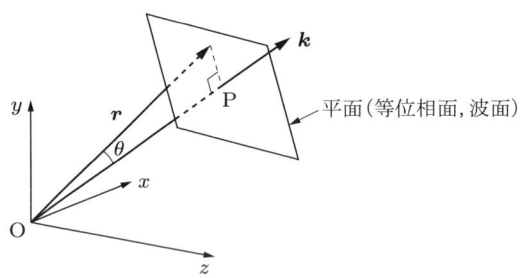

図 2.1　等位相面または波面を表す平面

波数ベクトル $\boldsymbol{k}$ の向きを z 軸と一致させても一般性は失われないから，簡単のためこの場合を考える．このとき，等位相面（波面）は図 1.1(b) のように，z 軸と直交する（無限に広い）平面となる．真空中において平面波の任意の波面の位相を ξ（一定）とすると，その波面を表す t, z は次式をみたす．

$$\omega t \pm k_0 z = \xi \tag{2.29}$$

ω と k_0 は一定であるから，式 (2.29) の両辺を t で微分すると次式が得られる．

$$\omega \pm k_0 \frac{dz}{dt} = 0, \qquad \frac{dz}{dt} = \mp \frac{\omega}{k_0} = \mp \frac{2\pi f}{\frac{2\pi}{\lambda}} = \mp f\lambda = \mp c \tag{2.30}$$

ただし，例題 2.1(2) および式 (1.1) を用いた．すなわち，波長 λ が一定の平面電磁波の波面（の集合）は，z 軸方向に（波面と垂直方向に）光速 c または $-c$ で伝搬する．位相 $\omega t - k_0 z$ をもち，z 軸の正方向に光速 c で伝搬する解を**進行波**（traveling wave）または**前進波**（progressive wave）という．位相 $\omega t + k_0 z$ をもち，z 軸の負方向に光速 c で伝搬する解を**後退波**（retrogressive wave）という．式 (2.20) は線形微分方程式であるから，前進波と後退波の和も解となる．式 (2.30) は，位相が一定の波面が伝搬する速度を表すので，その速度（の絶対値）c を**位相速度**（phase velocity）という．

2.3.3 $\boldsymbol{E}$ と $\boldsymbol{H}$ の直交性

式 (2.13) より，$\boldsymbol{E}$ の前進波に対して次式が得られる（演習問題 2.3 参照）．

$$\nabla \cdot \boldsymbol{E} = -j\boldsymbol{k} \cdot \boldsymbol{E} = 0 \qquad \therefore \ \boldsymbol{k} \perp \boldsymbol{E} \tag{2.31}$$

同様に，式 (2.4) より，$\boldsymbol{H}$ の前進波に対して次式が得られる．

$$\nabla \cdot \boldsymbol{H} = -j\boldsymbol{k} \cdot \boldsymbol{H} = 0 \qquad \therefore \ \boldsymbol{k} \perp \boldsymbol{H} \tag{2.32}$$

式 (2.31), (2.32) より，$\boldsymbol{E}$ および $\boldsymbol{H}$ はともに $\boldsymbol{k}$ と直交する．式 (2.1) より，$\boldsymbol{E}$ の前進波に対して次式が得られる（演習問題 2.3 参照）．

$$\nabla \times \boldsymbol{E} = -j\boldsymbol{k} \times \boldsymbol{E} = -j\omega\mu\boldsymbol{H} \qquad \therefore \ \boldsymbol{H} = \frac{1}{\omega\mu} \boldsymbol{k} \times \boldsymbol{E} \tag{2.33}$$

同様に，式 (2.12) より，$\boldsymbol{H}$ の前進波に対して次式が得られる．

$$\nabla \times \boldsymbol{H} = -j\boldsymbol{k} \times \boldsymbol{H} = j\omega\varepsilon\boldsymbol{E} \qquad \therefore \ \boldsymbol{E} = -\frac{1}{\omega\varepsilon} \boldsymbol{k} \times \boldsymbol{H} = \frac{1}{\omega\varepsilon} \boldsymbol{H} \times \boldsymbol{k} \tag{2.34}$$

式 (2.33) より，$\boldsymbol{H}$ は $\boldsymbol{k}$ と $\boldsymbol{E}$ を含む面に垂直で，$\boldsymbol{k}$ を $\boldsymbol{E}$ 方向に回転させるとき右ネジが進む向きをもつ．式 (2.34) より，$\boldsymbol{E}$ は $\boldsymbol{H}$ と $\boldsymbol{k}$ を含む面に垂直で，$\boldsymbol{H}$ を $\boldsymbol{k}$ 方向に回転させるとき右ネジが進む向きをもつ．したがって，$\boldsymbol{E}$, $\boldsymbol{H}$ および $\boldsymbol{k}$ は**図 2.2**(a) のように，互いに直交することがわかる．図 2.2(b) のように，$\boldsymbol{E}$, $\boldsymbol{H}$ および $\boldsymbol{k}$ の向きをそれぞれ x, y, z 方向に選ぶと，$\boldsymbol{E}$ は x 成分のみ，$\boldsymbol{H}$ は y 成分のみをもつベク

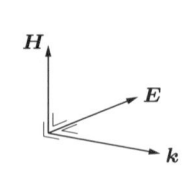 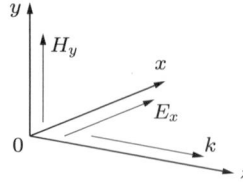

（a）各ベクトルの向き　（b）各ベクトルの向きと座標系

図 2.2 E, H および k の直交性と各ベクトルと座標系の関係

トルとなる．平面波の電界と磁界は伝搬方向に直交する成分のみをもつので，このような横波を **TEM（横電磁界）波**（transverse electro-magnetic wave）とよぶ．

例題 2.2 E および k がそれぞれ次式で与えられるとき，H を求めよ．ただし，E_0 は E の振幅である．

$$E = \begin{pmatrix} E_0 \sin(\omega t - kz), & 0, & 0 \end{pmatrix}, \quad k = \begin{pmatrix} 0, & 0, & k \end{pmatrix}$$

解答 式 (2.33) より，次のようになる．

$$H = \frac{1}{\omega\mu} k \times E = \frac{1}{\omega\mu} \begin{vmatrix} e_x & e_y & e_z \\ 0 & 0 & k \\ E_0 \sin(\omega t - kz) & 0 & 0 \end{vmatrix} = \left(0, \frac{kE_0}{\omega\mu}\sin(\omega t - kz), 0\right)$$

これらは図 1.1(a) の平面波に対応する．

2.4 ガウスビームと回折

平面波は簡単な数式で表せるので取り扱いが簡単であるが，無限の空間に広がっており，現実にはそのような電磁波（光）は存在しない．実際のレーザ光はある軸の近傍で強い光強度分布をもつ波として伝搬し，本節で述べるガウスビームで近似されることが多い．

2.4.1 振幅がみたす方程式とその解

平面波はマクスウェル方程式の厳密解であるが，ガウスビームは以下に述べる近似解である．E_x を含めて E_y, E_z, H_x, H_y, H_z も式 (2.20) と同形の方程式をみたすので，本節では電磁界をスカラの電界 $E(x, y, z)$ で代表させる．さらに，z 軸方向に進む電磁界を想定して，z 軸近傍では平面波に近い波面をもつと仮定する．z 軸方向の

波数は式 (2.20) の k で表されるとし，$E(x,y,z)$ が次式で与えられるものとする．

$$E(x,y,z) = \psi(x,y,z)\exp(-jkz) \tag{2.35}$$

式 (2.21), (2.22) のように，平面波は振幅の空間依存性をもたないが，式 (2.35) では，振幅 ψ が空間に依存するとしている．式 (2.35) を式 (2.20) に代入すると，振幅 ψ に関する次の方程式が得られる．

$$\frac{\partial^2 \psi}{\partial x^2} + \frac{\partial^2 \psi}{\partial y^2} + \frac{\partial^2 \psi}{\partial z^2} - 2jk\frac{\partial \psi}{\partial z} = 0 \tag{2.36}$$

ただし，

$$\begin{aligned}
\frac{\partial^2 E}{\partial z^2} &= \frac{\partial}{\partial z}\left\{\frac{\partial \psi}{\partial z}\cdot\exp(-jkz) + (-jk)\psi\cdot\exp(-jkz)\right\} \\
&= \frac{\partial^2 \psi}{\partial z^2}\cdot\exp(-jkz) + 2(-jk)\frac{\partial \psi}{\partial z}\cdot\exp(-jkz) + (-jk)^2\psi\cdot\exp(-jkz) \\
&= \left(\frac{\partial^2 \psi}{\partial z^2} - 2jk\frac{\partial \psi}{\partial z} - k^2\psi\right)\exp(-jkz)
\end{aligned} \tag{2.37}$$

であり，式 (2.36) の両辺から $\exp(-jkz)$ を約している．ここで，振幅 ψ は x および y 方向に比べて，z 方向にはゆるやかに変化するとして，次の近似が成り立つものとする．

$$\frac{\partial^2 \psi}{\partial x^2},\ \frac{\partial^2 \psi}{\partial y^2} \gg \frac{\partial^2 \psi}{\partial z^2} \tag{2.38}$$

このとき，式 (2.36) は次式で近似される．

$$\frac{\partial^2 \psi}{\partial x^2} + \frac{\partial^2 \psi}{\partial y^2} - 2jk\frac{\partial \psi}{\partial z} \fallingdotseq 0 \tag{2.39}$$

この解は次式のように表すことができる（参考文献 [8], 演習問題 2.5 参照）．

$$\psi(x,y,z) = A\frac{w_0}{w(z)}\exp\left[-\left\{\frac{1}{w^2(z)} + j\frac{k}{2R(z)}\right\}r^2 + j\phi(z)\right] \tag{2.40}$$

ただし，A は定数，$r^2 = x^2 + y^2$ であり，$w(z)$, $R(z)$, $\phi(z)$ はそれぞれ次式で与えられる．

$$w(z) = w_0\sqrt{1 + \left(\frac{\lambda z}{\pi w_0^2}\right)^2} \tag{2.41}$$

$$R(z) = z\left\{1 + \left(\frac{\pi w_0^2}{\lambda z}\right)^2\right\} \tag{2.42}$$

$$\phi(z) = \tan^{-1}\left(\frac{\lambda z}{\pi w_0^2}\right) \tag{2.43}$$

ここで，λ は波長（λ は媒質中の波長であり，式 (2.25) に従って $\lambda'\ (=\lambda/n)$ と表示すべきものであるが，本節では，便宜的に λ と表示する），$w(z)$ は z におけるビームの大きさ，w_0 は $z=0$ におけるビームの大きさを表す．$R(z)$ は z における波面の曲率半径，$\phi(z)$ は z における位相回転を表す．式 (2.35) より，$E(x,y,z)$ は次のようになる．

$$E(x,y,z) = A\frac{w_0}{w(z)}\exp\left[-j\{kz - \phi(z)\} - \left\{\frac{1}{w^2(z)} + j\frac{k}{2R(z)}\right\}r^2\right] \tag{2.44}$$

式 (2.44) の電界分布をもつ電磁波（光）を**ガウスビーム**（Gaussian beam）という．これは z 軸を対称軸として，その近傍で強い光強度分布をもち，z 方向に伝搬する近似解である．このような解を得る近似法を一般に**近軸近似**（paraxial approximation），その解を**近軸光線**（paraxial ray）という．

2.4.2 ビーム形状

式 (2.44) は電界分布を表すから，その絶対値の二乗をとると強度分布（パワー分布）に対応する次式が得られる．

$$|E(x,y,z)|^2 = A^2\frac{w_0^2}{w^2(z)}\exp\left\{-2\cdot\frac{r^2}{w^2(z)}\right\} \tag{2.45}$$

この単峰性の分布形状を**基本モード**（fundamental mode）または **0 次のガウス分布**（Gaussian distribution of 0-th order）という．$w(z)$ は z において強度分布がピークの $1/e^2$ 倍（≒ 0.135 倍）になるところのビームの大きさ，すなわちビーム半径を表し，これを**スポットサイズ**（spot size）という．w_0 は $z=0$ におけるスポットサイズである．

式 (2.41) は次のように変形できる．

$$\frac{w^2(z)}{w_0^2} - \left(\frac{\lambda z}{\pi w_0^2}\right)^2 = 1 \tag{2.46}$$

式 (2.46) は，図 2.3 のように $w(z)$ と z を変数とする双曲線を表す．$w(z)$ は $z=0$ に

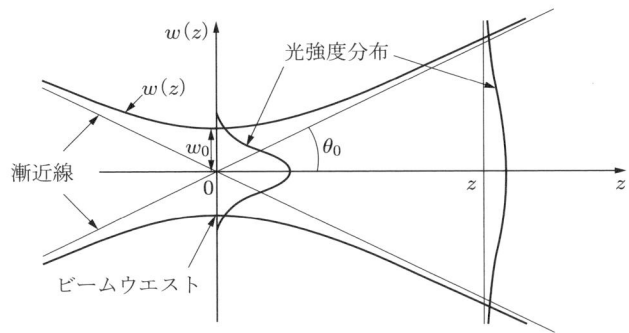

図 2.3　$w(z)$ の双曲線とその漸近線

おいて最小値 w_0 をとるので，$z=0$ の部分を**ビームウエスト**（beam waist）という．

この双曲線の漸近線は次式となる．

$$w(z) = \pm \frac{\lambda z}{\pi w_0} \tag{2.47}$$

したがって，漸近線と z 軸の角度 θ_0 は次式で与えられる．

$$\tan \theta_0 = \frac{w(z)}{z} = \frac{\lambda}{\pi w_0} \fallingdotseq \theta_0 \tag{2.48}$$

図 2.3 のように，スポットサイズ $w(z)$ は z が大きくなるにつれて漸近線に沿って広がり，その広がり角は式 (2.48) で与えられる．このようにスポットサイズが広がる現象を**回折**（diffraction）という．広がり角（回折角）は一般に波長 λ に比例し，スポットサイズ w_0 に反比例する．

例題 2.3　$\lambda = 1.55\,[\mu\mathrm{m}]$ のレーザダイオードのスポットサイズ $w_0 = 1\,[\mu\mathrm{m}]$ のとき，回折角 θ_0 を求めよ．

解答　式 (2.48) より，θ_0 は次のようになる．

$$\theta_0 = \tan^{-1}\left(\frac{\lambda}{\pi w_0}\right) = \tan^{-1}\left(\frac{1.55}{3.14 \times 1}\right) \fallingdotseq \tan^{-1}(0.494) \fallingdotseq 26.3\,[°]$$

2.4.3　波面の形状

ガウスビームの波面は，式 (2.44) において，位相項を一定とおいた次式で与えられる．

$$kz - \phi(z) + \frac{k}{2R(z)} \cdot r^2 = kz - \phi(z) + \frac{k}{2R(z)} \cdot (x^2 + y^2) = C \tag{2.49}$$

ただし，C は任意の位相（定数）である．式 (2.43) より，z が変化しても $0 \leqq \phi(z) < \pi/2$ であるから，$\phi(z)$ を小さいとして無視すると，式 (2.49) は次式となる．

$$z \fallingdotseq \frac{C}{k} - \frac{1}{2R(z)} \cdot (x^2 + y^2) \tag{2.50}$$

$y = 0$ とおくと，式 (2.50) を xz 平面で切った切り口の形状が得られ，次式となる．

$$z \fallingdotseq \frac{C}{k} - \frac{1}{2R(z)} \cdot x^2 \tag{2.51}$$

式 (2.51) は図 2.4 のように，z 軸の C/k を通り，z 軸の負の方向に開いた放物線であり，放物線の軸は z 軸である．放物線に内接する円（破線）は，z 軸上に中心をもつ半径 $R(z)$ の円である（演習問題 2.6 参照）．すなわち，式 (2.50) が表す波面は，z 軸を軸とする回転放物面であり，その波面に内接する球の半径 $R(z)$ により波面の曲率半径が定義される．

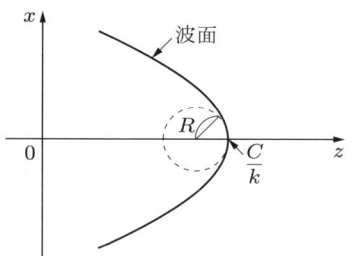

図 2.4　波面の断面形状

式 (2.42) より，$R(z)$ は次式で与えられるから，

$$R(z) = z\left\{1 + \left(\frac{\pi w_0^2}{\lambda z}\right)^2\right\} = z + \left(\frac{\pi w_0^2}{\lambda}\right)^2 \cdot \frac{1}{z} \tag{2.52}$$

$z \to 0$ および $z \to \infty$ のとき，$R \to \infty$，すなわち，波面は平面となる．

$$\frac{dR(z)}{dz} = 1 - \left(\frac{\pi w_0^2}{\lambda}\right)^2 \cdot \frac{1}{z^2} = 0 \tag{2.53}$$

より，

$$z_{\min} = \frac{\pi w_0{}^2}{\lambda} \tag{2.54}$$

のとき，波面の曲率半径は次の最小値 $R_{\min}$ をとる．

$$R_{\min} = \frac{\pi w_0{}^2}{\lambda} + \frac{\pi w_0{}^2}{\lambda} = \frac{2\pi w_0{}^2}{\lambda} \tag{2.55}$$

図 2.5 に xz 平面で切った波面の様子を示す．図 (a) は波面の曲率半径の z 依存性，図 (b) はスポットサイズ $w(z)$ が回折して広がる様子および波面の概形である．$z=0$ から出射された波面は曲率半径が最小になる点を経て回折し，次第に平面波に近づく．波面の山の位相 C を

$$C = 2m\pi \qquad (m = 0, \pm 1, \pm 2, \pm 3, \cdots) \tag{2.56}$$

とみなすと，山に対応する波面と z 軸との交点 C/k は次のようになる．

$$\frac{C}{k} = \frac{\lambda}{2\pi} \cdot C = m\lambda \qquad (m = 0, \pm 1, \pm 2, \pm 3, \cdots) \tag{2.57}$$

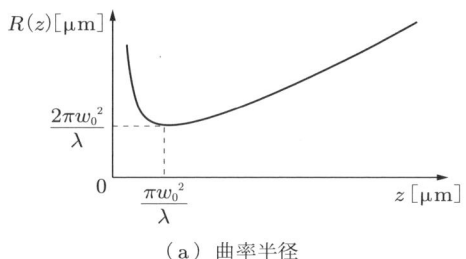

(a) 曲率半径

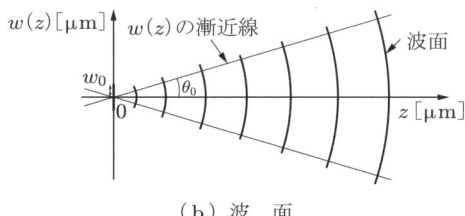

(b) 波　面

図 2.5　波面の曲率半径と波面の概形

例題 2.4　$\lambda = 1.55\,[\mu\mathrm{m}]$ のレーザダイオードのスポットサイズ $w_0 = 1\,[\mu\mathrm{m}]$ のとき，波面の曲率半径の最小値 $R_{\min}$ および曲率円の中心の座標を求めよ．ただし，光軸は z 軸に一致しているものとする．

解答 式 (2.55) より，$R_{\min}$ は次のようになる．

$$R_{\min} = \frac{2\pi w_0{}^2}{\lambda} \fallingdotseq \frac{6.28 \times 1^2}{1.55} \fallingdotseq 4.05 \, [\mu\text{m}]$$

曲率円の中心は z 軸上にあり，波面の曲率半径が最小になる z は式 (2.54) で与えられるから，曲率円の中心の z 座標は次のようになる．

$$z_{\min} - R_{\min} = -\frac{\pi w_0{}^2}{\lambda} \fallingdotseq -\frac{3.14 \times 1^2}{1.55} \fallingdotseq -2.03 \, [\mu\text{m}]$$

2.5 偏 光

式 (2.21), (2.22) の平面波に対して，波数ベクトル **k** の向きを z 軸に一致させると，前進波はそれぞれ次のように表せる．

$$\boldsymbol{E} = \boldsymbol{E}_0 \exp j(\omega t - kz) \tag{2.58}$$

$$\boldsymbol{H} = \boldsymbol{H}_0 \exp j(\omega t - kz) \tag{2.59}$$

E および **H** は **k** と直交するから，$\boldsymbol{E}_0$ および $\boldsymbol{H}_0$ は xy 面内のベクトルとなる．図 2.2(b) では，**E** は x 成分のみ，**H** は y 成分のみをもつベクトルとみなしたが，平面は二つの自由度をもつので，$\boldsymbol{E}_0$ および $\boldsymbol{H}_0$ の成分は一般にそれぞれ次の形をもつ．

$$\boldsymbol{E}_0 = (a_x \exp(j\delta_x), \quad a_y \exp(j\delta_y), \quad 0) \tag{2.60}$$

$$\boldsymbol{H}_0 = (b_x \exp(j\gamma_x), \quad b_y \exp(j\gamma_y), \quad 0) \tag{2.61}$$

ただし，a_x, a_y, δ_x, δ_y, b_x, b_y, γ_x, γ_y は実数である（a_x, a_y, b_x, b_y は正）．**E** の成分に注目して xy 面内の実部をとると，次式が得られる．

$$E_x = a_x \cos(\omega t - kz + \delta_x) \tag{2.62}$$

$$E_y = a_y \cos(\omega t - kz + \delta_y) \tag{2.63}$$

図 2.6 は紙面（xy 平面）に垂直に手前方向に z 軸をとり，式 (2.62), (2.63) を表示した図である．z 軸（**k**）と **E** を含む面（破線で表示）を**偏波面**または**偏光面**（plane of polarization）という．

E と x 軸のなす角 ϕ は，

$$\phi = \tan^{-1}\left(\frac{E_y}{E_x}\right) \tag{2.64}$$

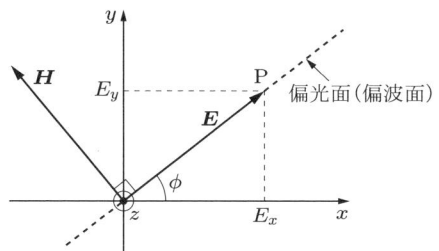

図 2.6　xy 平面内の E と偏光面

で与えられるから，式 (2.62)，(2.63) より，時刻 t と位置 z が変化すると ϕ も変化する．すなわち，偏光面は回転する．H は E と直交したまま回転する．このような性質をもつ平面光波を**偏光**（polarized ligth）という．このとき，E の先端の点 P は xy 平面内（または $E_x E_y$ 平面内）で次式で与えられる軌跡を描く．

$$\left(\frac{E_x}{a_x}\right)^2 - 2\left(\frac{E_x}{a_x}\right)\cdot\left(\frac{E_y}{a_y}\right)\cos\delta + \left(\frac{E_y}{a_y}\right)^2 = \sin^2\delta \tag{2.65}$$

ただし，$\delta = \delta_y - \delta_x$ である．式 (2.65) は**図 2.7**(a) のように，一般に xy 平面内（または $E_x E_y$ 平面内）で主軸が傾いた楕円を表し，主軸と E_x 軸（または x 軸）のなす角度 θ は次式で与えられる（演習問題 2.7 参照）．

$$\tan 2\theta = \frac{2a_x a_y \cos\delta}{a_x{}^2 - a_y{}^2} \tag{2.66}$$

図 2.7(b) は，時刻 t と位置 z が変化すると E がどのように向きを変えるかを示す模式図である．z 方向に 1 波長進むと，E の向きは元に戻る．

図 2.7(a) のように，xy 平面を主軸の方向に角度 θ だけ回転させて，新しい XY 平面（または $E_X E_Y$ 平面）に移ると，式 (2.65) は次の形になる（演習問題 2.7 参照）．

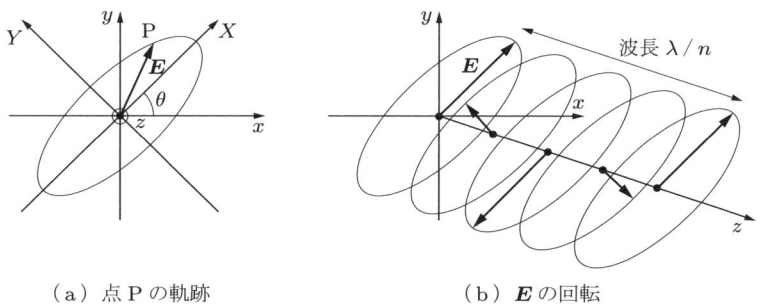

（a）点 P の軌跡　　　　　（b）E の回転

図 2.7　点 P の軌跡と E の回転の模式図

$$\frac{E_X{}^2}{A^2} + \frac{E_Y{}^2}{B^2} = 1 \tag{2.67}$$

$$A^2 = \left(a_x{}^2 + a_y{}^2\right)\cos^2\xi \tag{2.68}$$

$$B^2 = \left(a_x{}^2 + a_y{}^2\right)\sin^2\xi \tag{2.69}$$

ただし，ξ は次式で与えられる角度である．

$$\sin 2\xi \equiv \frac{2a_x a_y \sin\delta}{a_x{}^2 + a_y{}^2} \tag{2.70}$$

2.5.1 直線偏光

図 2.7 のように，一般には点 P の軌跡は楕円となるが，δ の値により軌跡の形状は変化する．

$$\delta = m\pi \quad (m = 0, \pm 1, \pm 2, \cdots) \tag{2.71}$$

のとき，

$$\sin\delta = 0, \quad \cos\delta = (-1)^m \quad (m = 0, \pm 1, \pm 2, \cdots) \tag{2.72}$$

であるから，式 (2.65) は次の形になる．

$$\left(\frac{E_x}{a_x}\right)^2 - 2\left(\frac{E_x}{a_x}\right)\cdot\left(\frac{E_y}{a_y}\right)\cos\delta + \left(\frac{E_y}{a_y}\right)^2 = \left\{\frac{E_x}{a_x} - (-1)^m\cdot\frac{E_y}{a_y}\right\}^2 = 0,$$

$$\frac{E_x}{a_x} = (-1)^m \cdot \frac{E_y}{a_y} \tag{2.73}$$

式 (2.73) は m が偶数か奇数か（$\delta = 0$ か $\delta = \pi$ か）によって，**図 2.8** のように，傾きが異なる二つの線分を表す．点 P は線分上を振動する．このように，点 P の軌跡が直線となる偏光を**直線偏光**（linearly-polarized light）という．図 1.1(a) の平面波は直線偏光の例である．

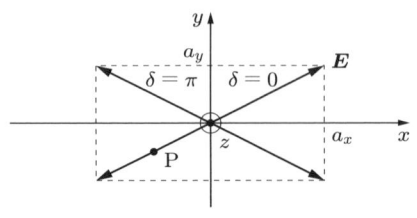

図 2.8 直線偏光

2.5.2 円偏光

$$a_x = a_y = a, \qquad \delta = \pm\frac{\pi}{2} + 2m\pi \quad (m = 0, \pm1, \pm2, \cdots) \tag{2.74}$$

のとき，

$$\sin^2\delta = 1, \qquad \cos\delta = 0 \tag{2.75}$$

であるから，式 (2.65) は次の形になる．

$$\frac{E_x{}^2}{a^2} + \frac{E_y{}^2}{a^2} = 1 \tag{2.76}$$

すなわち，点 P の軌跡は半径 a の円となるから，このような偏光を**円偏光**（circularly-polarized light）という．さらに，

$$\delta = \frac{\pi}{2} + 2m\pi \qquad (\sin\delta = 1, \quad m = 0, \pm1, \pm2, \cdots) \tag{2.77}$$

のとき，図 2.9(a) のように，点 P は円周上を時計方向に回り，z の負方向から正方向を見たとき左回りとなるので，このような偏光を**左回り円偏光**（left-hand circularly-polarized light）という．また，

$$\delta = -\frac{\pi}{2} + 2m\pi \qquad (\sin\delta = -1, \quad m = 0, \pm1, \pm2, \cdots) \tag{2.78}$$

のとき，図 2.9(b) のように，点 P は円周上を反時計方向に回るので，このような偏光を**右回り円偏光**（right-hand circularly-polarized light）という．ただし，右回りと左回りについては，本書と逆に定義している本もあるので注意する．

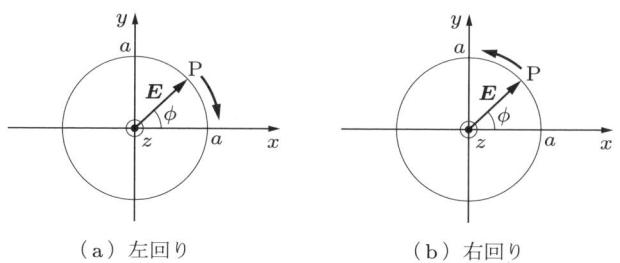

図 2.9　左回り円偏光と右回り円偏光

例題 2.5　式 (2.77), (2.78) がそれぞれ左回り，右回り円偏光となることを示せ．
....
解答　$\varphi = \omega t - kz + \delta_x$ とおくと，式 (2.77) に対して，式 (2.62), (2.63) はそれぞれ次のようになる．

$$E_x = a\cos\varphi$$
$$E_y = a\cos\left(\varphi + \frac{\pi}{2}\right) = -a\sin\varphi$$

式 (2.64) より，ϕ とその時間微分はそれぞれ次のようになる．

$$\tan\phi = \frac{E_y}{E_x} = -\frac{a\sin\varphi}{a\cos\varphi} = -\tan\varphi \qquad \therefore \phi = -\varphi$$
$$\frac{d\phi}{dt} = -\frac{d\varphi}{dt} = -\omega \quad (<0)$$

ϕ が時間的に減少する（図 2.9(a) の場合に対応する）から，式 (2.77) の場合は左回り円偏光である．式 (2.78) の場合は，$\phi = \varphi$ となり，

$$\frac{d\phi}{dt} = \frac{d\varphi}{dt} = \omega \quad (>0)$$

であるから，右回り円偏光である．

2.5.3 楕円偏光

直線偏光および円偏光の場合を除くと，図 2.7 のように，一般の偏光は**楕円偏光**（elliptically-polarized light）となるが，δ の値により，右回りまたは左回りの楕円偏光となる．$2m\pi$ $(m = \pm 1, \pm 2, \pm 3, \cdots)$ の不定性を除くと，$0 < \delta < \pi$ の場合は**左回り楕円偏光**（left-hand elliptically-polarized light），$\pi < \delta < 2\pi$ の場合は**右回り楕円偏光**（right-hand elliptically-polarized light）となる．図 2.10 は，δ の値と右回りまたは左回り楕円偏光の関係を示す模式図である．直線偏光および円偏光は楕円偏光の特別な場合である．

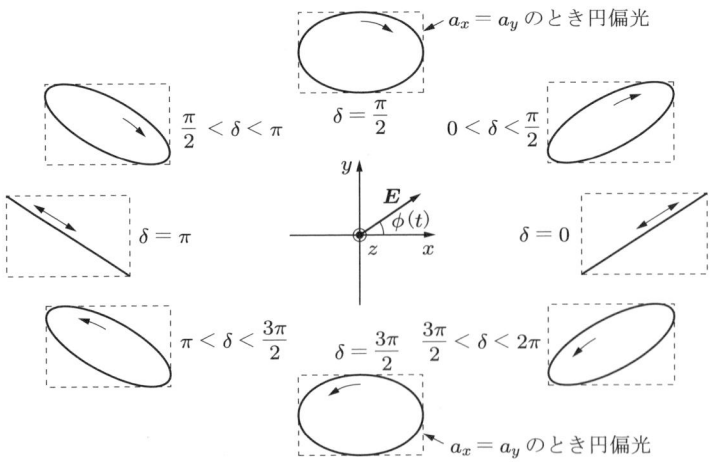

図 2.10　δ の値と右回りまたは左回り楕円偏光の関係の模式図（$a_x > a_y$ の場合）

例題 2.6　図 2.10 において，$\delta = \pi/2$ のとき左回り楕円偏光となることを示せ．

解答　$\varphi = \omega t - kz + \delta_x$ とおくと，式 (2.62)，(2.63) はそれぞれ次のようになる．

$$E_x = a_x \cos \varphi$$
$$E_y = a_y \cos\left(\varphi + \frac{\pi}{2}\right) = -a_y \sin \varphi$$

式 (2.64) より，ϕ と φ の関係は次のようになり，

$$\tan \phi = \frac{E_y}{E_x} = -\frac{a_y \sin \varphi}{a_x \cos \varphi} = -\frac{a_y}{a_x} \cdot \tan \varphi$$

ϕ の時間微分は次のように求められる．

$$\frac{d}{dt} \tan \phi = \frac{1}{\cos^2 \phi} \cdot \frac{d\phi}{dt} = -\frac{a_y}{a_x} \cdot \frac{1}{\cos^2 \varphi} \cdot \frac{d\varphi}{dt} \qquad \therefore \frac{d\phi}{dt} = -\frac{a_y}{a_x} \cdot \frac{\cos^2 \phi}{\cos^2 \varphi} \cdot \omega \quad (<0)$$

ϕ が時間的に減少するから，左回り楕円偏光である（演習問題 2.9 も参照せよ）．

直線偏光は，数学的な記述や実際の光波システムにおける取り扱いが容易であり，最もよく用いられる偏光である．レーザ光は発光部（活性層）の層方向に平行な偏光面をもち，ミラー面に垂直な方向に出射される直線偏光とみなせるが（3.2.2 項，6.1.1 項参照），太陽光や白熱電球の光のような自然光は一般に色々な偏光が混合したものである．偏光プリズムやポラロイドなどに自然光を通過させると，単一の直線偏光が得られる．直線偏光を得る偏光プリズムやポラロイドなどの素子を**偏光子**（polarizer）といい，実際の光波システムでよく用いられている．

演習問題

2.1　式 (2.21)，(2.22) がそれぞれ式 (2.20) の形の波動方程式の解となることを示せ．

2.2　図 2.11 のように，真空中において xz 平面に平行に伝搬する光（平面波）の波数ベクトル $\boldsymbol{k}_0$ と z 軸のなす角度が θ $(0 < \theta < \pi/2)$ のとき，この平面波の z 軸方向の位相速度を求めよ．

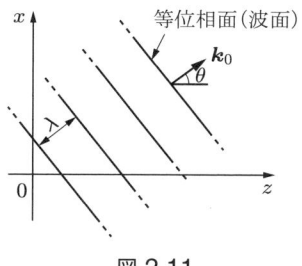

図 2.11

2.3 式 (2.21), (2.22) について，次の各問いに答えよ．
  (1) 式 (2.31) および (2.32) が成り立つことを示せ．
  (2) 式 (2.33) および (2.34) が成り立つことを示せ．
2.4 平面波の $|\boldsymbol{E}|$ および $|\boldsymbol{H}|$ について，次の各問いに答えよ．
  (1) $\dfrac{|\boldsymbol{E}|}{|\boldsymbol{H}|} = \sqrt{\dfrac{\mu}{\varepsilon}}$ となることを示せ．
  (2) $\sqrt{\dfrac{\mu}{\varepsilon}} = Z$ はインピーダンスの次元（単位）をもつことを示せ（Z を**波動インピーダンス**（wave impeadance）という）．
  (3) 真空に対して Z の値を求めよ．
2.5 式 (2.40) が式 (2.39) の方程式の解となることを示せ．
2.6 図 2.12 のように，xz 平面において，円（破線）$x^2 + (z-R)^2 = R^2$ $(R>0)$ が放物線（実線）$z = ax^2$ $(a>0)$ に内接するとき，a を R を用いて表せ．

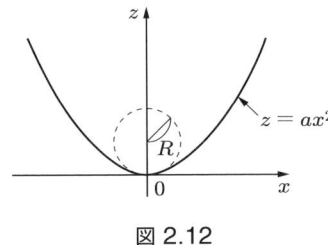

図 2.12

2.7 z 軸方向に進む平面波の $\boldsymbol{E}$ 成分が式 (2.62), (2.63) で表されるとき，次の各問いに答えよ．
  (1) $\boldsymbol{E}$ の先端の点 P は xy 平面内で，式 (2.65) で与えられる軌跡を描くことを示せ．
  (2) 式 (2.65) は主軸が式 (2.66) で与えられる角度 θ だけ傾いた楕円であることを示せ．
  (3) xy 平面（または $E_x E_y$ 平面）を主軸の方向に上記 (2) の角度 θ だけ回転させて，新しい XY 平面（または $E_X E_Y$ 平面）に移ると，式 (2.65) は式 (2.67)〜(2.70) の形になることを示せ．
2.8 式 (2.65) に関して，$a_x = a_y = a$ (>0), $\sin\delta > 0$, $\cos\delta > 0$ のとき，次の各問いに答えよ．
  (1) 楕円の主軸と $x(E_x)$ 軸のなす角度 θ を求めよ．
  (2) xy 平面（または $E_x E_y$ 平面）を上記 (1) の楕円の主軸の方向に回転させて，新しい XY 平面（または $E_X E_Y$ 平面）に移ると，楕円の式はどのようになるか．
2.9 図 2.10 において，$0 < \delta < \pi/2$ のとき左回り楕円偏光となることを示せ．

3章 異なる媒質中の電磁波

前章では，単一媒質中の電磁波を対象としたが，本章では，異なる媒質中の電磁波を対象とする．光が一方の媒質から屈折率が異なる別の媒質に入射するとき，媒質の境界面で光の一部は反射し，一部は屈折して透過する．境界面では光の進行方向が変化するので，境界面を利用すると，光のふるまいを制御することができる．

本章では，まず，異なる媒質の境界面（平面）における電磁波の反射および透過の概要を述べる．次に，二つの境界面で挟まれた薄い媒質中の電磁波の伝搬（スラブ導波路）について述べる．スラブ導波路（またはその変形）は光エレクトロニクスの分野で広く用いられている．

3.1 反射，透過（屈折）と幾何光学

式 (2.21)，(2.22) の形の前進波が屈折率 n_1 の媒質 I から屈折率 n_2 の媒質 II に入射する場合を考える．図 3.1(a) のように，媒質 I と媒質 II の境界面は平面とし，**入射波** (incident wave) の波数ベクトルを $\bm{k}_i$ とすると，この波数ベクトルを含み境界面に垂直な平面を**入射面** (plane of incidence) という．入射面と境界面の交線を z 軸，$\bm{k}_i$ 方向と境界面の交点を原点として，境界面に立てた垂線を x 軸とする．x 軸および z 軸の向きを図 (a) のようにとると，y 軸の向きは手前方向となる．入射波の一部は**反射波** (reflected wave) となり，一部は**透過波** (transmitted wave) となるので，これらに関する物理量を区別するため，それぞれ下付きの添字 i, r, t を用いる．反射波の波数ベクトル $\bm{k}_r$ および透過波の波数ベクトル $\bm{k}_t$ は，ともに入射面内のベクトルとなる．図 3.1(b) は，入射面内の波数ベクトルの様子を表す．x 軸と $\bm{k}_i$, $\bm{k}_r$, $\bm{k}_t$ 方向のなす角をそれぞれ θ_i, θ_r, θ_t とすると，これらはそれぞれ**入射角** (angle of incidence)，**反射角** (angle of reflection)，**透過角** (angle of transmission) とよばれる．透過角 θ_t は**屈折角** (angle of refraction) ともいう．

各波数ベクトルと z 軸のなす角を図 (b) のように，それぞれ α, β, γ とすると，各波数ベクトルの x, y, z 成分は次のようになる．ただし，式 (2.26) の関係を用いている．

$$k_{ix} = -n_1 k_0 \sin\alpha = -n_1 k_0 \sin\left(\frac{\pi}{2} - \theta_i\right) = -n_1 k_0 \cos\theta_i \tag{3.1}$$

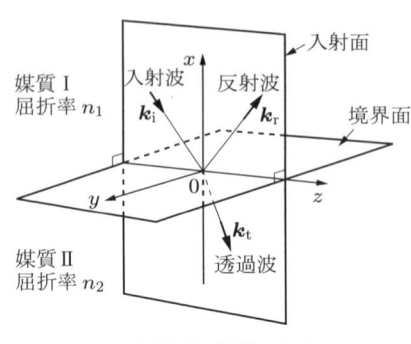

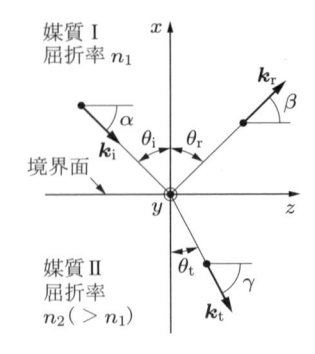

(a) 入射面と波数ベクトル　　　　（b）入射角, 反射角および透過角

図 3.1　入射面と入射面内の波数ベクトル

$$k_{iz} = n_1 k_0 \cos\alpha = n_1 k_0 \cos\left(\frac{\pi}{2} - \theta_i\right) = n_1 k_0 \sin\theta_i \tag{3.2}$$

$$k_{rx} = n_1 k_0 \sin\beta = n_1 k_0 \sin\left(\frac{\pi}{2} - \theta_r\right) = n_1 k_0 \cos\theta_r \tag{3.3}$$

$$k_{rz} = n_1 k_0 \cos\beta = n_1 k_0 \cos\left(\frac{\pi}{2} - \theta_r\right) = n_1 k_0 \sin\theta_r \tag{3.4}$$

$$k_{tx} = -n_2 k_0 \sin\gamma = -n_2 k_0 \sin\left(\frac{\pi}{2} - \theta_t\right) = -n_2 k_0 \cos\theta_t \tag{3.5}$$

$$k_{tz} = n_2 k_0 \cos\gamma = n_2 k_0 \cos\left(\frac{\pi}{2} - \theta_t\right) = n_2 k_0 \sin\theta_t \tag{3.6}$$

$$k_{iy} = k_{ry} = k_{ty} = 0 \tag{3.7}$$

入射波の電界は，一般に波数 k_i に垂直なベクトルとなるが，これは入射面に平行（parallel）な成分と垂直（senkrecht（独語））な成分に分けることができ，それぞれ **p 偏光**，**s 偏光**という．これらの偏光を区別するため，それぞれ上付きの添字 p，s を用いる．**図 3.2**(a) は，p 偏光とそれに対応する磁界成分を表す．磁界成分は紙面（入射面）に垂直で手前に向いている．図 (b) は s 偏光とそれに対応する磁界成分を表す．電界成分が紙面に垂直で手前に向いている．

3.1.1　境界条件

入射波に対して，図 3.2 の反射波および透過波の電磁界成分を求めるには，境界面において電磁界成分がみたす条件を知る必要がある．境界面を横切る面上に，**図 3.3** のように，辺の長さ a, b が十分短い矩形（破線）を想定する．長さ a の二つの辺はともに境界面に平行，長さ b の二つの辺はともに境界面と交わるものとする．簡単のため，媒質 I 内の電界を E_1，E_1 と辺 a のなす角を α，媒質 II 内の電界を E_2，E_2 と

3.1 反射，透過（屈折）と幾何光学

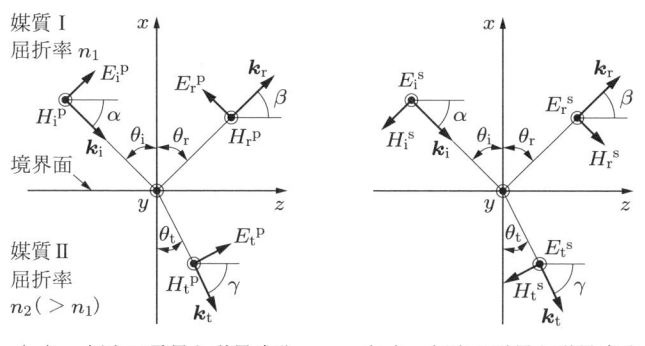

（a）p偏光の電界と磁界成分　　（b）s偏光の電界と磁界成分

図 3.2　p偏光とs偏光の電界成分および磁界成分

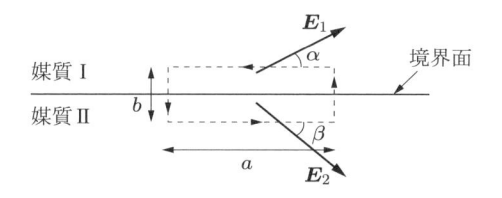

図 3.3　電界に対する境界条件

辺 a のなす角を β とし，$\boldsymbol{E}_1$ および $\boldsymbol{E}_2$ はともに矩形と同じ面に含まれるものとする．この矩形の面に**ストークスの定理**（Stokes' theorem）を適用し，$b \to 0$ とすると，矩形の面積はゼロになるから，次式が成り立つ（付録 A.1 の式 (A.1.1) 参照）．

$$\oint_{(矩形)} \boldsymbol{E} \cdot d\boldsymbol{r} = E_1 \cos(\pi - \alpha) \cdot a + E_2 \cos\beta \cdot a$$

$$= -E_1 \cos\alpha \cdot a + E_2 \cos\beta \cdot a = 0$$

$$\therefore E_1 \cos\alpha = E_2 \cos\beta \tag{3.8}$$

すなわち，境界面に沿った電界成分は連続でなければならない．同様に，境界面に沿った磁界成分も連続でなければならないことがわかる．ただし，境界面上の面電荷や面電流はないものとする．境界面において電磁界成分がみたす式 (3.8) のような関係を一般に**境界条件**（boundary condition）という（$\boldsymbol{D}$ および $\boldsymbol{B}$ の境界条件については，付録 A.1 の式 (A.1.2) および演習問題 3.1 参照）．

3.1.2　屈折の法則

時刻 $t=0$ において，入射波が境界面に入射するものとする．反射波および透過波

の電磁界成分を求めるため，p偏光およびs偏光それぞれに対して，境界面に沿った電磁界成分を求める．

(1) p偏光に対する屈折の法則

図 3.2(a) より，媒質 I における p 偏光の電磁界の y，z 成分は，それぞれ次のようになる．

$$E_z^{\mathrm{p}} = E_\mathrm{i}^{\mathrm{p}} \cos\theta_\mathrm{i} \cdot \exp\left(-j\boldsymbol{k}_\mathrm{i} \cdot \boldsymbol{r}\right) - E_\mathrm{r}^{\mathrm{p}} \cos\theta_\mathrm{r} \cdot \exp\left(-j\boldsymbol{k}_\mathrm{r} \cdot \boldsymbol{r}\right) \tag{3.9}$$

$$H_y^{\mathrm{p}} = \frac{E_\mathrm{i}^{\mathrm{p}} \cdot \exp\left(-j\boldsymbol{k}_\mathrm{i} \cdot \boldsymbol{r}\right) + E_\mathrm{r}^{\mathrm{p}} \cdot \exp\left(-j\boldsymbol{k}_\mathrm{r} \cdot \boldsymbol{r}\right)}{Z_1} \quad \left(Z_1 \equiv \sqrt{\frac{\mu_1}{\varepsilon_1}}\right) \tag{3.10}$$

$$E_y^{\mathrm{p}} = H_z^{\mathrm{p}} = 0 \tag{3.11}$$

ただし，式 (2.33) および演習問題 2.4 より，媒質 I の波動インピーダンスを Z_1 とした．同様に，媒質 II における p 偏光の電磁界の y，z 成分は，それぞれ次のようになる．

$$E_z^{\mathrm{p}} = E_\mathrm{t}^{\mathrm{p}} \cos\theta_\mathrm{t} \cdot \exp\left(-j\boldsymbol{k}_\mathrm{t} \cdot \boldsymbol{r}\right) \tag{3.12}$$

$$H_y^{\mathrm{p}} = \frac{E_\mathrm{t}^{\mathrm{p}}}{Z_2} \cdot \exp\left(-j\boldsymbol{k}_\mathrm{t} \cdot \boldsymbol{r}\right) \quad \left(Z_2 \equiv \sqrt{\frac{\mu_2}{\varepsilon_2}}\right) \tag{3.13}$$

$$E_y^{\mathrm{p}} = H_z^{\mathrm{p}} = 0 \tag{3.14}$$

境界条件より，$x=0$ において，式 (3.9) と式 (3.12) および式 (3.10) と式 (3.13) がそれぞれ等しくなければならないから，次式が成り立つ．

$$\begin{aligned} & E_\mathrm{i}^{\mathrm{p}} \cos\theta_\mathrm{i} \cdot \exp\left(-jk_{\mathrm{i}z} \cdot z\right) - E_\mathrm{r}^{\mathrm{p}} \cos\theta_\mathrm{r} \cdot \exp\left(-jk_{\mathrm{r}z} \cdot z\right) \\ & = E_\mathrm{t}^{\mathrm{p}} \cos\theta_\mathrm{t} \cdot \exp\left(-jk_{\mathrm{t}z} \cdot z\right) \end{aligned} \tag{3.15}$$

$$\frac{E_\mathrm{i}^{\mathrm{p}} \cdot \exp\left(-jk_{\mathrm{i}z} \cdot z\right) + E_\mathrm{r}^{\mathrm{p}} \cdot \exp\left(-jk_{\mathrm{r}z} \cdot z\right)}{Z_1} = \frac{E_\mathrm{t}^{\mathrm{p}}}{Z_2} \cdot \exp\left(-jk_{\mathrm{t}z} \cdot z\right) \tag{3.16}$$

ただし，式 (3.7) を用いた．任意の z に対してこれらの 2 式が成り立つには，まず，次の関係が成り立つ必要がある．

$$\exp\left(-jk_{\mathrm{i}z} \cdot z\right) = \exp\left(-jk_{\mathrm{r}z} \cdot z\right) = \exp\left(-jk_{\mathrm{t}z} \cdot z\right)$$
$$\therefore\ k_{\mathrm{i}z} = k_{\mathrm{r}z} = k_{\mathrm{t}z} \tag{3.17}$$

式 (3.2)，(3.4)，(3.6) を用いると，式 (3.17) は次のようになる．

$$n_1 k_0 \sin\theta_\mathrm{i} = n_1 k_0 \sin\theta_\mathrm{r} = n_2 k_0 \sin\theta_\mathrm{t} \tag{3.18}$$

式 (3.18) の最初の等号より，

$$\theta_\mathrm{i} = \theta_\mathrm{r} \tag{3.19}$$

が得られる．すなわち，入射角 θ_i と反射角 θ_r は等しい．また，2 番目の等号より，

$$n_1 \sin\theta_\mathrm{i} = n_2 \sin\theta_\mathrm{t} \tag{3.20}$$

が得られる．屈折率 n_1 および n_2 が与えられたとき，入射角 θ_i に対して屈折角 θ_t が一意的に定まる．これを**屈折の法則** (law of refraction) または**スネルの法則** (Snell's law) という．

(2) s 偏光に対する屈折の法則

図 3.2(b) より，媒質 I における s 偏光の電磁界の y, z 成分は，それぞれ次のようになる．

$$E_y^\mathrm{s} = E_\mathrm{i}^\mathrm{s} \cdot \exp\left(-j\boldsymbol{k}_\mathrm{i} \cdot \boldsymbol{r}\right) + E_\mathrm{r}^\mathrm{s} \cdot \exp\left(-j\boldsymbol{k}_\mathrm{r} \cdot \boldsymbol{r}\right) \tag{3.21}$$

$$H_z^\mathrm{s} = \frac{-E_\mathrm{i}^\mathrm{s} \cos\theta_\mathrm{i} \cdot \exp\left(-j\boldsymbol{k}_\mathrm{i} \cdot \boldsymbol{r}\right) + E_\mathrm{r}^\mathrm{s} \cos\theta_\mathrm{r} \cdot \exp\left(-j\boldsymbol{k}_\mathrm{r} \cdot \boldsymbol{r}\right)}{Z_1} \tag{3.22}$$

$$E_z^\mathrm{s} = H_y^\mathrm{s} = 0 \tag{3.23}$$

同様に，媒質 II における s 偏光の電磁界の y, z 成分は，それぞれ次のようになる．

$$E_y^\mathrm{s} = E_\mathrm{t}^\mathrm{s} \cdot \exp\left(-j\boldsymbol{k}_\mathrm{t} \cdot \boldsymbol{r}\right) \tag{3.24}$$

$$H_z^\mathrm{s} = -\frac{E_\mathrm{t}^\mathrm{s}}{Z_2} \cos\theta_\mathrm{t} \cdot \exp\left(-j\boldsymbol{k}_\mathrm{t} \cdot \boldsymbol{r}\right) \tag{3.25}$$

$$E_z^\mathrm{s} = H_y^\mathrm{s} = 0 \tag{3.26}$$

境界条件より，$x = 0$ において，式 (3.21) と式 (3.24) および式 (3.22) と式 (3.25) がそれぞれ等しくなければならないから，次式が成り立つ．

$$E_\mathrm{i}^\mathrm{s} \cdot \exp\left(-jk_{\mathrm{i}z} \cdot z\right) + E_\mathrm{r}^\mathrm{s} \cdot \exp\left(-jk_{\mathrm{r}z} \cdot z\right) = E_\mathrm{t}^\mathrm{s} \cdot \exp\left(-jk_{\mathrm{t}z} \cdot z\right) \tag{3.27}$$

$$\frac{-E_\mathrm{i}^\mathrm{s} \cos\theta_\mathrm{i} \cdot \exp\left(-jk_{\mathrm{i}z} \cdot z\right) + E_\mathrm{r}^\mathrm{s} \cos\theta_\mathrm{r} \cdot \exp\left(-jk_{\mathrm{r}z} \cdot z\right)}{Z_1}$$
$$= -\frac{E_\mathrm{t}^\mathrm{s}}{Z_2} \cos\theta_\mathrm{t} \cdot \exp\left(-jk_{\mathrm{t}z} \cdot z\right) \tag{3.28}$$

任意の z に対してこれらの 2 式が成り立つには，p 偏光の場合と同様に，まず，式 (3.17) が成り立つ必要がある．したがって，s 偏光に対しても p 偏光の場合と同一の関係，式 (3.19) および式 (3.20) が成り立つ．すなわち，p 偏光，s 偏光にかかわらず入射角 θ_i と反射角 θ_r は等しく，また，スネルの法則が成り立つ．

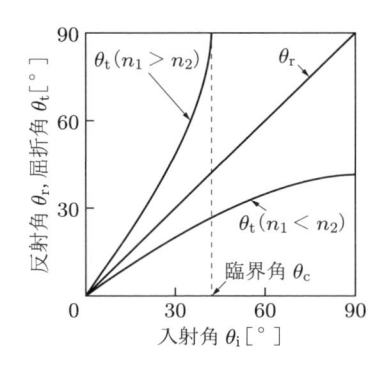

図 3.4 は，θ_r および θ_t の θ_i 依存性の概形である．式 (3.19) より，n_1 および n_2 の値にかかわらず，$\theta_r = \theta_i$ であるから，θ_r の特性曲線（直線）は対角線に一致する．スネルの法則より，$n_1 < n_2$ のとき，$\theta_i > \theta_t$ であるから，特性曲線は対角線の下側にある．$n_1 > n_2$ のとき，$\theta_i < \theta_t$ であるから，特性曲線は対角線の上側にある．この場合には，$\theta_t = 90\,[°]$ となる θ_i が存在し，このときの θ_i を**臨界角**（critical angle）θ_c という．臨界角 θ_c は次式で与えられる．

$$n_1 \sin\theta_c = n_2 \tag{3.29}$$

臨界角 θ_c 以上の θ_i に対して透過波はなくなり，反射波のみとなるので，**全反射**（total reflection）がおきる．全反射を利用すると，次節で述べるように，入射波を屈折率が大きい媒質中に閉じ込めることができる．

図 3.4 θ_r および θ_t の θ_i 依存性概形

例題 3.1 図 3.4 において，$n_1 = 1.5$，$n_2 = 1.0$ のとき，臨界角 θ_c を求めよ．また，$n_1 = 1.0$，$n_2 = 1.5$ のとき，$\theta_i = 90\,[°]$ に対する θ_t を求めよ．

解答 式 (3.29) より，臨界角 θ_c は次のようになる．

$$\theta_c = \sin^{-1}\left(\frac{n_2}{n_1}\right) = \sin^{-1}\left(\frac{1.0}{1.5}\right) \fallingdotseq 41.8\,[°]$$

式 (3.20) のスネルの法則より，屈折角 θ_t は次のようになる．

$$\theta_t = \sin^{-1}\left(\frac{n_1}{n_2} \cdot \sin\theta_i\right) = \sin^{-1}\left(\frac{1.0}{1.5} \times 1\right) \fallingdotseq 41.8\,[°]$$

これらは，入射波が互いに逆方向に入射する場合に相当する．この場合には，θ_t の特性曲線の形状は対角線に関して互いに対称となる．

3.1.3 フレネル係数
(1) p 偏光に対するフレネル係数
式 (3.17) が成り立つとき，式 (3.15) および (3.16) はそれぞれ次のようになる．

$$E_i^p \cos\theta_i - E_r^p \cos\theta_r = E_t^p \cos\theta_t \tag{3.30}$$

$$\frac{E_i^p + E_r^p}{Z_1} = \frac{E_t^p}{Z_2} \tag{3.31}$$

これらの 2 式より，次の関係式が得られる（演習問題 3.2 参照）．

$$r^p \equiv \frac{E_r^p}{E_i^p} = \frac{Z_1 \cos\theta_i - Z_2 \cos\theta_t}{Z_1 \cos\theta_i + Z_2 \cos\theta_t} \tag{3.32}$$

$$t^p \equiv \frac{E_t^p}{E_i^p} = \frac{2Z_2 \cos\theta_i}{Z_1 \cos\theta_i + Z_2 \cos\theta_t} \tag{3.33}$$

ガラスや透明プラスチックなどの誘電体では，$\mu_1 \fallingdotseq \mu_0$, $\mu_2 \fallingdotseq \mu_0$ とみなせるので，式 (2.24) とスネルの法則を用いると次式が成り立つ．

$$\frac{Z_1}{Z_2} \fallingdotseq \sqrt{\frac{\varepsilon_2}{\varepsilon_1}} = \sqrt{\frac{\varepsilon_{r2}}{\varepsilon_{r1}}} = \frac{n_2}{n_1} = \frac{\sin\theta_i}{\sin\theta_t} \tag{3.34}$$

式 (3.34) を用いると，式 (3.32), (3.33) はそれぞれ次のようになる（演習問題 3.2 参照）．

$$r^p = \frac{\tan(\theta_i - \theta_t)}{\tan(\theta_i + \theta_t)} \tag{3.35}$$

$$t^p = \frac{2\cos\theta_i \sin\theta_t}{\sin(\theta_i + \theta_t)\cos(\theta_i - \theta_t)} \tag{3.36}$$

r^p および t^p は，p 偏光に対する**フレネル係数**（Fresnel coefficient）とよばれ，r^p は電界振幅の**反射係数**（reflection coefficient），t^p は**透過係数**（transmission coefficient）を与える．

(2) s 偏光に対するフレネル係数
式 (3.17) が成り立つとき，式 (3.27) および式 (3.28) はそれぞれ次のようになる．

$$E_i^s + E_r^s = E_t^s \tag{3.37}$$

$$\frac{-E_\mathrm{i}^\mathrm{s}\cos\theta_\mathrm{i} + E_\mathrm{r}^\mathrm{s}\cos\theta_\mathrm{r}}{Z_1} = -\frac{E_\mathrm{t}^\mathrm{s}}{Z_2}\cos\theta_\mathrm{t} \tag{3.38}$$

これらの 2 式より，次の関係式が得られる（演習問題 3.3 参照）．

$$r^\mathrm{s} \equiv \frac{E_\mathrm{r}^\mathrm{s}}{E_\mathrm{i}^\mathrm{s}} = \frac{Z_2\cos\theta_\mathrm{i} - Z_1\cos\theta_\mathrm{t}}{Z_2\cos\theta_\mathrm{i} + Z_1\cos\theta_\mathrm{t}} \tag{3.39}$$

$$t^\mathrm{s} \equiv \frac{E_\mathrm{t}^\mathrm{s}}{E_\mathrm{i}^\mathrm{s}} = \frac{2Z_2\cos\theta_\mathrm{i}}{Z_2\cos\theta_\mathrm{i} + Z_1\cos\theta_\mathrm{t}} \tag{3.40}$$

式 (3.34) が成り立つ場合，式 (3.39), (3.40) はそれぞれ次のようになる（演習問題 3.3 参照）．

$$r^\mathrm{s} = -\frac{\sin(\theta_\mathrm{i} - \theta_\mathrm{t})}{\sin(\theta_\mathrm{i} + \theta_\mathrm{t})} \tag{3.41}$$

$$t^\mathrm{s} = \frac{2\cos\theta_\mathrm{i}\sin\theta_\mathrm{t}}{\sin(\theta_\mathrm{i} + \theta_\mathrm{t})} \tag{3.42}$$

これらは s 偏光に対するフレネル係数である．

3.1.4 反射率と透過率

入射パワーに対する反射パワーの割合を**反射率**（reflectance, reflectivity），透過パワーの割合を**透過率**（transmittance, transmissivity）という．フレネル係数が与えられると，反射率および透過率を求めることができる．図 3.5 のように，断面積 S_i の入射ビームが境界面を照射する面積を S とし，反射ビームの断面積を S_r，透過ビームの断面積を S_t とすると，次の関係が成り立つ．

$$S = \frac{S_\mathrm{i}}{\cos\theta_\mathrm{i}} = \frac{S_\mathrm{r}}{\cos\theta_\mathrm{r}} = \frac{S_\mathrm{t}}{\cos\theta_\mathrm{t}} \tag{3.43}$$

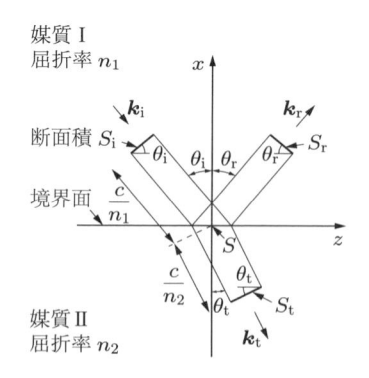

図 3.5 反射率および透過率の模式図

式 (2.24) より，媒質 I 中の光速に対応する高さ c/n_1，断面積 S_i の体積中のパワーの一部が反射し，一部が透過する．反射パワーが占める体積の断面積は S_r，高さは c/n_1 である．透過パワーが占める体積の断面積は S_t，高さは c/n_2 である．電界振幅を E とすると，エネルギー密度は $\varepsilon E^2/2\,[\mathrm{J\cdot cm^{-3}}]$ であるから，パワーはエネルギー密度と各パワーが占める体積の積より求められる．

(1) p 偏光に対する反射率と透過率

式 (3.19)，(3.35)，(3.43) より，p 偏光の反射率 R^{p} は次のように求められる．

$$R^{\mathrm{p}} = \frac{S_r \cdot \dfrac{c}{n_1} \cdot \dfrac{1}{2}\varepsilon_1 (E_r^{\mathrm{p}})^2}{S_i \cdot \dfrac{c}{n_1} \cdot \dfrac{1}{2}\varepsilon_1 (E_i^{\mathrm{p}})^2} = (r^{\mathrm{p}})^2 = \frac{\tan^2(\theta_i - \theta_t)}{\tan^2(\theta_i + \theta_t)} \tag{3.44}$$

式 (2.24)，(3.34)，(3.36)，(3.43) より，p 偏光の透過率 T^{p} は次のように求められる．

$$\begin{aligned}
T^{\mathrm{p}} &= \frac{S_t \cdot \dfrac{c}{n_2} \cdot \dfrac{1}{2}\varepsilon_2 (E_t^{\mathrm{p}})^2}{S_i \cdot \dfrac{c}{n_1} \cdot \dfrac{1}{2}\varepsilon_1 (E_i^{\mathrm{p}})^2} = \frac{n_2 \cos\theta_t}{n_1 \cos\theta_i}(t^{\mathrm{p}})^2 \\
&= \frac{\sin\theta_i \cos\theta_t \cdot 4\cos^2\theta_i \sin^2\theta_t}{\sin\theta_t \cos\theta_i \sin^2(\theta_i + \theta_t) \cos^2(\theta_i - \theta_t)} \\
&= \frac{\sin 2\theta_i \sin 2\theta_t}{\sin^2(\theta_i + \theta_t)\cos^2(\theta_i - \theta_t)}
\end{aligned} \tag{3.45}$$

(2) s 偏光に対する反射率と透過率

式 (3.19)，(3.41)，(3.43) より，s 偏光の反射率 R^{s} は次のように求められる．

$$R^{\mathrm{s}} = \frac{S_r \cdot \dfrac{c}{n_1} \cdot \dfrac{1}{2}\varepsilon_1 (E_r^{\mathrm{s}})^2}{S_i \cdot \dfrac{c}{n_1} \cdot \dfrac{1}{2}\varepsilon_1 (E_i^{\mathrm{s}})^2} = (r^{\mathrm{s}})^2 = \frac{\sin^2(\theta_i - \theta_t)}{\sin^2(\theta_i + \theta_t)} \tag{3.46}$$

式 (2.24)，(3.34)，(3.42)，(3.43) より，s 偏光の透過率 T^{s} は次のように求められる．

$$T^{\mathrm{s}} = \frac{S_t \cdot \dfrac{c}{n_2} \cdot \dfrac{1}{2}\varepsilon_2 (E_t^{\mathrm{s}})^2}{S_i \cdot \dfrac{c}{n_1} \cdot \dfrac{1}{2}\varepsilon_1 (E_i^{\mathrm{s}})^2} = \frac{n_2 \cos\theta_t}{n_1 \cos\theta_i}(t^{\mathrm{s}})^2 = \frac{\sin\theta_i \cos\theta_t \cdot 4\cos^2\theta_i \sin^2\theta_t}{\sin\theta_t \cos\theta_i \sin^2(\theta_i + \theta_t)}$$

$$= \frac{\sin 2\theta_i \sin 2\theta_t}{\sin^2(\theta_i + \theta_t)} \tag{3.47}$$

p偏光およびs偏光に対して次式が成り立つ（演習問題3.4参照）．

$$R^p + T^p = R^s + T^s = 1 \tag{3.48}$$

(3) 垂直入射に対する反射率と透過率

実際には，垂直入射（$\theta_i = 0\,[°]$）の場合の反射率と透過率が必要になることが多い．このとき，スネルの法則より，$\theta_t = 0\,[°]$ であるから，式 (3.32), (3.34), (3.39), (3.44), (3.46) より，R^p および R^s は次のようになる．

$$R^p = R^s = \left(\frac{\dfrac{Z_1}{Z_2} - 1}{\dfrac{Z_1}{Z_2} + 1}\right)^2 = \left(\frac{n_2 - n_1}{n_2 + n_1}\right)^2 \tag{3.49}$$

式 (3.33), (3.34), (3.40), (3.45), (3.47) より，T^p および T^s は次のようになる．

$$T^p = T^s = \frac{n_2}{n_1} \cdot \frac{4}{\left(\dfrac{Z_1}{Z_2} + 1\right)^2} = \frac{4 n_1 n_2}{(n_2 + n_1)^2} \tag{3.50}$$

反射率および透過率とも，p偏光とs偏光の差はなくなる．

例題 3.2 $n_1 = 1.0$, $n_2 = 1.5$ のとき，垂直入射（$\theta_i = 0\,[°]$）に対して，R^p および T^p を求めよ．

....

解答 式 (3.48), (3.49) より，R^p および T^p はそれぞれ次のようになる．

$$R^p = \left(\frac{1.5 - 1.0}{1.5 + 1.0}\right)^2 = \left(\frac{0.5}{2.5}\right)^2 = 0.04$$

$$T^p = 1 - R^p = 1 - 0.04 = 0.96$$

(4) ブリュースター角

式 (3.44) において，$\theta_i + \theta_t = \pi/2$ のとき，$\tan(\theta_i + \theta_t) \to \infty$ となるから，$R^p = 0$ となる．このときの入射角 $\theta_i \equiv \theta_B$ とおき，θ_B を**ブリュースター角**（Brewster angle）という．スネルの法則より，次式が成り立つ．

$$n_1 \sin\theta_\mathrm{B} = n_2 \sin\left(\frac{\pi}{2} - \theta_\mathrm{B}\right) = n_2 \cos\theta_\mathrm{B} \qquad \therefore\ \tan\theta_\mathrm{B} = \frac{n_2}{n_1} \tag{3.51}$$

$\tan$ の変域は $0\sim\infty$ であるから，n_1 と n_2 の大小関係にかかわらず，θ_B は常に存在する．

例題 3.3 $n_1 = 1.0$, $n_2 = 1.5$ のとき，および $n_1 = 1.5$, $n_2 = 1.0$ のとき，それぞれのブリュースター角 θ_B を求めよ（演習問題 3.6 参照）．

解答 式 (3.51) より，$n_1 = 1.0$, $n_2 = 1.5$ のとき，θ_B は次のようになる．

$$\theta_\mathrm{B} = \tan^{-1}\left(\frac{n_2}{n_1}\right) = \tan^{-1}\left(\frac{1.5}{1.0}\right) \fallingdotseq 56.3\,[^\circ]$$

$n_1 = 1.5$, $n_2 = 1.0$ のとき，θ_B は次のようになる．

$$\theta_\mathrm{B} = \tan^{-1}\left(\frac{1.0}{1.5}\right) \fallingdotseq 33.7\,[^\circ]$$

(5) 反射率および透過率の入射角 θ_i 依存性

図 3.6 は式 (3.44), (3.46), (3.48)，または式 (3.32), (3.39), (3.48) を用いて，$n_1 = 1.0$, $n_2 = 1.5$ の場合の反射率および透過率の入射角 θ_i 依存性を求めたものである．R^p は $\theta_\mathrm{i} = 0\,[^\circ]$ のとき 0.04 となり（例題 3.2 参照），θ_i の増加につれて次第に減少し，$\theta_\mathrm{B} \fallingdotseq 56.3\,[^\circ]$ のとき 0 となる（例題 3.3 参照）．その後は次第に増加し，$\theta_\mathrm{i} = 90\,[^\circ]$ のとき 1.0 となる．一方，R^s は θ_i の増加につれて単調に増加し，$\theta_\mathrm{i} = 90\,[^\circ]$ のとき 1.0 となる．$\theta_\mathrm{i} = \theta_\mathrm{B}$ において p 偏光はすべて透過し，反射波は s 偏光成分のみになる．すなわち，ブリュースター角は s 偏光成分を分離するのに利用される．

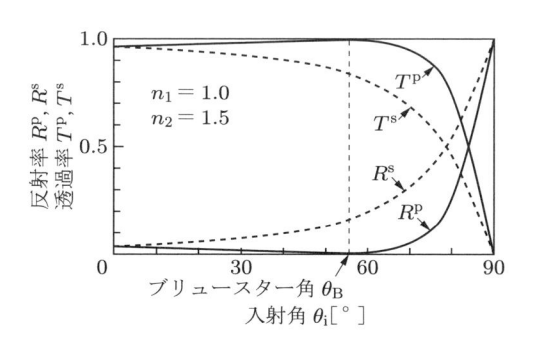

図 3.6 反射率および透過率の入射角 θ_i 依存性

3.1.5 幾何光学

これまで述べた反射や透過（屈折）の法則，たとえば式 (3.19), (3.20), (3.44), (3.46) などは屈折率と角度の関係式であり，波長 λ を陽に含んでいない．それは境界面を無限に広い平面とみなしているからである．これらは，波長にかかわらず入射波，透過波などを直線の束，すなわち**光線** (ray of light, ray) で近似してもよいことを意味する．この近似は，波長 λ を極限的にゼロとみなし，光波を光線として扱う**幾何光学** (geometrical optics) の近似と等価である．波長 λ をゼロとみなすと，式 (2.48) より，ガウスビームの回折角もゼロとなり，図 3.7(a) のように，スポットサイズ w_0 のガウスビームはそのままの寸法で伝搬する．屈折率は一般に波長に依存するので，波長に関する情報は屈折率に含まれている．それをふまえると，図 (b) のように，透過（屈折）の法則は，波長により境界面における折れ曲がり方が異なる直線として光線を表す法則であるとみなすことができる．このような幾何光学の近似は，対象とする物体または事象の寸法に比べて，扱う電磁波または光波の波長が十分に小さい（短い）場合によく成り立つ．

（a）ガウスビームの伝搬　　　　　　　　（b）透過（屈折），反射

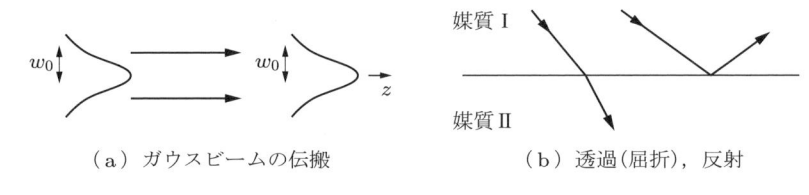

図 3.7　幾何光学近似に基づくビームの伝搬と光波の透過，反射

3.2　スラブ導波路中の光の伝搬

前節で述べたように，全反射を利用すると入射波を屈折率が大きい媒質中に閉じ込めることができる．この性質を利用して，周囲に比べて屈折率を大きくした導波路に沿って光波を伝搬させることができる．**図 3.8** は，**光導波路** (optical waveguide) の代表例の構造模式図である．図 (a) は導波路の断面形状が矩形であるため，**矩形光導波路** (rectangular optical waveguide) という．媒質 I に相当する屈折率が大きい導波路の部分を**コア** (core)，媒質 II に相当する導波路を囲む部分を**クラッド** (clad) という．線分 AA′ を含む xz 平面（入射面）における屈折率分布は，図の右側のように設定され，コア・クラッド境界面に臨界角以上の角度で入射する光波は，全反射により導波路中を伝搬する．矩形光導波路を用いている実際例は，埋め込み型半導体レーザ (6.1 節参照)，**石英平面光回路** (planar lightwave circuit; PLC)（光集積回路の導

（a）矩形光導波路　　　　　　　　　　（b）円筒光導波路

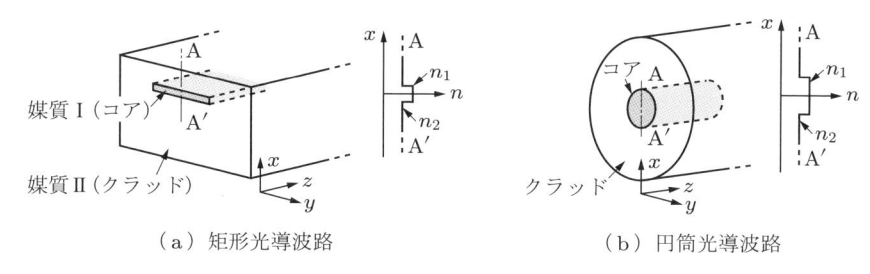

図 3.8 光導波路の構造模式図

波路部）などである．図 (b) は導波路の断面形状が円形の**円筒光導波路**（cyrindrical optical waveguide）であり，その代表例は**光ファイバ**（optical fiber）（9.3 節参照）である．

図 3.8 のような実際の光導波路中を伝搬する電磁界としての光波の解析を行う場合，図 (a) では，コアを囲む四つの境界面上で，図 (b) では，コアを囲む円筒状の境界面上で，それぞれ境界条件を考慮した解析を行う必要がある．これらは一般にかなり難しいので，本節では，より解析が容易な**図 3.9**(a) の導波路中の光波の伝搬を扱う．この構造は x 軸方向に $2d$ だけ離れた yz 平面（境界面）の，$z>0$ 部分に対して，厚さ $2d$ の部分を媒質 I（コア），その両側（上下）の部分を媒質 II（クラッド）としたものである．図 (b) は xz 平面に沿った屈折率分布であり，n_1（コア）$> n_2$（クラッド）である．このような半無限の 3 層構造は**スラブ（平板）導波路**（slab waveguide）とよばれている．

入射波は図 (c) のように，xz 平面（入射面）に沿って，z の正方向に入射し，コア・クラッド境界面に臨界角以上の角度で入射する光波は，全反射によりコア中を伝搬するように設定される．このような半無限の光導波路は実在しないが，コアの厚さが幅に比べて十分に小さい矩形光導波路中を伝搬する電磁界を近似するモデルとしてよく用いられている．

（a）構　造　　　　（b）屈折率分布　　　　（c）全反射による導波

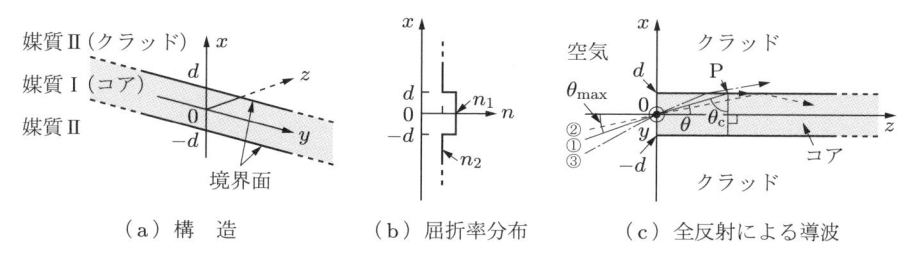

図 3.9 スラブ導波路中の光波の伝搬

3.2.1 光線近似による解析

まず，入射波を光線とみなして，それがスラブ導波路のコア中を伝搬する条件を求める．この手法は簡単であり，直観的にわかりやすいのでよく用いられる．図 3.9(c) において，光線①（実線）がコアに入射するときの入射角を $\theta_{\max}$，屈折角を θ とし，この光線がコア・クラッド境界面上の点 P に臨界角 θ_c で入射するものとする．スネルの法則より，コアへの入射点および点 P において，それぞれ次式が成り立つ．

$$1 \times \sin\theta_{\max} = n_1 \sin\theta = n_1 \sin\left(\frac{\pi}{2} - \theta_c\right) = n_1 \cos\theta_c \tag{3.52}$$

$$n_1 \sin\theta_c = n_2 \tag{3.53}$$

ただし，スラブ導波路の外側は空気（屈折率 1）としている．これらの 2 式より θ_c を消去すると，次式が得られる．

$$\sin\theta_{\max} = n_1\sqrt{1 - \sin^2\theta_c} = n_1\sqrt{1 - \frac{n_2{}^2}{n_1{}^2}} = \sqrt{n_1{}^2 - n_2{}^2} \equiv NA \tag{3.54}$$

入射角が $\theta_{\max}$ より小さい光線②（破線）のコア・クラッド境界面への入射角は臨界角 θ_c 以上になるから，このような光線は境界面で全反射し，コア中を伝搬する．入射角が $\theta_{\max}$ より大きい光線③（一点鎖線）のコア・クラッド境界面への入射角は臨界角 θ_c 以下になるから，このような光線は境界面を通って，クラッドに透過し，コア中を伝搬することはできない．すなわち，入射角が $\theta_{\max}$ より小さい光線はコア中を伝搬できる．$\sin\theta_{\max}$ は**開口数**（numerical aperture; NA）とよばれ，伝搬できる光線の受光角を示す目安となる量である．次式で定義される**比屈折率差**（relative refractive index）Δ を用いると，

$$\Delta \equiv \frac{n_1{}^2 - n_2{}^2}{2n_1{}^2} \tag{3.55}$$

開口数 NA は次のように表される．

$$NA \equiv \sin\theta_{\max} = \sqrt{n_1{}^2 - n_2{}^2} = n_1\sqrt{2\Delta} \tag{3.56}$$

光ファイバのように，Δ が十分小さい（1%程度）場合は，Δ は次のように近似される．

$$\Delta \equiv \frac{(n_1 - n_2)(n_1 + n_2)}{2n_1{}^2} \fallingdotseq \frac{(n_1 - n_2) \cdot 2n_1}{2n_1{}^2} = \frac{n_1 - n_2}{n_1} \tag{3.57}$$

例題 3.4　$n_1 = 1.5$, $\Delta = 0.005$ のとき，NA, $\theta_{\max}$ および n_2 を求めよ．

解答　式 (3.56), (3.57) より，それぞれ次のように求められる．

$$NA = n_1\sqrt{2\Delta} = 1.5\sqrt{2 \times 0.005} = 1.5\sqrt{0.01} = 0.15$$

$$\theta_{\max} = \sin^{-1} NA = \sin^{-1} 0.15 \fallingdotseq 8.63\,[°]$$

$$n_2 \fallingdotseq n_1(1 - \Delta) = 1.5 \times (1 - 0.005) = 1.5 \times 0.995 \fallingdotseq 1.493$$

3.2.2　スラブ導波路中を伝搬する波動解

　入射波を光線とみなす手法は簡単で見通しがよいが，コア・クラッド境界面で全反射した光線はコア中のみを伝搬するため，クラッド中には光がまったくないことになる．すなわち，光線近似では波動としての伝搬解の形状を決める際に用いる境界条件は無視される．光線近似はあくまでも波長をゼロとみなしてよい場合の近似であって，波長が無視できない現象を扱う場合は，以下に述べるマクスウェル方程式に基づいた解析を行う必要がある．波動方程式の解によれば，クラッド中にも光がいくらか漏れることがわかる．

(1)　波動方程式

　$z = 0$ における端面の影響を除くため，z 方向に無限に長いスラブ導波路を考える．スラブ導波路は y 軸方向の構造が一様である（y に依存しない）ため，電磁界は y を含まないとみなしてよい．そこで，z 軸方向に伝搬する前進波は，式 (2.21), (2.22) と同様に，それぞれ次の形で表されると考えられる．

$$\boldsymbol{E} = \boldsymbol{E}_0(x) \cdot \exp j(\omega t - \beta z) \tag{3.58}$$

$$\boldsymbol{H} = \boldsymbol{H}_0(x) \cdot \exp j(\omega t - \beta z) \tag{3.59}$$

ただし，β は z 軸方向の波数（位相定数）であり，振幅項は x のみの関数となる．式 (3.58), (3.59) を式 (2.1), (2.2) に代入し，両辺の $\exp j(\omega t - \beta z)$ を約すと，6 成分はそれぞれ次のようになる．

$$j\beta E_{0y} = -j\omega\mu_0 H_{0x} \tag{3.60}$$

$$-j\beta E_{0x} - \frac{\partial E_{0z}}{\partial x} = -j\omega\mu_0 H_{0y} \tag{3.61}$$

$$\frac{\partial E_{0y}}{\partial x} = -j\omega\mu_0 H_{0z} \tag{3.62}$$

$$j\beta H_{0y} = j\omega\varepsilon E_{0x} \tag{3.63}$$

$$-j\beta H_{0x} - \frac{\partial H_{0z}}{\partial x} = j\omega\varepsilon E_{0y} \tag{3.64}$$

$$\frac{\partial H_{0y}}{\partial x} = j\omega\varepsilon E_{0z} \tag{3.65}$$

ただし，$\mu = \mu_0$, $J = 0\,[\mathrm{A/cm^2}]$ とした．これらの 6 式のうち，式 (3.60), (3.62), (3.64) は E_{0y}, H_{0x}, H_{0z} のみを含み，式 (3.61), (3.63), (3.65) は E_{0x}, E_{0z}, H_{0y} のみを含むので，6 式は二つの独立した方程式の組に分かれる．電界が z 軸方向に垂直な E_{0y} 成分のみをもつ解 $\boldsymbol{E}_0 = (0, E_{0y}, 0)$, $\boldsymbol{H}_0 = (H_{0x}, 0, H_{0z})$ を **TE（横電界）モード** (transverse electric mode)，磁界が z 軸方向に垂直な H_{0y} 成分のみをもつ解 $\boldsymbol{E}_0 = (E_{0x}, 0, E_{0z})$, $\boldsymbol{H}_0 = (0, H_{0y}, 0)$ を **TM（横磁界）モード** (transverse magnetic mode) という．

TE モードにおいて，E_{0y} を求めれば，式 (3.60), (3.62) より，それぞれ H_{0x}, H_{0z} を求めることができる．そこで，E_{0y} を求めるため，式 (3.60), (3.62) を用いて，式 (3.64) より H_{0x} と H_{0z} を消去すると，E_{0y} がみたす次の波動方程式が得られる．

$$\begin{aligned}
&-j\beta\left(-\frac{\beta}{\omega\mu_0}E_{0y}\right) - \frac{\partial}{\partial x}\left(-\frac{1}{j\omega\mu_0}\frac{\partial E_{0y}}{\partial x}\right) = j\omega\varepsilon E_{0y}, \\
&\frac{\partial^2 E_{0y}}{\partial x^2} + \left(\omega^2\varepsilon\mu_0 - \beta^2\right)E_{0y} = 0
\end{aligned} \tag{3.66}$$

この方程式は，電界の成分を表す式 (2.19) の形の三つの方程式のうち，E_y の方程式に式 (3.58) の y 成分を代入することによって得ることもできる．スラブ導波路では，幾何学形状の制限により，式 (2.19) の形の三つの方程式は同格ではなく，E_x および E_z 成分はともにゼロである．TM モードにおいて，H_{0y} がみたす方程式も式 (3.66) と同様に，次のようになる．

$$\frac{\partial^2 H_{0y}}{\partial x^2} + \left(\omega^2\varepsilon\mu_0 - \beta^2\right)H_{0y} = 0 \tag{3.67}$$

TE モードと TM モードは形式的には同格であるが，電界ベクトルがスラブ導波路端面（またはコア・クラッド境界面）へ入射する仕方を比較すると，TE モードは s 偏光と，TM モードは p 偏光と同じであるので，TM モードより TE モードに対するパワー反射率が高くなり，通常は TE モードのパワーが強くなる．コアとクラッドの屈折率の大小にかかわらず，s 偏光にはブリュースター角が存在しないため，p 偏光に比べて一般にパワー反射率が高くなるからである（図 3.6 参照）．たとえば，半導体レーザでは TE モードの方が発振しやすく，パワー比は 100 対 1 程度となる．そこで本節

では以降で，TE モードのみを対象とする．

(2) 波動方程式の解

式 (3.66) の解は $(\omega^2 \varepsilon \mu_0 - \beta^2)$ が正のとき振動解，負のとき減衰または発散解をもつ．例題 2.1(2) および式 (2.24) より，$k_0{}^2 = \omega^2 \varepsilon_0 \mu_0$，$n_1{}^2 = \varepsilon_{r1}$，$n_2{}^2 = \varepsilon_{r2}$ であるから，コアおよびクラッド中で $(\omega^2 \varepsilon \mu_0 - \beta^2)$ はそれぞれ次のようになる．

$$\text{コア：} \omega^2 \varepsilon_1 \mu_0 - \beta^2 = \omega^2 \varepsilon_{r1} \varepsilon_0 \mu_0 - \beta^2 = n_1{}^2 k_0{}^2 - \beta^2 \tag{3.68}$$

$$\text{クラッド：} \omega^2 \varepsilon_2 \mu_0 - \beta^2 = \omega^2 \varepsilon_{r2} \varepsilon_0 \mu_0 - \beta^2 = n_2{}^2 k_0{}^2 - \beta^2 \tag{3.69}$$

スラブ導波路の構造および入射波長が与えられると，n_1, n_2 および k_0 は確定するから，式 (3.68)，(3.69) の符号は β と $n_1 k_0$, $n_2 k_0 (< n_1 k_0)$ の大小に依存する．光パワーがコアの近傍に閉じ込められて伝搬する解，すなわち，**伝搬モード**（propagation mode）または**導波モード**（guided mode）となるためには，コア中では x 方向に振動解，クラッド中では減衰解とならなければならない．したがって，β は次の条件をみたさなければならない．

$$n_2{}^2 k_0{}^2 < \beta^2 < n_1{}^2 k_0{}^2 \tag{3.70}$$

そこで，

$$n_1{}^2 k_0{}^2 - \beta^2 = \xi^2 \quad (\xi > 0) \tag{3.71}$$

$$n_2{}^2 k_0{}^2 - \beta^2 = -\zeta^2 \quad (\zeta > 0) \tag{3.72}$$

とおくと，式 (3.66) の解はコアおよびクラッド中でそれぞれ次の形で表せる．

$$E_{0y} = A \cos \xi x + B \sin \xi x \quad (-d \leqq x \leqq d) \tag{3.73}$$

$$E_{0y} = C e^{\zeta x} + D e^{-\zeta x} \quad (x > d \text{ または } x < -d) \tag{3.74}$$

ただし，A, B, C, D は定数である．なお，

$$\beta^2 < n_2{}^2 k_0{}^2 \tag{3.75}$$

の場合，式 (3.68)，(3.69) の符号はともに正となるので，コアおよびクラッド中ともに振動解となる．このような解は，コアとクラッドの境界で屈折してクラッドに抜けて伝搬する解を表し，**放射モード**（radiation mode）という．

式 (3.71)，(3.72) の両辺どうしの差より次式が得られる．

$$n_1{}^2 k_0{}^2 - n_2{}^2 k_0{}^2 = \xi^2 + \zeta^2,$$

$$V^2 \equiv k_0{}^2 d^2 \left(n_1{}^2 - n_2{}^2\right) = (\xi d)^2 + (\zeta d)^2 \qquad (V > 0) \tag{3.76}$$

V は**規格化周波数**（normalized frequency）とよばれ，スラブ導波路の構造および入射波長が与えられると値が確定する．V はスラブ導波路（または光導波路）の構造の特徴を表す無次元の重要パラメータであり，通常，**V値**とよばれる．ξ と ζ は互いに独立ではなく，これらの二乗の和はスラブ導波路の構造および入射波長で定まる一定値をとる．

コア中の一般解，式 (3.73) は cos と sin の項の重ね合わせであるが，これらは互いに独立な解であり，モード形状の対称性を考えるうえでは，別々に扱うほうがわかりやすいので，以降では分けて考える．

① TE 偶モード

コア中の解が $A\cos\xi x$ の形をもつ解は，電界の形状が $x=0$ に関して対称（x の偶関数）となる解であり，この場合の電磁界分布を **TE 偶モード**（TE even mode）という．このとき，クラッド中で発散しない解は次の3式で表される．

$$E_{0y} = A\cos\xi x \qquad (-d \leqq x \leqq d) \tag{3.77}$$

$$E_{0y} = Ce^{\zeta x} \qquad (x < -d) \tag{3.78}$$

$$E_{0y} = De^{-\zeta x} \qquad (x > d) \tag{3.79}$$

式 (3.8) の境界条件より，コアとクラッドの境界面に沿った電界成分は連続でなければならないから，式 (3.77)〜(3.79) より，$x = \pm d$ において，それぞれ次式が成り立つ．

$$A\cos\xi d = Ce^{-\zeta d}, \qquad C = A\cos\xi d \cdot e^{\zeta d} \tag{3.80}$$

$$A\cos\xi d = De^{-\zeta d}, \qquad D = A\cos\xi d \cdot e^{\zeta d} \tag{3.81}$$

式 (3.80), (3.81) より，式 (3.78), (3.79) はそれぞれ次のようになる．

$$E_{0y} = A\cos\xi d \cdot e^{\zeta(x+d)} \qquad (x < -d) \tag{3.82}$$

$$E_{0y} = A\cos\xi d \cdot e^{-\zeta(x-d)} \qquad (x > d) \tag{3.83}$$

式 (3.62), (3.77), (3.83) より，磁界成分 H_{0z} の $x = d$ における境界条件は次のようになる．

$$-\xi \cdot A\sin\xi d = -\zeta \cdot A\cos\xi d \qquad \therefore \tan\xi d = \frac{\zeta}{\xi} = \frac{\zeta d}{\xi d} \tag{3.84}$$

$x = -d$ における境界条件も式 (3.84) と同一になる．式 (3.84) は，TE 偶モードの**固有値方程式**（eigenvalue equation）または**特性方程式**（characteristic equation）と

よばれる．これと式 (3.76) の連立方程式より ξ と ζ が求められ，さらに，式 (3.71)，(3.72) より β を求めることができる．ただし，式 (3.84) は tan の項を含むので，連立方程式は**超越方程式**（transcendental equation）となり，解析解を求めることはできない．そこで，以下の③で述べる図式解法により，数値解を求めることになる．

② TE 奇モード

コア中の解が $B\sin\xi x$ の形をもつ解は，電界の形状が $x=0$ に関して点対称（x の奇関数）となる解であり，この場合の電磁界分布を **TE 奇モード**（TE odd mode）という．TE 偶モードの場合と同様に考えると，境界条件をみたし，クラッド中で発散しない電界は次の 3 式で表される．

$$E_{0y} = B\sin\xi x \qquad (-d \leqq x \leqq d) \tag{3.85}$$

$$E_{0y} = -B\sin\xi d \cdot e^{\zeta(x+d)} \qquad (x < -d) \tag{3.86}$$

$$E_{0y} = B\sin\xi d \cdot e^{-\zeta(x-d)} \qquad (x > d) \tag{3.87}$$

式 (3.84) に対応する固有値方程式は次のようになる．

$$\xi \cdot B\cos\xi d = -\zeta \cdot B\sin\xi d \qquad \therefore \tan\xi d = -\frac{\xi}{\zeta} = -\frac{\xi d}{\zeta d} \tag{3.88}$$

この固有値方程式と式 (3.76) の連立方程式より，奇モードの ξ と ζ が求められ，さらに，β を求めることができる．

③ TE 偶モードと奇モードの電磁界の数値解

$$p = \xi d \tag{3.89}$$

$$q = \zeta d \tag{3.90}$$

とおくと，式 (3.76)，(3.84)，(3.88) はそれぞれ次のようになる（演習問題 3.7 参照）．

$$p^2 + q^2 = V^2 \qquad (p > 0,\ q > 0) \tag{3.91}$$

$$\tan p = \frac{q}{p} \qquad \therefore q = p \cdot \tan p = p \cdot \tan\left(p - \frac{\pi}{2} \cdot m\right) \quad (m = 0, 2, 4, \cdots) \tag{3.92}$$

$$\tan p = -\frac{p}{q} \qquad \therefore q = -p \cdot \cot p = p \cdot \tan\left(p - \frac{\pi}{2} \cdot m\right) \quad (m = 1, 3, 5, \cdots) \tag{3.93}$$

p および q はともに正であるから，式 (3.91) は pq 平面において，原点を中心とする半径 V の円の第 1 象限部分を表す．スラブ導波路の構造および入射波長が与えられると V の値は確定するから，半径 V の円と式 (3.92) または式 (3.93) の特性曲線との

交点より，p および q，すなわち，ξ と ζ が求められる．図 3.10 は，$V=3.71$ の円（実線）と式 (3.92) または式 (3.93) の特性曲線との交点を求める図式解法の例である．$V=3.71$ の円は $m=0,1,2$ の特性曲線と交わるので，解は三つあり，それぞれの交点に対応する電磁界を TE_0，TE_1，TE_2 と表示し，それぞれ TE_0 次，TE_1 次，TE_2 次モードという．

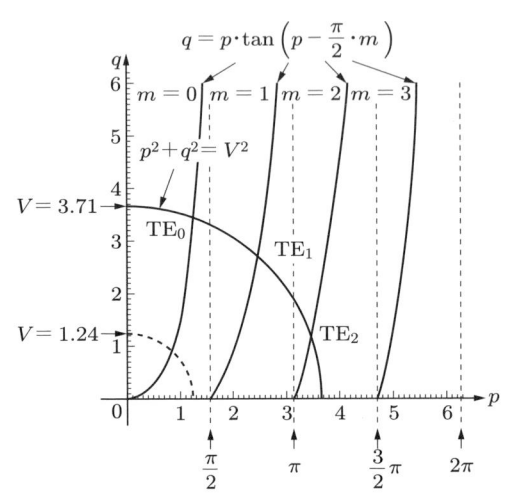

図 3.10 スラブ導波路の p および q の図式解法の例

一般に，半径 V の値が大きくなるほど交点の数も増えるので，解の数も増える．各交点に対応する電磁界を表すモードは TE_m であるが，添字 m をモード**次数**（order）といい，m が偶数のとき偶モード，奇数のとき奇モードを表す．$m=0$ の 0 次モードは**基本モード**ともいう．交点は離散的に存在するので，それぞれの交点に対応する離散的な条件をみたす電磁界のみが物理的に実現される解になりうる．

例題 3.5 $\Delta=0.005$，$n_1=3.2$，$\lambda=1.3\,[\mu m]$，$d=2.4\,[\mu m]$ のスラブ導波路に対して，次の各問いに答えよ．
(1) V の値を求めよ．
(2) 解 (p,q) の組をすべて求めよ．
(3) 解 (ξ,ζ) の組をすべて求めよ．
(4) β の値をすべて求めよ．

解答　(1) 式 (3.76)，(3.56) より，V の値は次のようになる．

$$V = k_0 d\sqrt{n_1^2 - n_2^2} = \frac{2\pi d}{\lambda}\cdot n_1\sqrt{2\Delta} \fallingdotseq \frac{6.28\times 2.4\times 3.2\times\sqrt{0.01}}{1.3} \fallingdotseq 3.71$$

(2) 図 3.10 の $V = 3.71$ の場合であるから，交点は 3 個あり，それぞれのモードに対する (p, q) の値を読み取ると，およそ次のようになる．

$\quad$ TE$_0$: $(1.25, 3.49)$,$\qquad$ TE$_1$: $(2.43, 2.80)$,$\qquad$ TE$_2$: $(3.48, 1.29)$

(3) $\xi = p/d$, $\zeta = q/d$ より，それぞれのモードの (ξ, ζ) の値はおよそ次のようになる．

$\quad$ TE$_0$: $(0.521, 1.45)$,$\qquad$ TE$_1$: $(1.01, 1.17)$,$\qquad$ TE$_2$: $(1.45, 0.538)$

$\qquad$ [1/μm]$\quad$ または$\quad$ [rad/μm]

(4) 式 (3.71) より，それぞれのモードの β の値は次のようになる．

$$\text{TE}_0 : \beta_0 = \sqrt{n_1^2 k_0^2 - \xi^2} = \sqrt{\left(\frac{2\pi n_1}{\lambda}\right)^2 - \xi^2} \fallingdotseq \sqrt{\left(\frac{6.28 \times 3.2}{1.3}\right)^2 - 0.521^2}$$

$$\fallingdotseq \sqrt{(15.46)^2 - 0.521^2} \fallingdotseq 15.45 \,[\mu\text{m}^{-1}]$$

$$\text{TE}_1 : \beta_1 \fallingdotseq \sqrt{(15.46)^2 - 1.01^2} \fallingdotseq 15.43 \,[\mu\text{m}^{-1}]$$

$$\text{TE}_2 : \beta_2 \fallingdotseq \sqrt{(15.46)^2 - 1.45^2} \fallingdotseq 15.39 \,[\mu\text{m}^{-1}]$$

定数 A および B を除き，各モードの (ξ, ζ) および β の値が定まると，式 (3.58)，(3.59) の前進波の形が定まる．A および B の値はパワー条件より決まる．

図 3.11 は，A および B を 1 とみなし，例題 3.5 のパラメータをもつスラブ導波路に対して，TE$_0$，TE$_1$ および TE$_2$ の電界分布の概形を描いたものである．例題 3.5(3) より，(ξ, ζ) の値が定まると，式 (3.77)，(3.82)，(3.83) より，TE 偶モードの電界分布が，式 (3.85)〜(3.87) より，TE 奇モードの電界分布が定まる．TE$_0$ および TE$_2$ の形状は $x = 0$ に関して対称（x の偶関数）となっており，TE$_1$ の形状は $x = 0$ に関して点対称（x の奇関数）となっていることがわかる．

電界のエネルギーまたはパワーは電界の二乗に比例するから，図 3.11 の分布を二乗すると，**図 3.12** のエネルギーまたはパワー分布が得られる．パワー分布は電界分布の二乗に比例するから，負の値はとらず，その形状は $x = 0$ に関して対称（x の偶関数）となる．TE$_0$ は単峰性，TE$_1$ は双峰性，TE$_2$ は三峰性の分布形状をもつ．

一般に，TE$_1$ 以上の高次モードは多峰性のパワー分布形状をもち，TE$_m$ モードは $m + 1$ 個のピーク（極大値）をもつ．複数のモードが伝搬する光導波路を**多モード光導波路**（multi mode optical waveguide）という．図 3.11 および図 3.12 のような電界やパワーの分布形状は伝搬方向（z 方向）に直交する方向の分布形状であり，**横モード**（transverse mode）とよばれる．

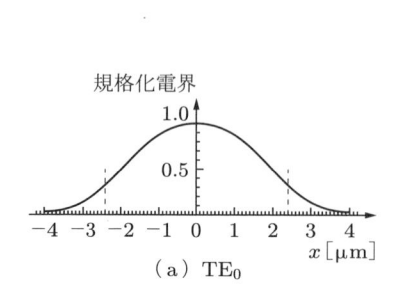

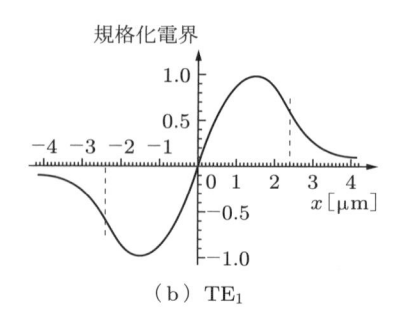

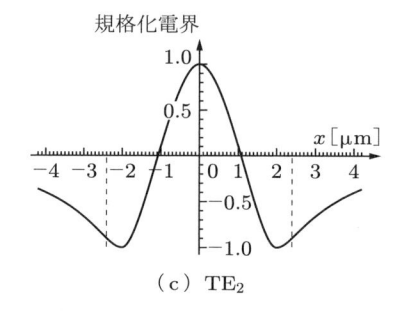

図 3.11 スラブ導波路の x 方向の電界分布
（$\Delta = 0.005$, $n_1 = 3.2$, $\lambda = 1.3\,[\mu\mathrm{m}]$, $d = 2.4\,[\mu\mathrm{m}]$）

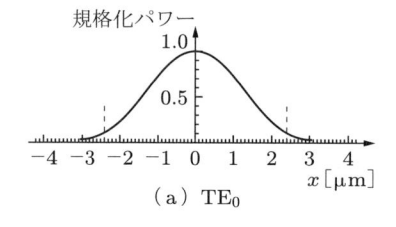

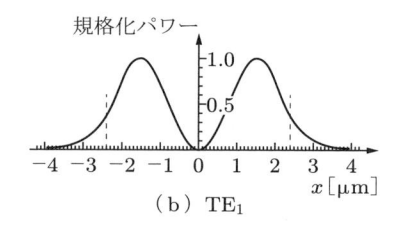

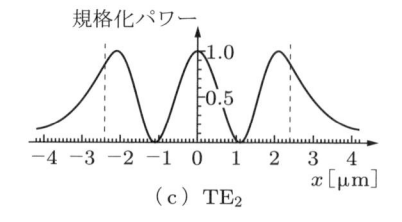

図 3.12 スラブ導波路の x 方向のパワー分布
（$\Delta = 0.005$, $n_1 = 3.2$, $\lambda = 1.3\,[\mu\mathrm{m}]$, $d = 2.4\,[\mu\mathrm{m}]$）

3.2.3 高次モードの遮断条件

パワー分布形状が多峰性になると，出射ビームの指向性が低下するので，実際は，1次以上の高次モードが発生しないようにする場合がほとんどである．図 3.10 を参照すると，半径 V の円と $m=0$ の特性曲線のみが交わるとき，0 次モードのみが存在するから，1 次以上の高次モードが発生しない条件は次のようになる．

$$V = \frac{2\pi d}{\lambda} \cdot n_1 \sqrt{2\Delta} < \frac{\pi}{2} \tag{3.94}$$

この関係を**高次モードの遮断条件**（cutoff condition of higher order mode）という．Δ, n_1, d が与えられた場合には，波長 λ に下限 λ_c が存在し，

$$\lambda_c \equiv 4d \cdot n_1 \sqrt{2\Delta} < \lambda \tag{3.95}$$

となる．λ_c を**カットオフ波長**（cutoff wavelength）という．Δ, n_1, λ が与えられた場合には，厚さ d に上限が存在し，

$$d < \frac{\lambda}{4n_1 \sqrt{2\Delta}} \tag{3.96}$$

となる．すなわち，d を小さくしていくと必ず 0 次モードのみの条件が実現される．

例題 3.6 $\Delta = 0.005$, $n_1 = 3.2$, $d = 0.8\,[\mu\mathrm{m}]$ のスラブ導波路に対して，次の各問いに答えよ．
(1) カットオフ波長 λ_c を求めよ．
(2) $\lambda = 1.3\,[\mu\mathrm{m}]$ は高次モードの遮断条件をみたすか．みたすとき，V の値を求めよ．
(3) $\lambda = 1.3\,[\mu\mathrm{m}]$ のとき，解 (p, q) を求めよ．
(4) $\lambda = 1.3\,[\mu\mathrm{m}]$ のとき，解 (ξ, ζ) を求めよ．
(5) $\lambda = 1.3\,[\mu\mathrm{m}]$ のとき，β の値を求めよ．

解答 (1) 式 (3.95) より，λ_c の値は次のようになる．

$$\lambda_c = 4d \cdot n_1 \sqrt{2\Delta} = 4 \times 0.8 \times 3.2 \times \sqrt{0.01} = 1.024\,[\mu\mathrm{m}]$$

(2) $\lambda = 1.3\,[\mu\mathrm{m}] > 1.024\,[\mu\mathrm{m}] = \lambda_c$ より，高次モードの遮断条件をみたす．式 (3.94) より，V の値は次のようになる．

$$V = \frac{2\pi d}{\lambda} \cdot n_1 \sqrt{2\Delta} \fallingdotseq \frac{6.28 \times 0.8 \times 3.2 \times \sqrt{0.01}}{1.3} \fallingdotseq 1.24$$

(3) 図 3.10 の $V = 1.24$（破線の円）の場合であるから，交点は TE_0 モード 1 個であり，(p, q) の値を読み取ると，およそ次のようになる．

TE$_0$: $(0.83, 0.92)$

(4) $\xi = p/d$, $\zeta = q/d$ より，(ξ, ζ) の値はおよそ次のようになる．

TE$_0$: $(1.038, 1.150)$ [1/μm] または [rad/μm]

(5) 式 (3.71) より，β の値は次のようになる．

$$\text{TE}_0: \beta_0 = \sqrt{n_1^2 k_0^2 - \xi^2} = \sqrt{\left(\frac{2\pi n_1}{\lambda}\right)^2 - \xi^2} \fallingdotseq \sqrt{\left(\frac{6.28 \times 3.2}{1.3}\right)^2 - 1.038^2}$$

$$\fallingdotseq \sqrt{(15.46)^2 - 1.038^2} \fallingdotseq 15.43 \, [\mu m^{-1}]$$

図 3.13 は，A を 1 とみなし，例題 3.6 のパラメータをもつスラブ導波路に対して，TE$_0$ の電界分布（図 (a)）およびパワー分布（図 (b)）の概形を描いたものである．図 (b) の実線はパワー分布であるが，破線は規格化パワー 0.5 において，実線の分布と一致するように描いたガウス分布である．ガウス分布は実線に比べて，x（の絶対値）が大きくなると急速減少するが，分布の全体形状はよく一致している．すなわち，0 次モードのパワー分布はガウス分布で近似できる．ガウス分布で近似する利点は，分布を一つの関数で表せること，ガウス分布は広汎な分野で出現する最も基本的な分布であることなどである．

0 次モードのみが伝搬する光導波路を**単一モード光導波路** (single mode optical waveguide) という．実際の光導波路はほとんどの場合，単一モード光導波路となるように設定される．

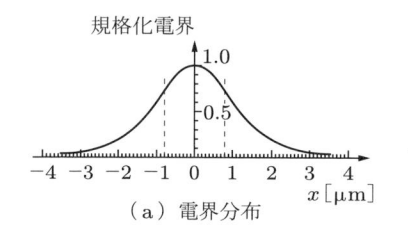

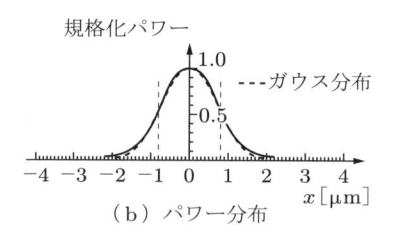

図 3.13 スラブ導波路の x 方向の電界分布およびパワー分布
（TE$_0$ モード：$\Delta = 0.005$，$n_1 = 3.2$，$\lambda = 1.3$ [μm]，$d = 0.8$ [μm]）

3.3 全反射とエバネッセント波

式 (3.71) より，

$$n_1^2 k_0^2 = \beta^2 + \xi^2 \tag{3.97}$$

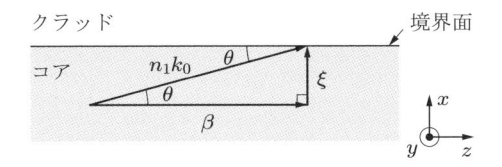

図 3.14 波数 $n_1 k_0$, β および ξ と角 θ の関係

であるが，この式は**図 3.14** のように，波数領域において，大きさが $n_1 k_0$ の辺を斜辺とする直角三角形を表し，大きさがそれぞれ β および ξ の辺は互いに直交する，という関係を表している．伝搬モードの波面（等位相面）は大きさが $n_1 k_0$ の波数ベクトルと直交し，コアとクラッドの境界面近傍で全反射しながら，z 方向に波数 β をもって伝搬する．図の角 θ は，$n_1 k_0$ の波数ベクトルの境界面への入射角と補角をなし，次式をみたす．

$$\sin\theta = \frac{\xi}{n_1 k_0} \tag{3.98}$$

伝搬モードは x 方向には波数 ξ で伝搬するが，上下の反射面で反射しながら往復するので，光パワー（の大部分）はコアに閉じ込められ，たとえば，図 3.12 のような分布になる．したがって，x 方向には**定在波**（standing wave）または**定常波**（stationary wave）が立っているものとみなせる．

図 3.15 は，x 方向に単峰性，双峰性および三峰性の定在波が立つ条件を示す実空間の波面の模式図である．図 (a) は単峰性の場合で，間隔 $2d_0$ の上下の反射面の間で反射する平面波の波面の様子である．この場合を例として，波面が定在波を形成する様子を説明する．実線が電界の山を表す波面，色のうすい実線が電界ゼロの波面，破線が電界の谷の波面である．波面に立てた法線と反射面のなす角 θ_0 は式 (3.98) で与えられる．上の面に対する入射および反射と，下の面に対する入射および反射は同等であるから，上の反射面に対して角 θ_0 をなす波面と，下の反射面に対して角 θ_0 をなす波面が存在する．ただし，反射面は定在波の**節**（node）になるから，反射面上では山の波面と谷の波面が交叉する．山と山または谷と谷の波面が交叉する位置が定在波の**腹**（loop）に，山と谷の波面が交叉する位置が定在波の節になるから，右側に示されているような定在波が形成される．z 方向の波長は $\lambda/(n_1 \cos\theta_0)$ である．なお，上下の反射面は実際のコア・クラッド境界面ではなく，クラッド内に入り込んだ，コア・クラッド境界面と平行な実効的な反射面であり，$d_0 > d$ である．

図 (a) の直角三角形 ABC に対して次式が成り立つ．

$$\tan\theta_0 = \frac{\mathrm{AB}}{\mathrm{BC}} = \frac{\dfrac{\lambda}{2n_1 \cos\theta_0}}{2d_0} \quad \therefore\ d_0 = \frac{\lambda}{4n_1 \cos\theta_0 \tan\theta_0} = \frac{\lambda}{4n_1 \sin\theta_0} \tag{3.99}$$

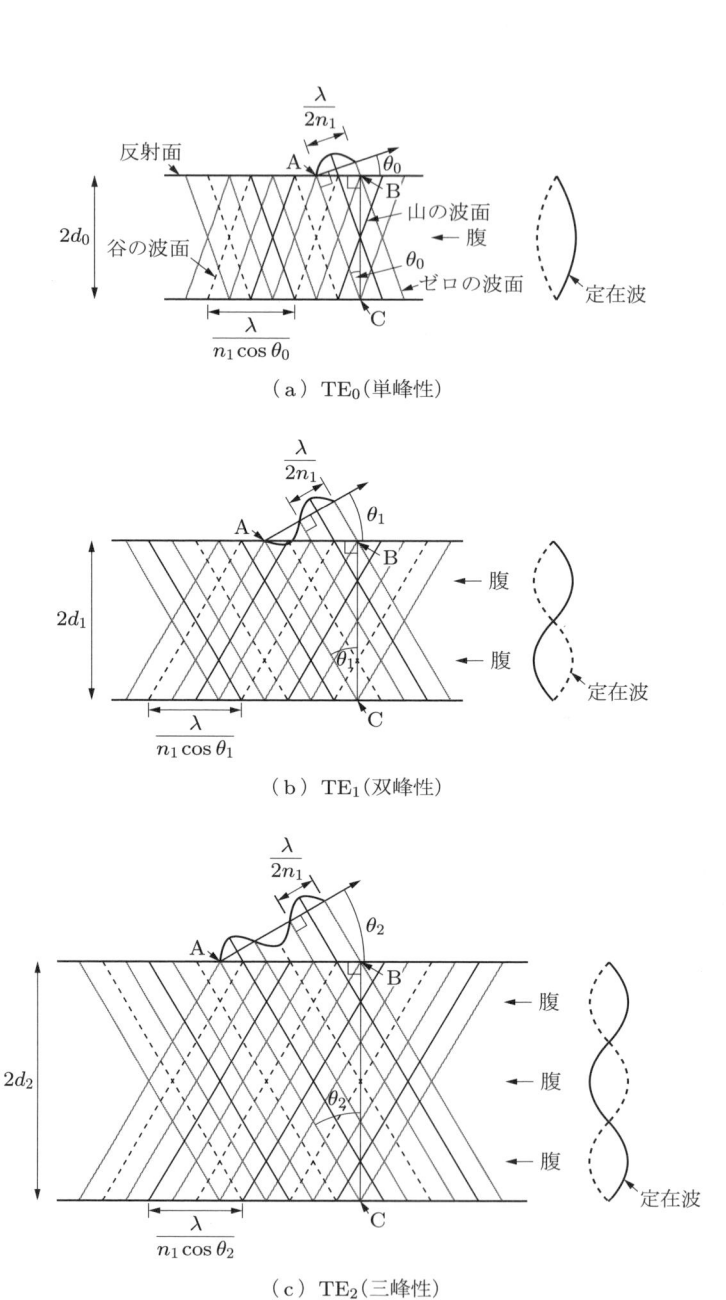

図 3.15 定在波が立つ条件を示す実空間の波面の模式図

ξ と θ は各モードに対応した離散的な値をとるので,各モードを添字 m で区別すると,式 (3.98) は次のように書ける.

$$\sin\theta_m = \frac{\xi_m}{n_1 k_0} \qquad (m = 0, 1, 2) \tag{3.100}$$

式 (3.99),(3.100) より,d_0 は次のようになる.

$$d_0 = \frac{\lambda}{4n_1} \cdot \frac{n_1 k_0}{\xi_0} = \frac{\lambda}{4n_1} \cdot \frac{n_1}{\xi_0} \cdot \frac{2\pi}{\lambda} = \frac{\pi}{2} \cdot \frac{1}{\xi_0} \tag{3.101}$$

したがって,d_0 と d の差は次のようになる.

$$d_{\mathrm{g}0} \equiv d_0 - d = \frac{\pi}{2} \cdot \frac{1}{\xi_0} - d = \frac{1}{\xi_0}\left(\frac{\pi}{2} - \xi_0 d\right) = \frac{1}{\xi_0}\left(\frac{\pi}{2} - p_0\right) \tag{3.102}$$

ただし,

$$p_m = \xi_m d \qquad (m = 0, 1, 2) \tag{3.103}$$

である.

図 (b) および図 (c) において,それぞれの直角三角形 ABC に対して図 (a) の場合と同様に,それぞれ次式が成り立つ.

$$\tan\theta_1 = \frac{\dfrac{\lambda}{n_1 \cos\theta_1}}{2d_1} = \frac{\lambda}{2d_1 n_1 \cos\theta_1}$$

$$\therefore\ d_1 = \frac{\lambda}{2n_1 \sin\theta_1} = \frac{\lambda}{2n_1} \cdot \frac{n_1 k_0}{\xi_1} = \frac{\pi}{\xi_1} \tag{3.104}$$

$$\tan\theta_2 = \frac{\dfrac{3\lambda}{2n_1 \cos\theta_2}}{2d_2} = \frac{3\lambda}{4d_2 n_1 \cos\theta_2}$$

$$\therefore\ d_2 = \frac{3\lambda}{4n_1 \sin\theta_2} = \frac{3\lambda}{4n_1} \cdot \frac{n_1 k_0}{\xi_2} = \frac{3\pi}{2} \cdot \frac{1}{\xi_2} \tag{3.105}$$

したがって,d との差はそれぞれ次のようになる.

$$d_{\mathrm{g}1} \equiv d_1 - d = \frac{1}{\xi_1}(\pi - p_1) \tag{3.106}$$

$$d_{\mathrm{g}2} \equiv d_2 - d = \frac{1}{\xi_2}\left(\frac{3}{2}\pi - p_2\right) \tag{3.107}$$

式 (3.102),(3.106),(3.107) は,図 3.16 のように,それぞれのモードの波数ベク

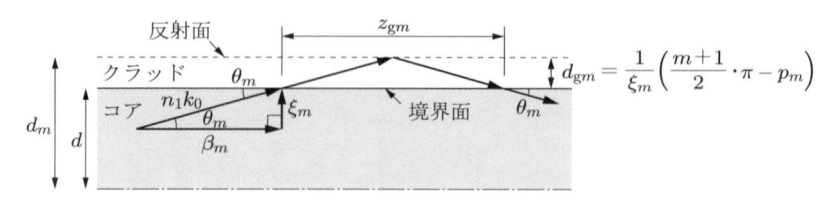

図 3.16 クラッド内の「反射面」における波数ベクトルの反射

トルが実際のコア・クラッド境界面からはみ出して伝搬し、クラッド内の「反射面」で反射されてコア内に戻ることを表す．クラッド部にはみ出した電界を**エバネッセント波**（evanescent wave）（消滅する波）といい，モードがクラッドにはみ出してからコア内に戻る間に生じる位相変化を**グース−ヘンシェンシフト**（Goos–Hänchen shift）という．図の距離 $z_{\mathrm{g}m}$ をグース−ヘンシェンシフトということもあるので注意する．

例題 3.7 例題 3.5 のパラメータをもつスラブ導波路に対して，$d_{\mathrm{g}0}$, $d_{\mathrm{g}1}$ および $d_{\mathrm{g}2}$ を求めよ．

解答 例題 3.5(2), (3) の結果と式 (3.102), (3.106), (3.107) より，$d_{\mathrm{g}0}$, $d_{\mathrm{g}1}$ および $d_{\mathrm{g}2}$ はそれぞれ次のようになる．

$$d_{\mathrm{g}0} = \frac{1}{\xi_0}\left(\frac{\pi}{2} - p_0\right) \fallingdotseq \frac{1}{0.521} \times (1.57 - 1.25) \fallingdotseq 0.61\,[\mu\mathrm{m}]$$

$$d_{\mathrm{g}1} = \frac{1}{\xi_1}(\pi - p_1) \fallingdotseq \frac{1}{1.01} \times (3.14 - 2.43) \fallingdotseq 0.70\,[\mu\mathrm{m}]$$

$$d_{\mathrm{g}2} = \frac{1}{\xi_2}\left(\frac{3}{2}\pi - p_2\right) \fallingdotseq \frac{1}{1.45} \times (1.5 \times 3.14 - 3.48) \fallingdotseq 0.85\,[\mu\mathrm{m}]$$

図 3.16 のように，モードがクラッドにはみ出す距離 $d_{\mathrm{g}m}$ は

$$\frac{m+1}{2}\cdot\pi - p_m \quad (m = 0, 1, 2, \cdots) \tag{3.108}$$

に比例するが，この値は，図 3.10 の (p, q) 平面を例にとると，**図 3.17** の太線の長さを表す．屈折率 n_1 および n_2 の波長 λ 依存性が無視できるとき，式 (3.76) または式 (3.94) より，λ がゼロに近づくと規格化周波数 V は無限大に近づく（円の半径 V が無限大に近づく）から，図 3.17 の太線の長さはゼロに近づき，ξ_m は $(m+1)\pi/(2d)$ に近づく．したがって，モードがクラッドにはみ出す距離 $d_{\mathrm{g}m}$ もゼロに近づく．すなわち，グース−ヘンシェンシフトもゼロに近づく．これは，図 3.7(b) に関連して述べた幾何光学近似に基づく反射の場合に相当する．

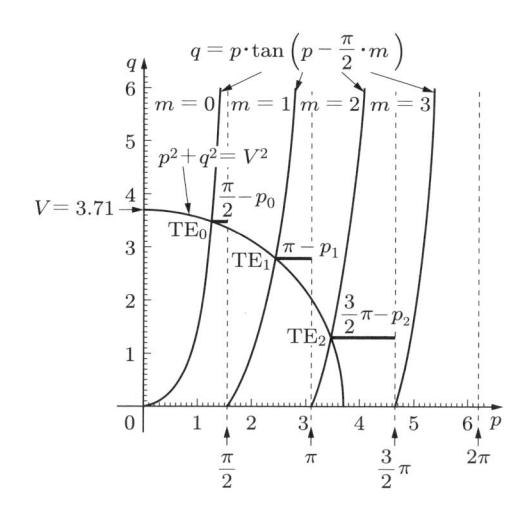

図 3.17　$(m+1)\pi/2 - p_m$ の値の例

演習問題

3.1 境界面の法線に沿った電束密度成分および磁束密度成分は連続であることを示せ．ただし，境界面上の面電荷や面電流はないものとする．

3.2 p 偏光に対し，式 (3.32), (3.33), (3.35), (3.36) が成り立つことを示せ．

3.3 s 偏光に対し，式 (3.39)〜(3.42) が成り立つことを示せ．

3.4 p 偏光および s 偏光に対し，式 (3.48) が成り立つことを示せ．

3.5 屈折率 n_1 の誘電体から屈折率 n_2 の誘電体に平面波が垂直入射するとき，次の各問いに答えよ．ただし，境界面は平面とする．

(1) 反射率 R^p（または R^s）の最小値と，そのとき n_1 および n_2 がみたす条件を求めよ．

(2) $R^p \leqq 0.04$ のとき，n_1 および n_2 がみたす条件を求めよ．

3.6 屈折率 n_1 の誘電体から屈折率 n_2 の誘電体に p 偏光波が入射するときのブリュースター角を θ_{B1}，屈折率 n_2 の誘電体から屈折率 n_1 の誘電体に p 偏光波が入射するときのブリュースター角を θ_{B2} とすると，

$$\theta_{B1} + \theta_{B2} = \frac{\pi}{2}$$

となることを示せ．ただし，境界面は平面とする．

3.7 パラメータ m を含む式 (3.92) および (3.93) が成り立つことを示せ．

3.8 例題 3.5 のパラメータをもつスラブ導波路に対して，次の各問いに答えよ．

(1) NA とそれに対応する最大受光角 $\theta_{\max}$ を求めよ．

(2) TE_0, TE_1, TE_2 モードに対するそれぞれの入射波数ベクトルの入射角を求めよ．

4章 レーザ光の特徴
—単色性と指向性—

1章で述べたように，レーザ光は自然光に比べて波長が揃っており（単色性がよい），特定の方向に強く放射され（指向性が強い），パワー密度が大きくなる，などの特徴をもつ．これらのうち，著しい特徴である単色性と指向性について，2章の内容をふまえて，自然光と対比しつつ定量的に述べる．

4.1 単色性

4.1.1 平面波のスペクトル

単色光の一番基本的な例は一つの波長をもつ平面電磁波，すなわち平面波である．簡単のため，真空中を z 方向に伝搬する平面波を想定する．時刻を t，位置を z，波長を λ とすると，平面波の電界 $E(z,t)$ は，式 (2.21) の前進波の実部をとると，次の形に表される．

$$E(z,t) = A\cos(\omega_0 t - k_0 z) = A\cos 2\pi \left(\frac{1}{T}\cdot t - \frac{1}{\lambda}\cdot z\right) \qquad (4.1)$$

$$\omega_0 \equiv 2\pi f \equiv \frac{2\pi}{T} \qquad (4.2)$$

ただし，A は**振幅** (amplitude)，T は**周期** (period) である．

時刻を t_0 に固定して，式 (4.1) の振動の山に注目すると，その位相は $2m\pi$ ($m = 0, \pm1, \pm2, \pm3, \cdots$) とみなしてよいから，波の山を表す波面は**図 4.1**(a) のように，波長 λ の間隔の無限個の平面からなる．また，時刻を t_0 に固定して，式 (4.1) の空間変動をみると図 4.1(b) のように，振幅 A，波長 λ の正弦波になる．

図 4.1(a) の波面（の集合）は光速 c で伝搬するので，位置 z を z_0 に固定して $E(z,t)$ の時間変動をみると，**図 4.2** のように，振幅 A，周期 T の正弦波になる．

したがって，式 (4.1) の周波数スペクトル $S(\omega)$（パワースペクトル），すなわち，周波数に対する光パワーの分布は**図 4.3** のようになる．光パワーは一つの角周波数 ω_0（一つの波長 $2\pi c/\omega_0$）に集中しており，**線スペクトル**で表せるので，式 (4.1) は単色光を表しているといえる．

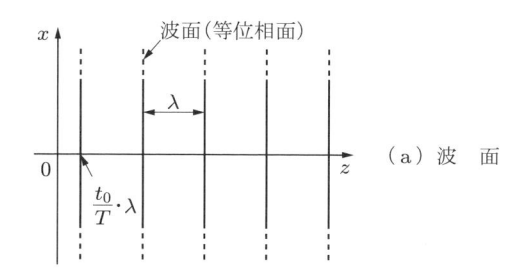

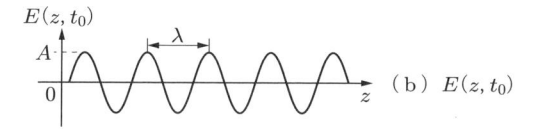

図 4.1 平面電磁波の山の波面と電界の z 依存性（時刻 t_0）

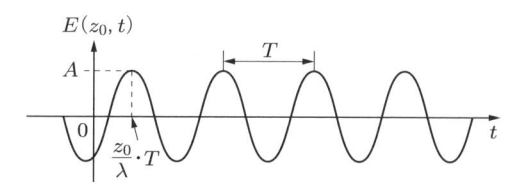

図 4.2 平面電磁波の電界の時刻依存性（$z = z_0$）

図 4.3 単色光の周波数スペクトル

4.1.2 実際の光のスペクトル

レーザ光を含め，実際の光の電界は図 4.2 のような振幅 A，周期 T をもつ理想的な正弦波ではなく，図 4.4 のように，不規則な時刻に位相が不規則に変動する波である．破線部分の時刻 $\cdots, t_{i-1}, t_i, t_{i+1}, \cdots$ で位相が不規則に変動するため，もはや振幅と周期は確定した値をもたない．フーリエ変換の理論によれば，このような時間変動波形は単一周波数の正弦波で表すことはできず，異なる周波数をもつ正弦波の重ね合わせとなる．

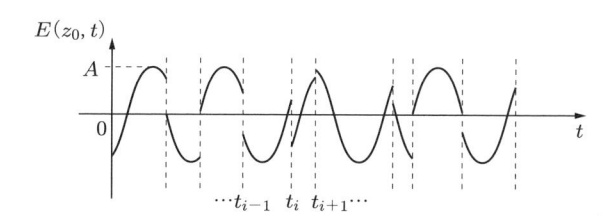

図 4.4 実際の光の電界の時間変動波形の例

簡単のため，位相変動は平均時間間隔 τ_c（一定）で偶発的に発生し，位相の飛びは $0\sim 2\pi$ の間で一様に分布するものとすると，時間変動波形の周波数スペクトル $S(\omega)$ は次式で表される（付録A.2の式 (A.2.14) 参照）．

$$S(\omega) \fallingdotseq \frac{A^2}{2} \cdot \frac{\tau_c}{1+(\omega_0-\omega)^2\tau_c^2} \tag{4.3}$$

ただし，A は定数（振幅），ω_0 は位相の飛びがないときの角周波数である．式 (4.3) の ω 依存性の概形を図 4.3 の単色光の $S(\omega)$ とともに**図 4.5** に示す．この形状は**ローレンツ型**（Lorentz type）とよばれ，単色光の $S(\omega)$ に比べると角周波数の広がりが生じる．

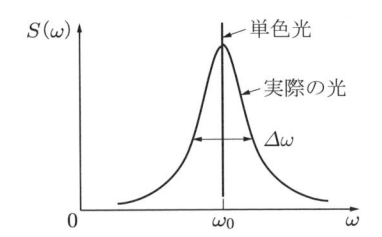

図 4.5 理想的な単色光と実際の光の周波数スペクトル

図 4.5 の $\Delta\omega$ は $S(\omega)$ がピークの半分となるところの角周波数幅であり，**半値幅**（width at half-maximum）という．$\Delta\omega$ を**半値全幅**（full width at half-maximum），$\Delta\omega/2$ を**半値半幅**（half width at half-maximum）ともいう．半値幅は**スペクトル線幅**（spectral line width）または単に**線幅**ともよばれる．半値幅は単色性の程度を定量的に示すものである．$\Delta\omega$ は次式で与えられる（付録A.2の式 (A.2.16) 参照）．

$$\Delta\omega = \frac{2}{\tau_c} \tag{4.4}$$

すなわち，$S(\omega)$ の半値幅は τ_c の逆数に比例し，τ_c が短くなるほど半値幅は広くなる．

4.1.3 コヒーレント光とインコヒーレント光

図 4.1(b) および図 4.2 の波形は，ともに振幅 A の正弦波であり，波の山と谷の空間的または時間的位置が明確に定まっている．したがって，このような性質をもつ二つの波を重ね合わせると，山と山は強度を強め合い，山と谷は強度を弱め合うので，**干渉**（interference）させることができる．これに対し，図 4.4 のように位相が不規則に変動する波は，振幅と周期が確定した値をもたないので，干渉させることはできない．
式 (4.4) より，完全な単色光，すなわち $\Delta\omega \to 0$ ($\Delta f \to 0\,[\mathrm{Hz}]$) の光では，$\tau_c \to \infty\,[\mathrm{s}]$

となるが，現実にはそのような光は存在しない．レーザ光でもいくらかのスペクトル広がり（波長広がり）をもつが，自然光に比べると，その広がりが非常に小さいのである．実際は，実験で干渉性を確認できる程度に単色性がよい光を**コヒーレント光**（coherent light），干渉性を確認できない光を**インコヒーレント光**（incoherent light）とよんでいる．気体レーザや半導体レーザなど，各種のレーザ光はコヒーレント光とみなせる．これに対し，太陽光や白熱電球の光などの自然光はインコヒーレント光である．

干渉性のよさの程度を**可干渉性（コヒーレンス）**（coherence）といい，その尺度として，時間 τ_c または τ_c の間に光が進む距離 $l_c = c\tau_c$ が用いられる．τ_c は**コヒーレンス時間**（coherence time），l_c は**コヒーレンス長**（coherence length）とよばれ，これらの値が大きいほどコヒーレンスのよい光である．

例題 4.1 $\lambda = 0.6328\,[\mu\mathrm{m}]$ の He-Ne レーザでは波長半値幅 $\Delta\lambda \fallingdotseq 0.000003\,[\mathrm{nm}]$，$\lambda = 1.55\,[\mu\mathrm{m}]$ のレーザダイオードでは $\Delta\lambda \fallingdotseq 0.03\,[\mathrm{nm}]$，$\lambda = 1.3\,[\mu\mathrm{m}]$ の発光ダイオードでは $\Delta\lambda \fallingdotseq 30\,[\mathrm{nm}]$ 程度のものが実現されている．これらの光源の τ_c および l_c を求めよ．

解答 例題 1.1 と同様に，$\Delta\lambda$ より半値幅 Δf（絶対値）が求められ，$\Delta f\,(= \Delta\omega/(2\pi))$ と式 (4.4) より τ_c および l_c が求められる．

He-Ne レーザ：

$$\Delta f \fallingdotseq \frac{c}{\lambda^2}\cdot \Delta\lambda = \frac{3\times 10^8}{(0.6328\times 10^{-6})^2}\times 3\times 10^{-6}\times 10^{-9}$$

$$= \frac{3\times 3}{0.6328^2}\times 10^{8-15+12} \fallingdotseq 22.5\times 10^5\,[\mathrm{Hz}]$$

$$\tau_c = \frac{2}{2\pi\Delta f} \fallingdotseq \frac{1}{3.14\times 22.5\times 10^5} \fallingdotseq 1.42\times 10^{-7}\,[\mathrm{s}]$$

$$l_c = \tau_c c \fallingdotseq 1.42\times 10^{-7}\times 3\times 10^8 = 42.6\,[\mathrm{m}]$$

$\lambda = 1.55\,[\mu\mathrm{m}]$ LD：

$$\Delta f \fallingdotseq \frac{c}{\lambda^2}\cdot \Delta\lambda = \frac{3\times 10^8}{(1.55\times 10^{-6})^2}\times 0.03\times 10^{-9} = \frac{3\times 3}{1.55^2}\times 10^{8-11+12}$$

$$\fallingdotseq 3.75\times 10^9\,[\mathrm{Hz}]$$

$$\tau_c = \frac{2}{2\pi\Delta f} \fallingdotseq \frac{1}{3.14\times 3.75\times 10^9} \fallingdotseq 8.49\times 10^{-11}\,[\mathrm{s}]$$

$$l_c = \tau_c c \fallingdotseq 8.49\times 10^{-11}\times 3\times 10^8 \fallingdotseq 25.5\times 10^{-3}\,[\mathrm{m}] = 2.55\,[\mathrm{cm}]$$

$\lambda = 1.3\,[\mu\mathrm{m}]$ LED：

$$\Delta f \fallingdotseq \frac{c}{\lambda^2}\cdot \Delta\lambda = \frac{3\times 10^8}{(1.3\times 10^{-6})^2}\times 30\times 10^{-9} = \frac{3\times 3}{1.3^2}\times 10^{8-8+12}$$

$$\simeq 5.33 \times 10^{12} \, [\text{Hz}]$$
$$\tau_c = \frac{2}{2\pi \Delta f} \simeq \frac{1}{3.14 \times 5.33 \times 10^{12}} \simeq 5.98 \times 10^{-14} \, [\text{s}]$$
$$l_c = \tau_c c \simeq 5.98 \times 10^{-14} \times 3 \times 10^8 \simeq 17.9 \times 10^{-6} \, [\text{m}] = 17.9 \, [\mu\text{m}]$$

LED の光はインコヒーレント光に分類される．

例題 4.2 例題 4.1 の $\lambda = 1.55 \, [\mu\text{m}]$ のレーザダイオードおよび $\lambda = 1.3 \, [\mu\text{m}]$ の発光ダイオードに対して，コヒーレンス長 l_c に含まれる波長数を求めよ．

....

解答 $\lambda = 1.55 \, [\mu\text{m}]$ のレーザダイオードおよび $\lambda = 1.3 \, [\mu\text{m}]$ の発光ダイオードの l_c はそれぞれ 2.55 [cm]，17.9 [μm] であるから，波長数はそれぞれ次のようになる．

$$\lambda = 1.55 \, [\mu\text{m}] \text{ のレーザダイオード}: \frac{2.55 \times 10^4}{1.55} \simeq 16452$$

$$\lambda = 1.3 \, [\mu\text{m}] \text{ の発光ダイオード}: \frac{17.9}{1.3} \simeq 13.8$$

4.2 指向性

指向性が強い光は特定の方向に強く放出されるが，完全な指向性をもつ光の代表例は前節で述べた平面波である．平面波は波面に垂直な方向，すなわち z 軸方向に直進するが，現実にはそのような光は存在しないはずであった．レーザ光は平面波ほど完全な指向性をもつわけではないが，自然光に比べて強い指向性をもつ．

4.2.1 遠視野像

放出光強度の角度 θ 依存性，すなわち放射パターンを**遠視野像**（far field pattern; FFP）という．図 4.6 に平面波，レーザ光および自然光の遠視野像の概形を示す．xz 平面（または yz 平面）内で，z 軸方向を 0 度としてレーザ光の遠視野像 $P_F(\theta)$ を測定すると，その形状は一般に 0 度を中心とした釣鐘状になる．放射強度がピークの半分になる角度間隔 $\Delta\theta$ を**半値角**（angle at half-maximum）または**半値全角**（full angle at half-maximum），$\Delta\theta/2$ を**半値半角**（half angle at half-maximum）という．半値角は指向性の程度を定量的に示すものである．平面波は波面に垂直な方向，すなわち z 軸方向に直進するから，$\Delta\theta$ は $0\,[°]$ となる．自然光はほとんど指向性をもたないので，一般に半値角は定義できないことが多く，あまり意味をもたない．半値角 $\Delta\theta$ は放射パターンの鋭さを表し，$\Delta\theta$ が狭いと光ファイバや CD 読み取り光学系などに対する光結合が容易となる．

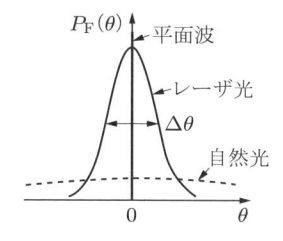

図 4.6 遠視野像の概形

4.2.2 ガウスビームの近視野像と遠視野像

レーザ光の発光部ミラー端面における光強度分布を**近視野像**（near field pattern; NFP）といい，$P_N(r)$ で表す．その分布形状は発光部の導波路構造に依存するが，図 3.13 のスラブ導波路の場合に例を示したように，高次モードが遮断されている場合は次の 0 次の**ガウス分布**（Gaussian distribution）で近似できることが多い．

$$P_N(r) = A^2 \exp\left(-2 \cdot \frac{r^2}{w_0{}^2}\right) \tag{4.5}$$

式 (4.5) は式 (2.45) で $z = 0$ としたもので，図 2.3 のビームウエストにおける光強度分布に対応する．w_0 は $z = 0$ におけるスポットサイズである．近視野像がガウス分布をもつガウスビームでは，以下のように遠視野像を求めることができる．

図 4.7 のように，波長 λ のガウスビームが z 方向に出射されるものとする．図 2.3 と同様に，スポットサイズ $w(z)$ は z が大きくなるにつれて漸近線に沿って広がるが，$1 \ll (\lambda z/(\pi w_0{}^2))$ とみなせるとき，式 (2.41) より，

$$w(z) \fallingdotseq w_0 \cdot \frac{\lambda z}{\pi w_0{}^2} = \frac{\lambda z}{\pi w_0} \tag{4.6}$$

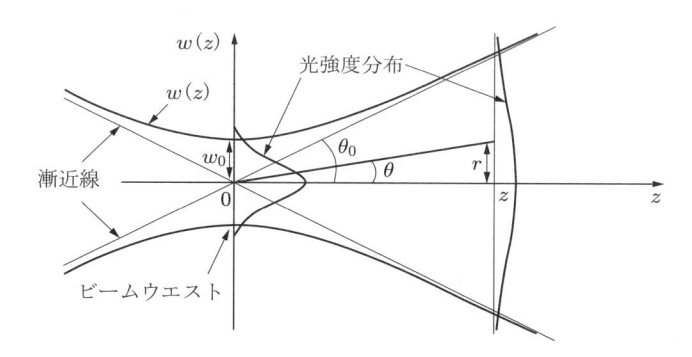

図 4.7 スポットサイズ $w(z)$ と放射角 θ

となるから，式 (2.45) は次式で近似できる．

$$|E(x,y,z)|^2 \fallingdotseq A^2 \frac{w_0^2}{w^2(z)} \exp\left\{-2r^2 \cdot \left(\frac{\pi w_0}{\lambda z}\right)^2\right\}$$
$$= A^2 \frac{w_0^2}{w^2(z)} \exp\left\{-2\left(\frac{r}{z}\right)^2 \cdot \left(\frac{\pi w_0}{\lambda}\right)^2\right\} \tag{4.7}$$

図 4.7 のように，z における半径 r を見込む角を放射角 θ とすると，

$$\frac{r}{z} = \tan\theta \fallingdotseq \theta \tag{4.8}$$

である．式 (2.48)，(4.8) を用いると，式 (4.7) は次のような角度依存性をもつ式として近似できる．

$$P_\text{F}(\theta) \sim \exp\left(-2 \cdot \frac{\theta^2}{\theta_0^2}\right) \tag{4.9}$$

これがガウスビームの遠視野像である．θ_0 は，遠視野像の光強度分布がピークの $1/e^2$ 倍になるところの角度に相当する．**図 4.8** は，近視野像と遠視野像の関係を示す模式図である．ガウスビームは回折によって式 (2.48) で与えられる角度 θ_0 をもって広がるが，θ_0 はスポットサイズ w_0 が小さいほど，波長 λ が長いほど大きくなる．式 (4.9) より，ガウスビームの遠視野像もガウス分布となる．

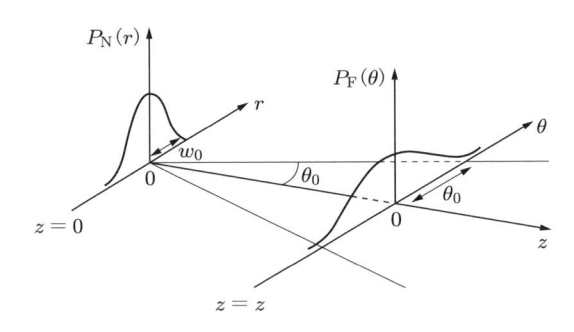

図 4.8 $P_\text{N}(r)$ と $P_\text{F}(\theta)$

例題 4.3 $\lambda = 1.55\,[\mu\text{m}]$ のレーザダイオードではスポットサイズ w_0 は $1\,[\mu\text{m}]$ 程度である．このとき，θ_0 および半値全角 $\Delta\theta$ を求めよ．

解答 式 (2.48) より，θ_0 は次のようになる．

$$\theta_0 = \tan^{-1}\left(\frac{1.55}{3.14 \times 1}\right) \fallingdotseq \tan^{-1}(0.494) \fallingdotseq 26.3\,[°]$$

式 (4.9) において，$\theta = \Delta\theta/2$ のとき次式が成り立つ．

$$\exp\left(-2 \cdot \frac{1}{\theta_0{}^2} \cdot \frac{\Delta\theta^2}{4}\right) = \exp\left(-\frac{\Delta\theta^2}{2\theta_0{}^2}\right) = \frac{1}{2}$$

したがって，$\Delta\theta$ は次のようになる．

$$\Delta\theta^2 = 2\theta_0{}^2 \ln 2 \qquad \therefore\ \Delta\theta = \theta_0\sqrt{2\ln 2} \fallingdotseq 26.3 \times 1.18 \fallingdotseq 31.0\,[°]$$

半値半角 $\Delta\theta/2$ は 15.5 [°] である．

●● 演習問題 ●●

4.1 式 (4.3) で与えられるローレンツ型スペクトルの積分（$\omega = 0 \sim \infty$ [rad/s] の積分）を求め，τ_c が $0 \sim \infty$ [s] の範囲を変動するとき，積分値の最小値および最大値を求めよ．必要なら次式を用いよ．

$$\frac{d}{dx}\tan^{-1}x = \frac{1}{1+x^2}$$

4.2 位置 z で z 軸に直交する平面上における，次のガウス分布（式 (2.45) のパワー分布）の積分は z に依存しないことを示せ．

$$A^2 \cdot \frac{w_0{}^2}{w(z)^2} \cdot \exp\left\{-2 \cdot \frac{r^2}{w(z)^2}\right\}$$

ただし，A は定数，w_0 は $z=0$，$w(z)$ は $z=z$ におけるスポットサイズである．r は z 軸からの距離 ($r^2 = x^2 + y^2$) である．

4.3 $\lambda = 1.3$ [μm] のレーザダイオードの遠視野像を測定したところ，その形状はガウス分布であり，半値全角 $\Delta\theta = 20$ [°] であった．このとき，次の各問いに答えよ．

(1) θ_0 を求めよ．
(2) スポットサイズ w_0 を求めよ．

5章 レーザの発振原理

　レーザ光を発生させる装置または素子は，レーザ光を発生する媒質（物質）により，気体レーザ，固体レーザ，液体レーザ，半導体レーザなどに分けられるが，これらは一般にレーザと総称されている．媒質ごとにレーザ光の発生メカニズムは多少異なるが，誘導放出により増幅された光に正帰還をかけて発振させるという点は共通である．

　本章では，まず，どのようにしてレーザ発振が実現されたかについて，歴史的な経緯にふれた後，各レーザに共通な発振原理ついて述べる．

5.1 レーザの発展小史

　1864年にマクスウェルによって，電磁波の存在が予言され，その後，光が電磁波であることが明らかになって以来，電気通信に使用される電磁波，すなわち電波のような単色性のよい光の出現が待たれていた．それは光のような高い周波数（短い波長）の領域でコヒーレントな波を発生させることができれば，広汎な分野で利用することが可能になるからである．しかし，コヒーレントな光を発生させることはなかなかできず，結局，1960年代になってようやくレーザ発振が実現された．それには，以下に述べる量子論の発展を待たなければならなかった．

　(1) 1900年にプランク（M.Planck）は，黒体輻射の研究（溶鉱炉内部の色と温度の関係の研究）により，ある振動数（周波数）ν の光のエネルギーは連続的に変化するのではなく，ある最小単位から成り立っていることを突き止め，この最小単位をエネルギー**量子**（quantum）と名づけた．その値 ε は次式で与えられ，

$$\varepsilon = h\nu \,[\mathrm{J}] \tag{5.1}$$

比例定数 h（$\simeq 6.626 \times 10^{-34}$ [J·s]）を**プランク定数**（Planck constant）という．

　(2) 1905年にアインシュタイン（A.Einstein）は，振動数 ν，波長 λ（$= c/\nu$）の平面波からなる光を，エネルギーが

$$E = h\nu = \hbar\omega \quad \left(\hbar \equiv \frac{h}{2\pi}\right) \tag{5.2}$$

で運動量の大きさが

$$p = \frac{h}{\lambda} = \hbar k_0 \qquad \left(k_0 = \frac{2\pi}{\lambda}\right) \tag{5.3}$$

で与えられる粒子の流れとみなすと，マクスウェルの電磁気学では説明できなかった**光電効果**（photoelectric effect）の現象をうまく説明できることを示した（光電効果とは，金属の表面に波長の短い光を照射すると電子（光電子）が飛び出す現象である）．マクスウェルの電磁気学では，光のエネルギーは電界振幅の二乗に比例するはずであったが，アインシュタインは式 (5.2) を用いて，飛び出す光電子のエネルギーが実験結果と一致することを示したのである．式 (5.2), (5.3) が同時に成り立つことは，1923 年になって，コンプトン（A.H.Compton）により示された．コンプトンは原子中の電子による X 線の散乱を測定し，X 線を式 (5.2), (5.3) をみたす粒子の流れとみなすと，その散乱角と振動数変化が説明できることを示した．このような現象を**コンプトン効果**（Compton effect）という．

これらの結果はプランクやアインシュタインの説が正しいことを示すとともに，それまで波動であると考えられていた光が粒子としてふるまうことが明らかになった．この粒子，すなわち光のエネルギー量子を**光子**（photon；フォトン）という．

(3) 1913 年にボーア（N.H.D.Bohr）は，水素原子のスペクトル線の規則性を説明するため，原子の構造に関する仮説を立てた．当時，すでに水素原子の構造は，**図 5.1**(a) のように，中心にある原子核とその周りを回る電子（外殻電子）からなることはほぼ知られていた．これは -1 の電荷（-1.6×10^{-19} [C]）をもつ電子が，$+1$ の電荷（$+1.6 \times 10^{-19}$ [C]）をもち，電子の約 1800 倍の質量をもつ原子核の周りを，クーロン力に引かれて回っているというものである．ところが，電磁気学によると，外殻電子は回転周期に等しい周期をもつ電磁波を放出して，徐々に原子核に「落下」するため，この構造は安定ではありえないと考えられていた．ボーアの仮説はその構造の安定性に関するもので，次の三つからなる．

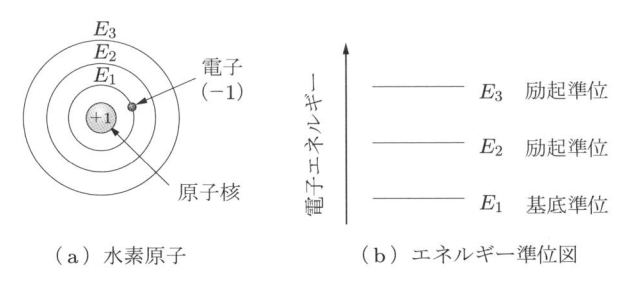

（a）水素原子 （b）エネルギー準位図

図 5.1 水素原子の構造と外殻電子のエネルギー準位

● 仮説1　定常状態の存在

外殻電子のとりうるエネルギーの値は離散的な値のみである．小さい方から順に E_1, E_2, E_3, ⋯ とすると，エネルギーの大小関係は図 5.1(b) のようになる．これに対応して，図 (a) のように，外殻電子のとりうる軌道半径の値も離散的となり，外側の軌道ほど大きなエネルギーをもつ．それぞれの軌道で表される状態を**定常状態** (stationary state) といい，定常状態にある外殻電子は電磁波を放出しない．

図 (b) のようなエネルギーの大小関係を示す図を**エネルギー準位図** (energy level diagram) という．外力の影響を受けていない水素原子の外殻電子は，通常，最低エネルギー E_1 の状態にあり，これを**基底準位** (ground level) または**基底状態** (ground state) という．エネルギー E_2 以上の状態を**励起準位** (excited level) または**励起状態** (excited state) という．外殻電子が複数個ある原子では，それぞれの外殻電子が，とりうる最低エネルギー準位にあるとき基底原子，それ以外のとき励起原子という．基底原子にエネルギーを与えて励起原子にすることを**励起** (excitation) という．

● 仮説2　遷移規則

外殻電子は準位（状態）間を移ることができ，これを**遷移** (transition) という．外殻電子が準位 E_i と準位 $E_j (E_i < E_j)$ の間を遷移するとき，

$$\nu = \frac{E_j - E_i}{h} \tag{5.4}$$

の振動数をもつフォトン 1 個を吸収（$E_i \to E_j$ の遷移）または放出（$E_j \to E_i$ の遷移）する．吸収されるフォトンはそこで消滅，放出されるフォトンは新たに発生することになる．式 (5.4) を**振動数条件** (frequency condition) といい，振動数 ν を**遷移周波数** (transition frequency) という．

● 仮説3　角運動量の量子化

外殻電子の軌道角運動量がとる値は，$\hbar$ の整数倍の値のみである．すなわち，

$$m_0 v r = n\hbar \quad (n = 1, 2, 3, \cdots) \tag{5.5}$$

である．ただし，m_0 は電子の（静止）質量，v は速度，r は軌道半径である．式 (5.5) を**ボーアの量子条件** (Bohr's quantum condition) という．エネルギーに限らず，この角運動量のように，とりうる値が離散的になることを一般に物理量が**量子化** (quantization) されるといい，量子化にともなって現れる整数 n を**量子数** (quantum number) という．

ボーアはこれらの関係を用いて，水素原子のスペクトル線（ライマン系列，バルマー系列など）の規則性を見事に説明した（演習問題 5.1, 5.2 参照）．この結果，ボーアの仮説は電磁気学の原理に反するものであったにもかかわらず，非常に説得力をもつものとなった．

(4) 1917 年にアインシュタインは，遷移規則に従うフォトンの放出（発生）と吸収（消滅）がどのような時間的頻度でおきるかを明らかにした．エネルギー $h\nu = E_2 - E_1$ をもつフォトンの密度が n_ph の電磁場の中におかれた原子が，$h\nu = E_2 - E_1$ のエネルギー差をもつ 2 準位間で遷移してフォトンを放出する単位時間あたりの確率は，

$$A_{21} + n_\mathrm{ph} B_{21}\,[\mathrm{s}^{-1}] \tag{5.6}$$

フォトンを吸収する確率は，

$$n_\mathrm{ph} B_{12}\,[\mathrm{s}^{-1}] \tag{5.7}$$

と表され，$B_{21} = B_{12} = B$ となることを示した．そこで，$A_{21} = A$ および B をそれぞれ，**アインシュタインの A 係数および B 係数**（Einstein's A, B coefficient）という．B は $[\mathrm{cm}^3/\mathrm{s}]$ の次元（単位）をもち，単位時間あたり 1 個のフォトンが放出または吸収遷移をおこす確率である．

A_{21} の項は図 5.2(a) のように，E_2 の準位にある原子（エネルギー E_2 の外殻電子）が外からの作用を受けなくても，確率的に（自発的に）エネルギー $h\nu$ のフォトンを放出して E_1 の準位に移る遷移を表し，**自然放出**（spontaneous emission）または**自発放射**という．自然放出はフォトンの密度 n_ph に関係しないから，その強度は時間的に一定である．A は**自然放出係数**（spontaneous emission coefficient）ともよばれる．

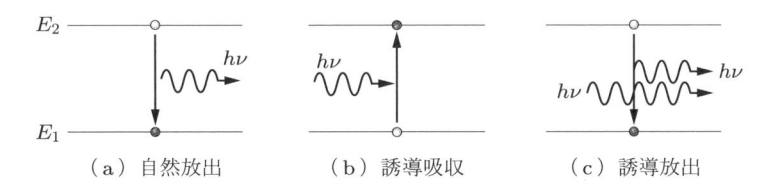

（a）自然放出　　（b）誘導吸収　　（c）誘導放出

図 5.2　2 準位間の遷移

B_{12} の項は図 (b) のように，フォトン密度 n_ph に比例して（振動数 ν のフォトンに誘導されて）E_1 の準位にある原子（エネルギー E_1 の外殻電子）が $h\nu$ のエネルギーを吸収して E_2 の準位に移る遷移を表し，**誘導吸収**（stimulated absorption, induced absorption）という．B_{21} の項は図 (c) のように，フォトン密度 n_ph に比例してエネルギー E_2 の外殻電子がエネルギー $h\nu$ のフォトンを放出して E_1 の準位に移る遷移

を表し，**誘導放出**（stimulated emission, induced emission）という．誘導放出では，放出されるフォトンの位相は入射するフォトンの位相に同期し，放出される向きは入射するフォトンの向きに一致する．すなわち，1個の入射フォトンに1個の同位相のフォトンが追加されるので光の増幅がおきる．

B は**誘導吸収係数**（stimulated absorption coefficient）または**誘導放出係数**（stimulated emission coefficient）ともよばれる．

誘導放出を利用するとレーザ光を発生させることができる．次節以降で述べるように，これにはまず，励起原子密度が基底原子密度より大きい，いわゆる**反転分布**（population inversion）の状態を実現し，誘導吸収より誘導放出成分を大きくしなければならない．次に，誘導放出により発生した光を，**光共振器**（optical resonator）を用いて増幅し，発振させるという手順が不可欠となる．

(5) 1924年にド・ブロイ（de Broglie）は，それまで粒子と考えられていた電子も波動性をもつはずであると主張した．電子のエネルギーを E，運動量（の大きさ）を p とすると，電子がもつ波動，すなわち電子波の振動数 ν と波長 λ は，それぞれ以下のように与えられる．

$$\nu = \frac{E}{h} \tag{5.8}$$

$$\lambda = \frac{h}{p} \tag{5.9}$$

1927年にデビソン（C.J.Davisson）とガーマー（L.H.Germer）は，結晶片を用いた電子線の回折パターンを観測することにより，電子は式 (5.8)，(5.9) で与えられる波動性をもつことを示し，ド・ブロイの説が正しいことがわかった．そこで式 (5.5) において，$m_0 v = p$ として，式 (5.9) を用いると次式が成り立つ．

$$p \cdot 2\pi r = nh \qquad \therefore \quad 2\pi r = n \cdot \frac{h}{p} = n\lambda \tag{5.10}$$

これは，**図 5.3** のように，外殻電子の軌道内に電子波の波長が整数個含まれることを意味する．すなわち，式 (5.5) は，定常状態では軌道内に電子波の定在波が立っているこ

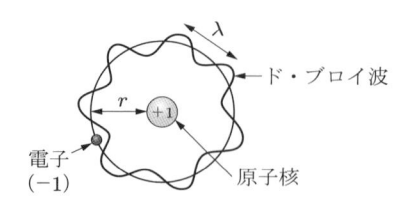

図 5.3　ド・ブロイ波の定在波

とを意味していたのである．電子波のように，従来は粒子と考えられていたものの波動を**ド・ブロイ波**（de Broglie wave）または**物質波**（material wave），その波長を**ド・ブロイ波長**（de Broglie wavelength）という．式 (5.2), (5.3) と式 (5.8), (5.9) は数式上はまったく同じであり，これらを**アインシュタイン-ド・ブロイの関係**（Einstein–de Broglie's relation）という．

(6) 以上の結果，フォトンや電子のようなミクロな対象は，一般に粒子性と波動性をあわせもつ，すなわち**二重性**（duality）をもつものであると考えられるようになった．1925 年から 1926 年にかけて，ハイゼンベルク（W.Heisenberg）やシュレディンガー（E.Schrödinger）などの寄与により，二重性をもつミクロな粒子の運動を記述する**量子力学**（quantum mechanics）が成立した．

レーザ光は，二重性をもつ光（フォトン）と電子の相互作用（電子のエネルギー遷移によるフォトンの発生と消滅）により発生するから，その相互作用を厳密に記述するには量子力学が不可欠となるが，それは本書の程度を超えるので，本書では本節で述べたレベルで，フォトンを擬似的な粒子として扱うにとどめる．二重性に関連した実際の問題を扱う場合には，わかりやすいほうを取ればよい．すなわち，光を波動とみなしたほうがわかりやすい場合は電磁波として，粒子とみなしたほうがわかりやすい場合はフォトンとして扱えばよい．

(7) 1951 年にアメリカのタウンズ（C.H.Towns）は，空洞共振器の中に十分な数の励起分子を入れれば誘導放出による自励発振がおきると考えた．これとは独立に，同様の着想が 1952 年，アメリカのウエーバー（J.Weber）やソ連のバソフ（N.G.Basov），プロホロフ（A.M.Prokhorov）により発表された．つづいて，1954 年にタウンズらは，アンモニア分子線を用いて波長 1.25 [cm] のマイクロ波の発振に成功した．これをアンモニアメーザという．ここで，**メーザ**（maser）とは "microwave amplification by stimulated emission of radiation"（誘導放出という輻射によるマイクロ波の増幅）の頭文字をとった造語のことである．

(8) メーザの実現は，マイクロ波より波長が短い光を発振させるレーザ開発の出発点となった．1958 年にアメリカのシャウロウ（A.L.Schawlow）とタウンズは光の領域におけるメーザ発振の可能性，すなわち，レーザ発振の可能性を示した．1960 年 5 月になって，アメリカのメイマン（T.H.Maiman）がルビーを用いて波長 0.6943 [μm] のレーザ光の発振に成功した．これを契機として，レーザの開発ラッシュとなり，同じ年にアメリカのジャバン（A.Javan）により波長 0.6328 [μm] のヘリウムネオンレーザ，1962 年にはアメリカの GE，MIT，IBM のグループによってそれぞれ独立に波長 0.85 [μm] の GaAs レーザの発振（77 [K] のパルス発振）が確認された．1963 年には，レムピッキ（A.Lempicki）らにより波長 0.6131 [μm] のキレートレーザの発振

(77 [K]) が確認され，固体（ルビー），気体（ヘリウムネオン），半導体（GaAs），液体（キレートイオンが有機溶媒に溶けた液体）などの色々な物質でレーザ発振できることがわかった．

レーザ（laser）という用語はメーザと同様に，"light amplification by stimulated emission of radiation" の頭文字をとった造語である．レーザ光は自然界には存在しない人工の光である．マクスウェルの光の電磁波説から約 100 年たって，光の領域でも単色性のよい人工の波を発生させることが可能となった．以上のレーザ発展小史をまとめた年表を**表** 5.1 に示す．

表 5.1　レーザ発展小史年表

年	人・機関	業績
1864	マクスウェル	光の電磁波説
1900	プランク	光量子仮説
1905	アインシュタイン	光電効果
1913	ボーア	原子構造の仮説
1917	アインシュタイン	誘導放出の理論
1923	コンプトン	コンプトン効果
1924	ド・ブロイ	物質波の仮説
1926	ハイゼンベルク，シュレディンガー	量子力学の成立
1927	デビソン，ガーマー	物質波の検証
1951	タウンズ	メーザの着想
1952	ウエーバー，バソフ，プロホロフ	メーザの着想
1954	タウンズら	アンモニアメーザの発振
1958	シャウロウ，タウンズ	レーザ発振の理論
1960	メイマン	ルビーレーザの発振
1960	ジャバン	ヘリウムネオンレーザの発振
1962	GE，MIT，IBM	GaAs レーザの発振
1963	レムピッキら	キレートレーザの発振

例題 5.1　波長 1×10^{-3} [Å] の γ 線（放射線），波長 1 [Å] の X 線および波長 0.4 [μm] の光（青紫色）のフォトンエネルギーをそれぞれ求めよ．また，波長 0.4 [μm] の光のフォトンエネルギーの大きさを 1 としたとき，各フォトンエネルギーの大きさを求めよ．ただし，1 [Å] $= 10^{-8}$ [cm] である．

解答 フォトンのエネルギーはそれぞれ次のようになる．

$$\gamma\,線 : h\nu = \frac{hc}{\lambda} \fallingdotseq \frac{6.63 \times 10^{-34} \times 3 \times 10^{8}}{1 \times 10^{-3} \times 10^{-10}} \fallingdotseq 19.9 \times 10^{-13}\,[\mathrm{J}]$$

$$\mathrm{X}\,線 : h\nu = \frac{hc}{\lambda} \fallingdotseq \frac{6.63 \times 10^{-34} \times 3 \times 10^{8}}{1 \times 10^{-10}} \fallingdotseq 19.9 \times 10^{-16}\,[\mathrm{J}]$$

$$青紫色の光 : h\nu = \frac{hc}{\lambda} \fallingdotseq \frac{6.63 \times 10^{-34} \times 3 \times 10^{8}}{0.4 \times 10^{-6}} \fallingdotseq 49.7 \times 10^{-20}\,[\mathrm{J}]$$

波長 $0.4\,[\mu\mathrm{m}]$ の光のフォトンエネルギーの大きさを 1 としたとき，各フォトンエネルギーの大きさはそれぞれ次のようになる．

$$\gamma\,線 : \frac{19.9 \times 10^{-13}}{49.7 \times 10^{-20}} \fallingdotseq 4.0 \times 10^{6} \qquad \mathrm{X}\,線 : \frac{19.9 \times 10^{-16}}{49.7 \times 10^{-20}} \fallingdotseq 4.0 \times 10^{3}$$

例題 5.2 波長 $0.65\,[\mu\mathrm{m}]$，パワー $1\,[\mathrm{mW}]$ のレーザ光は毎秒何個のフォトンを放出しているか．

....

解答 例題 5.1 と同様に，フォトンのエネルギーは次のようになる．

$$h\nu = \frac{hc}{\lambda} \fallingdotseq \frac{6.63 \times 10^{-34} \times 3 \times 10^{8}}{0.65 \times 10^{-6}} = 30.6 \times 10^{-20}\,[\mathrm{J}]$$

$[\mathrm{W}]=[\mathrm{J/s}]$ であるから，毎秒放出されるフォトン数は次のようになる．

$$\frac{1 \times 10^{-3}}{30.6 \times 10^{-20}} \fallingdotseq 3.27 \times 10^{15}\,[\mathrm{s}^{-1}]$$

5.2 レーザの分類

　レーザ発振に用いる物質を一般に**媒質**という．媒質は前節で述べたものに限られるわけではなく，さまざまな媒質が実用化されている．よく用いられている代表的なレーザを媒質によりおおまかに分類すると**表 5.2** のようになる．

　表 5.2 の励起法は，反転分布の状態を実現するため，媒質の外部からエネルギーを供給する方法である．半導体以外では光照射（光励起）または放電が一般的である．**図 5.4** はルビーレーザの励起法とルビーのエネルギー準位の例である．ルビー結晶中のクロムイオンにキセノンランプの強い光を照射し，E_3 準位に励起する．E_3 準位は比較的エネルギー幅の広い準位で，励起クロムイオンは結晶格子の振動にエネルギーを与えて，準安定な励起準位 E_2 に遷移する．これを**非発光遷移**（nonradiative transition）という．E_2 準位の寿命は約 $3\,[\mathrm{ms}]$ と比較的長いので，E_1 準位より E_2 準位にあるイオンのほうが多くなり，反転分布が実現する．媒質のエネルギー準位間では非発光

表5.2 媒質によるレーザの分類

媒質		励起法	発振波長	光出力	用途
固体	ルビー（$Al_2O_3 : Cr^{3+}$）	光照射	0.6943 [μm]	1〜100 [J]（パルス）	医療，撮影
	YAG（$Y_3Al_5O_{12} : Nd^{3+}$）		1.064 [μm]	1〜600 [W]	加工，励起
	チタン・サファイア（$Al_2O_3 : Ti$）		0.7〜1.13 [μm]	数 [W]	分光，励起
気体	ヘリウムネオン（He–Ne）	放電	0.633, 0.612 [μm] 他	10〜100 [mW]	計測
	アルゴン（Ar^+）		0.477, 0.488 [μm] 他	5 [mW]〜10 [W]	加工，医療
	二酸化炭素（CO_2）		〜10.6 [μm]	1 [W]〜50 [kW]	加工，溶接
半導体	GaAs 系	電流注入	0.65〜0.85 [μm]	5〜500 [mW]	光記録，計測
	InP 系		1.3〜1.55 [μm]	5〜200 [mW]	光通信
	GaN 系		0.4〜0.47 [μm]	5〜300 [mW]	光記録
液体	有機キレート	光照射	0.6131 [μm]	〜1 [kW]	分光，計測
	有機色素		0.32〜1.0 [μm]		

（a）励起法　　　　　　　　　　（b）エネルギー準位

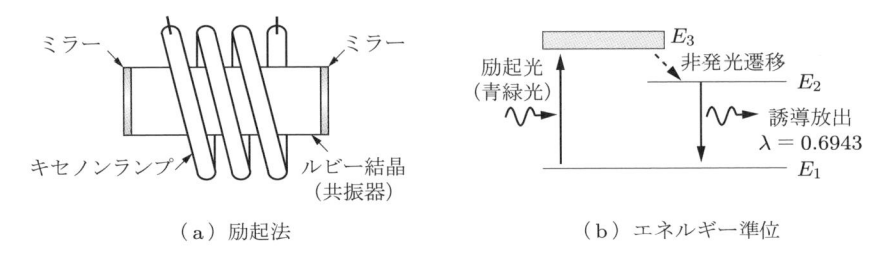

図 5.4　ルビーレーザの励起法とエネルギー準位

遷移もあり，遷移は一般に複雑であるが，この例のように，反転分布を実現するため，非発光遷移をおこす3番目の準位（さらに4番目の準位など）が用いられることが多い．いずれにしても，レーザ発振は二つの準位の間でおこる．

　半導体以外のレーザは光照射（光励起）または放電による励起のため，一般に長さが数十センチから1メートル程度になる．一方，半導体レーザでは電流注入が励起となり，注入電流がしきい値を超えれば発振するうえに，レーザチップ自体の体積が数百ミクロン角と小さいので，ほかのレーザに比べて取り扱いが簡便であり，数量的には圧倒的に多く用いられている．

5.3　2準位系の原子およびフォトン密度の時間変動

　図5.5のように，エネルギーが E_1 の準位の原子密度が N_1，エネルギーが $E_2 (E_2 > E_1)$ の準位の原子密度が N_2 の2準位系を考える．全原子密度は一定であるから，

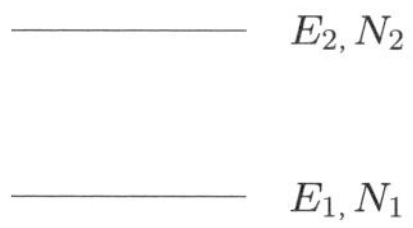

5.3 2準位系の原子およびフォトン密度の時間変動

———————— E_2, N_2

———————— E_1, N_1

図 5.5　2 準位系 ($E_2 > E_1$)

$$N_1 + N_2 = N \quad (\text{一定}) \tag{5.11}$$

である．遷移規則に従っておこるフォトンの放出と吸収により，原子密度およびフォトン密度 n_{ph} は時間的に変動する．

式 (5.6) の $A_{21}(= A)$ の項のみに注目し，E_2 の準位にある原子密度を $N_2(t)$ とすると，自然放出による $N_2(t)$ の時間変動は，$t = 0$ のとき $N_2(0)$ とすると次式で表される．

$$\frac{dN_2(t)}{dt} = -A \cdot N_2(t)$$

$$\therefore \ N_2(t) = N_2(0)\exp(-At) = N_2(0)\exp\left(-\frac{t}{\tau_{\mathrm{s}}}\right) \quad \left(\tau_{\mathrm{s}} \equiv \frac{1}{A}\right) \tag{5.12}$$

$N_2(t)$ は指数関数的に減少し，減少の時定数 τ_{s} を**自然放出寿命** (spontaneous emission lifetime) という．$N_2(t)$ の減少に対応してフォトンが発生するが，自然放出によるフォトン密度 $n_{\mathrm{ph}}(t)$ の時間変動は，式 (5.12) より，次式で表される．

$$\frac{dn_{\mathrm{ph}}(t)}{dt} = A \cdot N_2(t) = A \cdot N_2(0)\exp\left(-\frac{t}{\tau_{\mathrm{s}}}\right) \tag{5.13}$$

$t = 0$ のとき $n_{\mathrm{ph}}(0) = 0$ とすると，$A \cdot \tau_{\mathrm{s}} = 1$ より，$n_{\mathrm{ph}}(t)$ の時間変動は次式で表される．

$$\begin{aligned} n_{\mathrm{ph}}(t) &= A \cdot N_2(0)\int_0^t \exp\left(-\frac{t}{\tau_{\mathrm{s}}}\right)dt = A \cdot N_2(0)\left[-\tau_{\mathrm{s}}\exp\left(-\frac{t}{\tau_{\mathrm{s}}}\right)\right]_0^t \\ &= N_2(0)\left\{1 - \exp\left(-\frac{t}{\tau_{\mathrm{s}}}\right)\right\} \end{aligned} \tag{5.14}$$

$n_{\mathrm{ph}}(t)$ は増加するが $N_2(0)$ に飽和し，式 (5.12)，(5.14) より，

$$N_2(t) + n_{\mathrm{ph}}(t) = N_2(0) \tag{5.15}$$

となる．自然光は自然放出により発生したフォトンの流れであり，自然放出は時間的に偶発的（ランダム）におきるので，放出されるフォトンは向きも位相もランダムになる．その電界の時間変動は 4.1.2 項の図 4.4 のようになる．

実際は，2準位間でフォトンの放出と吸収は同時におきるから，式 (5.6), (5.7) より，自然放出，誘導吸収，誘導放出が同時におきるとき，$N_1(t)$, $N_2(t)$ および $n_{\mathrm{ph}}(t)$ の時間変動はそれぞれ次式で表される．

$$\frac{dN_1(t)}{dt} = -Bn_{\mathrm{ph}}(t) \cdot N_1(t) + A \cdot N_2(t) + Bn_{\mathrm{ph}}(t) \cdot N_2(t) \tag{5.16}$$

$$\frac{dN_2(t)}{dt} = -A \cdot N_2(t) - Bn_{\mathrm{ph}}(t) \cdot N_2(t) + Bn_{\mathrm{ph}}(t) \cdot N_1(t) \tag{5.17}$$

$$\frac{dn_{\mathrm{ph}}(t)}{dt} = -Bn_{\mathrm{ph}}(t) \cdot N_1(t) + A \cdot N_2(t) + Bn_{\mathrm{ph}}(t) \cdot N_2(t) \tag{5.18}$$

密度の時間変動を表す式 (5.16)～(5.18) のような方程式を一般に**レート方程式**（rate equations）という．式 (5.11), (5.16)～(5.18) より，次の関係が成り立つ．

$$-\frac{dN_2(t)}{dt} = \frac{dN_1(t)}{dt} = \frac{dn_{\mathrm{ph}}(t)}{dt} \tag{5.19}$$

レート方程式は原子密度とフォトン密度の積の項を含むので非線形連立方程式であり，密度の時間変動を表す一般解を求めるのは難しいので，本項では，時間変動がなくなる**熱平衡状態**（thermal equilibrium state）の場合を扱う．このとき

$$-\frac{dN_2(t)}{dt} = \frac{dN_1(t)}{dt} = \frac{dn_{\mathrm{ph}}(t)}{dt} = 0 \tag{5.20}$$

となるから，式 (5.16)～(5.18) より，次の関係が成り立つ．

$$-B \cdot n_{\mathrm{ph}} \cdot N_1 + A \cdot N_2 + B \cdot n_{\mathrm{ph}} \cdot N_2 = 0 \quad \therefore \quad \frac{N_2}{N_1} = \frac{B \cdot n_{\mathrm{ph}}}{A + B \cdot n_{\mathrm{ph}}} \quad (<1) \tag{5.21}$$

ただし，N_1, N_2 および n_{ph} はそれぞれ熱平衡状態における密度であり，反転分布は実現されない．

原子の集団が絶対温度 T の熱平衡状態にあるとき，各エネルギー準位 E_i に存在する原子密度 N_i の分布は**マクスウェル-ボルツマン分布**（Maxwell–Boltzmann distribution）に従い，

$$N_i \propto \exp\left(-\frac{E_i}{k_{\mathrm{B}} T}\right) \tag{5.22}$$

となることがわかっている．$k_{\mathrm{B}}(\fallingdotseq 1.38 \times 10^{-23}\,[\mathrm{J/K}])$ は**ボルツマン定数**（Boltzmann constant）である．式 (5.22) より，N_1 および N_2 に対し次の関係が成り立つ．

$$\frac{N_2}{N_1} = \exp\left(-\frac{E_2 - E_1}{k_B T}\right) \qquad (< 1) \tag{5.23}$$

したがって，式 (5.21), (5.23) より，熱平衡状態における n_{ph} は次のように求められる．

$$\frac{B \cdot n_{\text{ph}}}{A + B \cdot n_{\text{ph}}} = \exp\left(-\frac{E_2 - E_1}{k_B T}\right)$$

$$\therefore n_{\text{ph}} = \frac{A}{B} \cdot \frac{\exp\left(-\dfrac{E_2 - E_1}{k_B T}\right)}{1 - \exp\left(-\dfrac{E_2 - E_1}{k_B T}\right)} = \frac{A}{B} \cdot \frac{1}{\exp\left(\dfrac{E_2 - E_1}{k_B T}\right) - 1} \tag{5.24}$$

熱平衡状態では $N_2 < N_1$ となるから，誘導吸収より誘導放出成分が小さくなり，フォトン密度 n_{ph} も一定となるから，レーザ光を発生させることはできない．すなわち，2 準位系だけではレーザ光を発生させることはできない．

レーザ光を発生させるには，次節以降で述べるように，励起原子密度 N_2 が基底原子密度 N_1 より大きい反転分布の状態を実現し，誘導吸収より誘導放出成分を大きくしなければならない．しかし，式 (5.23) より，2 準位間のエネルギー差が大きくなると，N_2/N_1 は急速に小さくなるので，反転分布の状態を実現するのが難しくなる．

例題 5.3 絶対温度 300 [K] で熱平衡状態にある図 5.5 の 2 準位系のエネルギー差が以下の二つの場合について，それぞれ N_2/N_1 および 2 準位間の遷移で放出または吸収されるフォトンの波長 λ [μm] を求めよ．この波長を**遷移波長**（transition wavelength）という（遷移波長は式 (5.4) の遷移周波数に対応する波長である．なお，演習問題 5.5 も参照せよ）．
(1) $E_2 - E_1 = k_B T$
(2) $E_2 - E_1 = 75 \times k_B T$

....

解答 (1) 熱平衡状態では N_1 と N_2 の分布はマクスウェル–ボルツマン分布となるから，式 (5.23) より，N_2/N_1 は次のようになる．

$$\frac{N_2}{N_1} = \exp\left(-\frac{E_2 - E_1}{k_B T}\right) = \exp(-1) \fallingdotseq 0.368$$

遷移波長 λ は次のようになる．

$$E_2 - E_1 = h\nu = \frac{hc}{\lambda} = k_B T$$

$$\therefore \lambda = \frac{hc}{k_B T} = \frac{6.63 \times 10^{-34} \times 3 \times 10^8}{1.38 \times 10^{-23} \times 300} = \frac{6.63 \times 10^{-5}}{1.38} \fallingdotseq 4.80 \times 10^{-5} \,[\text{m}]$$
$$= 48 \,[\mu\text{m}]$$

これは赤外線領域の光の波長である．

(2) 上記 (1) と同様に，N_2/N_1 および遷移波長 λ は次のようになる．

$$\frac{N_2}{N_1} = \exp\left(-\frac{E_2 - E_1}{k_B T}\right) = \exp(-75) \fallingdotseq 2.68 \times 10^{-33}$$

$$\lambda = \frac{hc}{75 \times k_B T} \fallingdotseq \frac{48}{75}\,[\mu m] = 0.64\,[\mu m]$$

波長 $0.64\,[\mu m]$ は赤色光の波長である．N_2/N_1 は極めて小さな値となる．

式 (5.24) がプランクの黒体輻射の理論式と同一の周波数依存性をもつとみなすと，係数 A/B は次のようになる（演習問題 5.6 参照）．

$$\frac{A}{B} = \frac{8\pi\nu^3}{c^3}\,[\text{cm}^{-3}] \tag{5.25}$$

ただし，ν は式 (5.4) で与えられる遷移周波数である．A/B は光の周波数の三乗に比例して大きくなるので，波長が短くなるほど（2準位間のエネルギー差が大きくなるほど），誘導放出成分に比べて自然放出成分が大きくなる．これが波長の短い電磁波，すなわち，光の領域でコヒーレントな波動が得られにくい原因であるといえる．

5.4 反転分布による光の増幅

原子密度 N_1 と N_2 の集団が絶対温度 T の熱平衡状態にあるとき，N_1 と N_2 の分布は式 (5.22) のマクスウェル–ボルツマン分布に従い，**図 5.6**(a) のように，$N_2 < N_1$ となる．何らかの手段で原子集団を励起して，図 (b) のように $N_1 < N_2$ の状態を実現すれば誘導放出成分が大きくなり，フォトン密度が増大する．図 (b) で表される状態を**反転分布**という．反転分布状態はマクスウェル–ボルツマン分布において，温度 T が見かけ上負の状態に対応するので，**負温度状態**（negative temperature state）ともいう．反転分布は，たとえば図 5.4(b) のような 3 準位系（の特定の 2 準位間）で

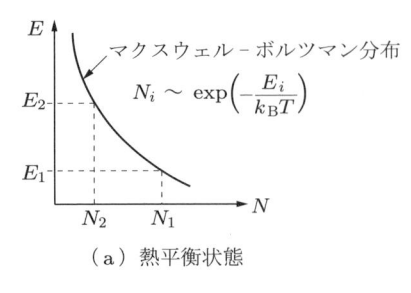

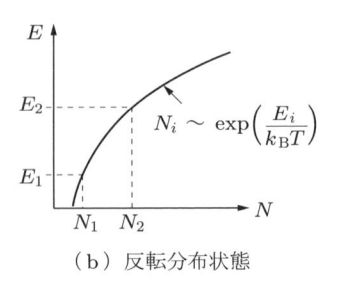

（a）熱平衡状態　　　　（b）反転分布状態

図 5.6　原子集団のエネルギー分布

比較的容易に実現され，実際に温度が負になることはない．反転分布を実現するため，原子集団を励起することを**ポンピング**（pumping）という．

図 5.7 に 3 準位系を用いて反転分布を実現する例を示す．エネルギーが E_1, E_2, $E_3(E_1 < E_2 < E_3)$ の準位の原子密度がそれぞれ N_1, N_2, N_3 の 3 準位系を考える．光励起により，E_1 の準位から E_3 の準位に励起を行うとき，E_3 の準位から E_2 の準位にすみやかに非発光遷移するものとする．励起光のフォトン密度を $n_\mathrm{ph}{}^\mathrm{p}$，光励起により遷移する単位時間あたりの確率を $R \cdot n_\mathrm{ph}{}^\mathrm{p}$，非発光遷移の単位時間あたりの確率を A_{32} とする．

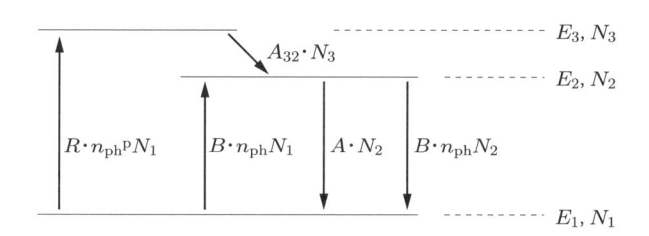

図 5.7　3 準位系による反転分布

式 (5.16)〜(5.18) と同様に，$N_1(t)$, $N_2(t)$, $N_3(t)$ および $n_\mathrm{ph}(t)$ の時間変動のレート方程式はそれぞれ次式で表される．

$$\frac{dN_1(t)}{dt} = -R \cdot n_\mathrm{ph}{}^\mathrm{p} \cdot N_1(t) - Bn_\mathrm{ph}(t) \cdot N_1(t) + A \cdot N_2(t) + Bn_\mathrm{ph}(t) \cdot N_2(t) \tag{5.26}$$

$$\frac{dN_2(t)}{dt} = -A \cdot N_2(t) - Bn_\mathrm{ph}(t) \cdot N_2(t) + A_{32} N_3(t) + Bn_\mathrm{ph}(t) \cdot N_1(t) \tag{5.27}$$

$$\frac{dN_3(t)}{dt} = -A_{32} N_3(t) + R \cdot n_\mathrm{ph}{}^\mathrm{p} \cdot N_1(t) \tag{5.28}$$

$$\frac{dn_\mathrm{ph}(t)}{dt} = -Bn_\mathrm{ph}(t) \cdot N_1(t) + A \cdot N_2(t) + Bn_\mathrm{ph}(t) \cdot N_2(t) \tag{5.29}$$

式 (5.29) は式 (5.18) と同一である．前節と同様に，密度の時間変動がない**定常状態**では

$$\frac{dN_1(t)}{dt} = \frac{dN_2(t)}{dt} = \frac{dN_3(t)}{dt} = 0 \tag{5.30}$$

となるから，式 (5.26)〜(5.28) より，次の関係が成り立つ．

$$-R \cdot n_\mathrm{ph}{}^\mathrm{p} \cdot N_1 - Bn_\mathrm{ph} \cdot N_1 + A \cdot N_2 + Bn_\mathrm{ph} \cdot N_2 = 0 \tag{5.31}$$

$$-A \cdot N_2 - Bn_{\mathrm{ph}} \cdot N_2 + A_{32} N_3 + Bn_{\mathrm{ph}} \cdot N_1 = 0 \tag{5.32}$$

$$-A_{32} N_3 + R \cdot n_{\mathrm{ph}}{}^{\mathrm{P}} \cdot N_1 = 0 \tag{5.33}$$

式 (5.32), (5.33) より $A_{32} N_3$ を消去すると, 符号を除いて式 (5.31) と同一の次の関係が成り立つ.

$$-A \cdot N_2 - Bn_{\mathrm{ph}} \cdot N_2 + R \cdot n_{\mathrm{ph}}{}^{\mathrm{P}} \cdot N_1 + Bn_{\mathrm{ph}} \cdot N_1 = 0$$

$$\therefore \frac{N_2}{N_1} = \frac{R \cdot n_{\mathrm{ph}}{}^{\mathrm{P}} + Bn_{\mathrm{ph}}}{A + Bn_{\mathrm{ph}}} \tag{5.34}$$

ただし, N_1, N_2 および n_{ph} は, それぞれ定常状態における密度である. 式 (5.30) が成り立つとき, 一般に式 (5.29) の右辺はゼロとはならないので, n_{ph} は定常値をもたないが, 簡単のため近似的に定常状態に相当する解があるものとした. 式 (5.34) より,

$$R \cdot n_{\mathrm{ph}}{}^{\mathrm{P}} > A \tag{5.35}$$

のとき, $N_2 > N_1$ となり, 反転分布となる. すなわち, 反転分布となるにはしきい値が存在する. 反転分布のとき,

$$\frac{N_2}{N_1} \equiv u \quad (> 1) \tag{5.36}$$

とおくと, 式 (5.34), (5.36) より, フォトン密度 n_{ph} は次のようになる.

$$\begin{aligned} n_{\mathrm{ph}} &= \frac{1}{B} \cdot \frac{R \cdot n_{\mathrm{ph}}{}^{\mathrm{P}} - uA}{u - 1} = \frac{A}{B} \cdot \frac{\dfrac{R \cdot n_{\mathrm{ph}}{}^{\mathrm{P}}}{A} - u}{u - 1} \\ &= \frac{A}{B} \cdot \frac{v - u}{u - 1} \quad \left(v \equiv \frac{R \cdot n_{\mathrm{ph}}{}^{\mathrm{P}}}{A} \quad (> u) \right) \end{aligned} \tag{5.37}$$

定常状態では時刻は不定となるが, $u \to 1 + 0$ のとき, $n_{\mathrm{ph}} \to \infty$ となる (演習問題 5.7 参照).

一方, N_1, N_2, N_3 が定常に達するとき, 式 (5.29), (5.31) より, 近似的に次の関係が成り立つとみなすことができる.

$$\frac{dn_{\mathrm{ph}}(t)}{dt} \fallingdotseq -Bn_{\mathrm{ph}} \cdot N_1 + A \cdot N_2 + Bn_{\mathrm{ph}} \cdot N_2 = R \cdot n_{\mathrm{ph}}{}^{\mathrm{P}} \cdot N_1$$

$$\therefore \ n_{\mathrm{ph}}(t) \fallingdotseq n_{\mathrm{ph}}(0) + R \cdot n_{\mathrm{ph}}{}^{\mathrm{P}} \cdot N_1 \cdot t \tag{5.38}$$

$t = 0$ のときのフォトン密度を $n_{\mathrm{ph}}(0)$ とした. すなわち, 十分時刻が経過すると $n_{\mathrm{ph}} \to \infty$ となる.

反転分布がおきると，フォトン密度 n_ph は急激に大きくなるので，その性質を利用してレーザ光を発生させることが可能となる．そこで，今後は簡単のため，式 (5.29) においてフォトン密度に依存しない自然放出光成分を無視して，近似的に次式が成り立つものとする．

$$\frac{dn_\mathrm{ph}(t)}{dt} \fallingdotseq B(N_2 - N_1) n_\mathrm{ph}(t),$$
$$n_\mathrm{ph}(t) \fallingdotseq n_\mathrm{ph}(0) \exp\{B(N_2 - N_1) t\} \tag{5.39}$$

式 (5.39) より，$N_2 > N_1$ のとき，$n_\mathrm{ph}(t)$ は指数関数的に増加する．これを**誘導放出による光の増幅**（light amplification by stimulated emission）という．なお，増幅された光に対して，自然放出光成分はノイズ成分となる．

例題 5.4 式 (5.24) で与えられるフォトン密度を n_ph（熱平衡状態），式 (5.37) で与えられるフォトン密度を n_ph（反転分布）とする．絶対温度 300 [K] において，準位 E_1, E_2 のエネルギー差が以下の二つの場合について，n_ph（反転分布）/n_ph（熱平衡状態）を求めよ．ただし，いずれの場合も $u \equiv N_2/N_1 = 1.1$, $v \equiv R \cdot n_\mathrm{ph}{}^\mathrm{p}/A = 2$ とする．
(1) $E_2 - E_1 = k_\mathrm{B}T$
(2) $E_2 - E_1 = 75 \times k_\mathrm{B}T$

解答 (1) 式 (5.24), (5.37) より，n_ph（反転分布）/n_ph（熱平衡状態）は次式となる．

$$\frac{v-u}{u-1} \cdot \left\{\exp\left(\frac{E_2 - E_1}{k_\mathrm{B}T}\right) - 1\right\} = \frac{2 - 1.1}{1.1 - 1} \cdot \{\exp(1) - 1\} \fallingdotseq 9 \times 1.718 \fallingdotseq 15.5$$

(2) 上記 (1) と同様に，次式となる．

$$\frac{2 - 1.1}{1.1 - 1} \cdot \{\exp(75) - 1\} \fallingdotseq 9 \times 3.733 \times 10^{32} \fallingdotseq 3.36 \times 10^{33}$$

5.5 増幅利得

反転分布を維持すると，式 (5.39) に従って光の増幅，すなわち，フォトン密度の増加がおきるが，この式はフォトンの位置や進む方向を特定していない．たとえば図 5.8(a) のように，媒質のある領域に注目すると，誘導放出により発生したフォトンは入射フォトンと同じ方向に放出され，その密度は増加するが，それぞれの入射フォトンの方向はランダムであるので，フォトン密度は全体としては等方的である．そこで，次節で述べる光共振器内部で増幅される場合を想定して，図 5.8(b) のように，フォトンが反転分布状態の媒質中を一定の向き（z 方向）に進むとき，フォトン密度 n_ph が

(a) 等方的な増幅 　　　　　　　　(b) z方向の増幅

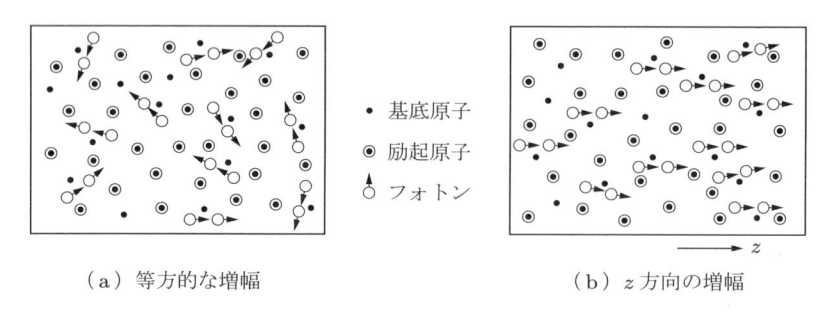

図 5.8 等方的に増幅されるフォトンと z 方向に増幅されるフォトン

z方向にどのように変化するかを考える．誘導放出により発生したフォトンは，入射フォトンと同じz方向に放出されるので，その密度もz方向に増加する．このとき，**図 5.9**(a) のように，単位断面積をもち，z方向に長い空間を想定する．媒質の屈折率をn，フォトンのエネルギーを$h\nu$とすると，zにおけるフォトンの光強度$I(z)$は次式で与えられる．

$$I(z) = \frac{c}{n} \cdot n_{\mathrm{ph}}(z) \cdot h\nu \ \ [\mathrm{W \cdot cm^{-2}}] \tag{5.40}$$

zと$z+\Delta z$の間の単位体積で発生するフォトンのパワー$P(z)$は次式で与えられる．ただし，自然放出光成分は無視する．

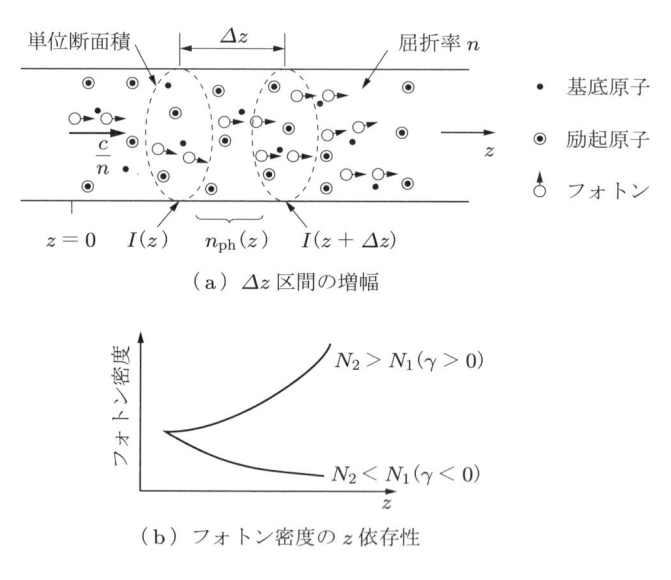

(a) Δz 区間の増幅

(b) フォトン密度のz依存性

図 5.9 フォトン密度の増幅模式図

$$P(z) = \{B \cdot n_{\mathrm{ph}}(z)N_2 - B \cdot n_{\mathrm{ph}}(z)N_1\}h\nu$$
$$= (N_2 - N_1)B \cdot h\nu \cdot n_{\mathrm{ph}}(z) \; [\mathrm{W \cdot cm^{-3}}] \tag{5.41}$$

誘導放出により発生したこれらのフォトンは z 方向に進むから，$z+\varDelta z$ におけるフォトンの光強度 $I(z+\varDelta z)$ は，z における光強度 $I(z)$ に比べて増加し，その増分 $\varDelta I$ は次式で与えられる．

$$\varDelta I = I(z+\varDelta z) - I(z) = P(z)\varDelta z \tag{5.42}$$

式 (5.42) に式 (5.40)，(5.41) を代入すると，次式が得られる．

$$\frac{\varDelta I}{\varDelta z} = \frac{dI}{dz} = \frac{c}{n}h\nu\frac{dn_{\mathrm{ph}}(z)}{dz} = (N_2-N_1)B\cdot h\nu \cdot n_{\mathrm{ph}}(z) \tag{5.43}$$

したがって，フォトン密度 $n_{\mathrm{ph}}(z)$ の z 依存性は次式のようになる．

$$\begin{aligned}
n_{\mathrm{ph}}(z) &= n_{\mathrm{ph}}(0)\exp\left\{\frac{(N_2-N_1)B\cdot n}{c}z\right\} \\
&= n_{\mathrm{ph}}(0)\exp\{\gamma(\nu)z\} \quad \left(\gamma(\nu) \equiv \frac{(N_2-N_1)B\cdot n}{c}\right)
\end{aligned} \tag{5.44}$$

$\gamma(\nu)\,[\mathrm{cm^{-1}}]$ は**パワー利得係数**（power gain coefficient）とよばれ，一般に $\nu = (E_2-E_1)/h$ の近くで大きい値をもつ関数となる．図 5.9(b) のように，反転分布で誘導放出成分が十分大きい場合は $\gamma > 0$ となり，フォトン密度は z に対して指数関数的に増加する．そのほかの場合は $\gamma < 0$ となり，フォトン密度は z に対して指数関数的に減少する．$\gamma > 0$ の場合は誘導放出による**利得**（gain）g が，誘導吸収や媒質の不均一または不純物原子などによるフォトンの散乱や吸収などの**損失**（loss）α を上回る場合である．そこで，

$$\gamma = g - \alpha\,[\mathrm{cm^{-1}}] \tag{5.45}$$

とみなすことができる．式 (5.45) を用いると，式 (5.44) は次のようになる．

$$n_{\mathrm{ph}}(z) = n_{\mathrm{ph}}(0)\exp\{(g-\alpha)z\} \tag{5.46}$$

すなわち，$g > \alpha$ のとき，フォトン密度は z 方向に指数関数的に増加し，$\alpha > g$ のとき，指数関数的に減少する．

5.6　光共振器とフォトン寿命

誘導放出によりフォトン密度を一方向に増幅するだけでは単色性のよい光，すなわ

ちレーザ光を得ることはできない．増幅されたそれぞれのフォトンの位相は必ずしも揃っていないからである．レーザ光を得るには，誘導放出されたフォトンの位相を揃えなければならない．そのため，フォトンの一部を戻して反転分布状態にある原子に対する入射フォトンとして利用するという方法がとられる．これを**正帰還**（positive feedback）という．図 5.10 のように，媒質の両側に平行に反射ミラー（部分透過ミラー）を設けてフォトンの一部を戻すと，誘導放出により，戻されたフォトンと同位相のフォトンが発生し，このフォトンの一部が反射してまた同位相のフォトンが発生する．結局，ミラー間では位相が揃ったフォトンが増幅され発振に至る．なお，図 5.10 では媒質中の基底原子や励起原子は省略されている．

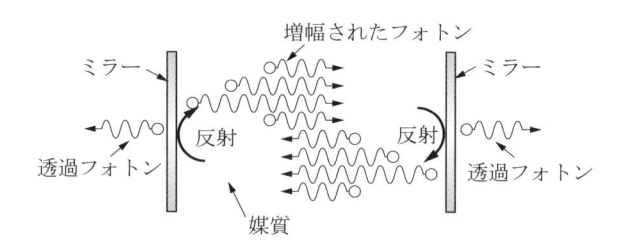

図 5.10　ファブリ-ペロー型共振器を用いたレーザ発振の模式図

フォトンの一部を戻す手段を備えた構造を一般に**光共振器**といい，図 5.10 のように，相対する平行ミラーを備えた光共振器を**ファブリ-ペロー型共振器**（Fabry–Perot resonator）という．相対するミラー間の間隔（距離）を**共振器長**（resonator length）という．部分透過ミラーを通過して光共振器の外部に放出されたフォトンはレーザ光として利用される．ファブリ-ペロー型（FP）共振器は最も基本的な光共振器であり，広く用いられている．

レーザ発振をおこすため，誘導放出により発生した位相の揃ったフォトンの一部が光共振器内に戻されるので，フォトンは光共振器内に一定時間閉じ込められていることになる．フォトンが光共振器に閉じ込められる平均的な時間を**フォトン寿命（光子寿命）**（photon lifetime）という．フォトン寿命が長くなると，フォトンは光共振器の外部に放出されにくくなり，寿命が短くなると，放出されやすくなるので，フォトン寿命はフォトンが光共振器の外部に放出される割合を決める目安となる量である．

図 5.11 を参照して，フォトン寿命は以下のように定義される．図 (a) はフォトン寿命を決めるファブリ-ペロー共振器のパラメータを表したものであり，寿命は共振器長 L，ミラーのパワー反射率 R，損失 α，媒質の屈折率 n などに依存する．図 (b) のように，$t=0$ において，長さ L の共振器の位置 z において z 方向に進むフォトン密度を① n_{ph0} とし，$t=0$ において励起がなくなる，すなわち利得 $g=0$ になるとす

5.6 光共振器とフォトン寿命

図 5.11 (a) ファブリ－ペロー型共振器

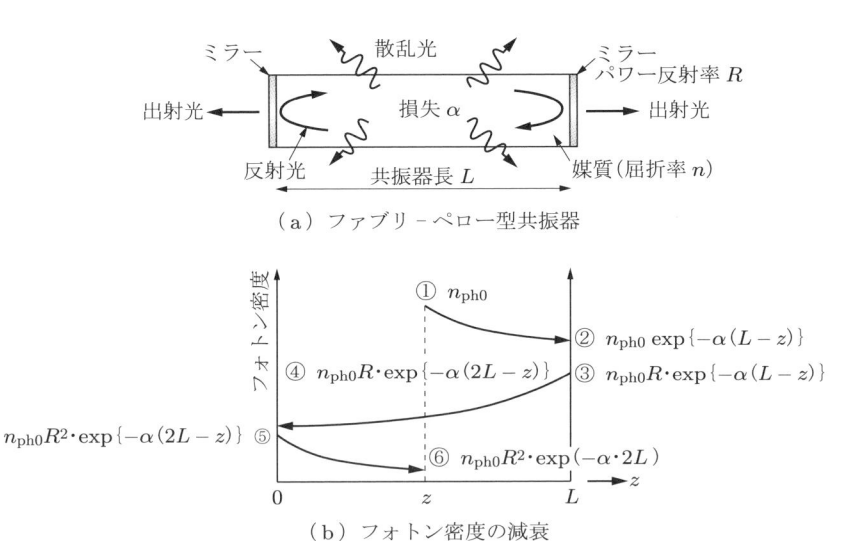

(b) フォトン密度の減衰

図 5.11 フォトン寿命の模式図

る．それ以降のフォトン密度を $n_{\mathrm{ph}}(t)$ とすると，$n_{\mathrm{ph}}(t)$ は時刻 t の経過につれて急速に減衰するはずであるから，減衰の時定数を τ_{p} として，次式が成り立つものとみなす．

$$n_{\mathrm{ph}}(t) \equiv n_{\mathrm{ph0}} \exp\left(-\frac{t}{\tau_{\mathrm{p}}}\right) \tag{5.47}$$

この τ_{p} を**フォトン寿命**という．すなわち，フォトン寿命はフォトン密度が $1/e$ になる時間である．フォトンが z 方向に伝搬して，ミラー面で 2 回反射してもとの位置に戻る場合を想定する．

式 (5.46) と図 (b) を参照すると，フォトン密度は次のように減衰する．

$$\begin{aligned}&①\,n_{\mathrm{ph0}} \to ②\,n_{\mathrm{ph0}} \exp\{-\alpha(L-z)\} \to ③\,n_{\mathrm{ph0}} R \cdot \exp\{-\alpha(L-z)\} \\ &\to ④\,n_{\mathrm{ph0}} R \cdot \exp\{-\alpha(2L-z)\} \to ⑤\,n_{\mathrm{ph0}} R^2 \cdot \exp\{-\alpha(2L-z)\} \\ &\to ⑥\,n_{\mathrm{ph0}} R^2 \cdot \exp(-\alpha \cdot 2L) \end{aligned} \tag{5.48}$$

①→②，③→④，⑤→⑥の減衰は進んだ距離による減衰である．②→③，④→⑤の減衰はミラーの反射（反射率 R）による減衰である．①→⑥の間にミラー面からの損失と α による損失により，フォトン密度は次のように減衰する．

$$n_{\mathrm{ph0}} \to n_{\mathrm{ph0}} R^2 \cdot \exp(-2\alpha L) \tag{5.49}$$

一方，①→⑥の間の所要時間 t_0 は次式で与えられる．

$$t_0 = \frac{2L}{\frac{c}{n}} = \frac{2nL}{c} \tag{5.50}$$

式 (5.47), (5.49), (5.50) より, τ_p は次のように求められる.

$$\frac{n_\mathrm{ph}(t_0)}{n_\mathrm{ph0}} = R^2 \exp(-2\alpha L) = \exp\left(-\frac{t_0}{\tau_\mathrm{p}}\right)$$

$$\therefore \ \tau_\mathrm{p} = \frac{t_0}{2(\alpha L - \ln R)} = \frac{nL}{c(\alpha L - \ln R)} \tag{5.51}$$

吸収損失がゼロでミラー面からの損失だけのとき, $\alpha = 0$ となるので, このときのフォトン寿命を τ_m とすると, τ_m は次式で与えられ,

$$\tau_\mathrm{m} = \frac{nL}{-c\ln R} \tag{5.52}$$

τ_p よりやや長くなる. L および R が大きくなると τ_p は長くなり, α が大きくなると τ_p は短くなる.

例題 5.5　$n = 3.6$, $\alpha = 20\,[\mathrm{cm}^{-1}]$, $L = 300\,[\mu\mathrm{m}]$ のレーザダイオードに対して, τ_p および τ_m を求めよ.

....

解答　レーザ光がミラー面に垂直に入射するとみなすと, 式 (3.49) より, R は次式で求められる.

$$R = \left(\frac{n-1}{n+1}\right)^2 = \left(\frac{2.6}{4.6}\right)^2 \fallingdotseq 0.32$$

したがって, τ_p および τ_m は次のようになる.

$$\tau_\mathrm{p} = \frac{nL}{c(\alpha L - \ln R)} = \frac{3.6 \times 300 \times 10^{-4}}{3 \times 10^{10} \times (20 \times 300 \times 10^{-4} - \ln 0.32)}$$

$$\fallingdotseq \frac{3.6 \times 10^{-12}}{0.6 + 1.14} \fallingdotseq 2.07 \times 10^{-12}\,[\mathrm{s}]$$

$$\tau_\mathrm{m} = \frac{nL}{-c\ln R} = \frac{3.6 \times 300 \times 10^{-4}}{-3 \times 10^{10} \times \ln 0.32} \fallingdotseq \frac{3.6 \times 10^{-12}}{1.14} \fallingdotseq 3.16 \times 10^{-12}\,[\mathrm{s}]$$

5.7　発振条件

レーザ発振を実現するには, フォトンが z 方向に伝搬して, ミラー面で 2 回反射してもとの位置に戻るとき, 次の 2 条件が同時にみたされなければならない.

条件 1　フォトン密度は減衰しない．
条件 2　位相はもとの値と一致する．

条件 1 と 2 を**発振条件**（oscillation conditions）といい，とくに，条件 1 を**振幅条件**（amplitude condition），条件 2 を**位相条件**（phase condition）または**振動数（周波数）条件**（frequency condition）という．図 **5.12**(a) に振幅条件を示す．振幅条件が成り立つには，$g - \alpha > 0$ となる必要がある．式 (5.48) と同様な手順により，①→⑤の間でフォトン密度が減衰しないためには，次式が成り立たなければならない．

$$n_{\mathrm{ph}0} \leqq n_{\mathrm{ph}0} R^2 \cdot \exp\{(g-\alpha)2L\} \tag{5.53}$$

したがって，振幅条件は次式で与えられる．

$$1 \leqq R^2 \cdot \exp\{(g-\alpha)2L\} \quad \therefore \quad g \geqq \alpha - \frac{1}{L}\ln R \tag{5.54}$$

これより，誘導放出成分が十分大きくなり，利得が全損失を上回ると発振が始まることがわかる．

図 (b) は位相条件である．位相条件が成り立つには，1 往復の距離 $2L$ の中に整数個の波長が入らなければならない（図 (b) では便宜上，L の中に整数個の波長が入っている場合を示している）．すなわち，次式が成り立つ．

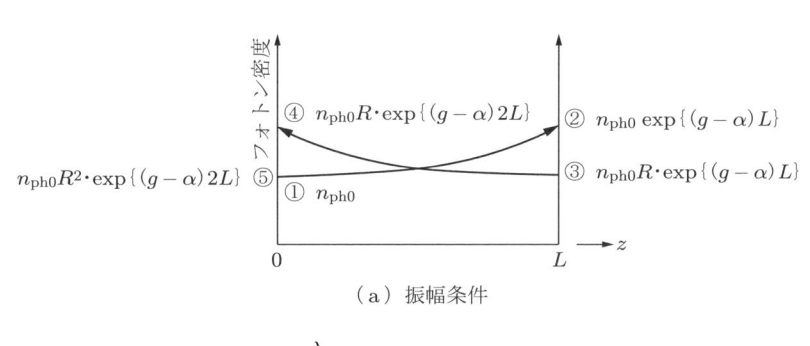

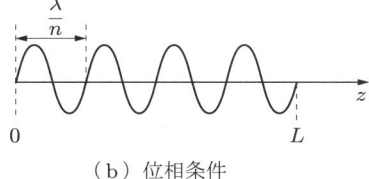

（a）振幅条件

（b）位相条件

図 **5.12**　発振条件

$$\frac{2L}{\dfrac{\lambda}{n}} = \frac{2nL}{\lambda} = m \qquad (m = 1, 2, 3, \cdots) \tag{5.55}$$

ただし，n は媒質の屈折率，λ/n は媒質中の波長である．これより，発振しうる波長は無数にあることがわかる．

式 (5.54), (5.55) がみたされると発振が始まるが，実際に発振するのは，図5.13 のように，エネルギー準位差に対応する $\nu = (E_2 - E_1)/h$ の近くのいくつかの周波数または波長である．これらを**縦モード** (longitudinal mode)，または，単に**モード**という．各モードのピークを結んだ包絡線（破線）は利得曲線の形状を反映している．**利得曲線** (gain curve) は利得の波長または周波数依存性を表す特性曲線で，遷移波長または遷移周波数近傍でピークをもち，利得が損失を上回ったモードが発振する．式 (5.55) より，各モードの波長間隔 $\Delta\lambda$ は次のようになる．

$$\Delta\lambda = \frac{2nL}{m} - \frac{2nL}{m+1} = 2nL\frac{m+1-m}{m(m+1)} \fallingdotseq \frac{2nL}{m^2} = 2nL\left(\frac{\lambda}{2nL}\right)^2 = \frac{\lambda^2}{2nL} \tag{5.56}$$

ただし，媒質の屈折率 n は波長 λ に依存しないとしている（波長 λ 依存性が無視できない場合は演習問題 5.10 参照）．波長間隔 $\Delta\lambda$ に対応して，各モードの周波数間隔 Δf は次のようになる．

$$\Delta f = \frac{c}{\dfrac{2nL}{m+1}} - \frac{c}{\dfrac{2nL}{m}} = \frac{c}{2nL}(m+1-m) = \frac{c}{2nL} \tag{5.57}$$

$\Delta\lambda$ はわずかに λ に依存するが，Δf は n，L により定まる一定値をとる．

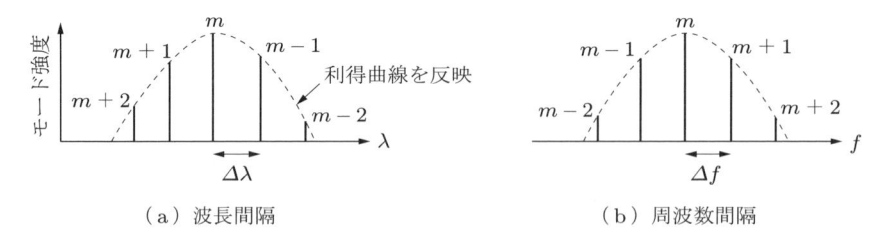

（a）波長間隔 　　　　　　（b）周波数間隔

図5.13 レーザの発振モード（縦モード）

例題 5.6 　$n = 3.6$, $\alpha = 20\,[\mathrm{cm^{-1}}]$, $L = 300\,[\mathrm{\mu m}]$, $\lambda = 1.3\,[\mathrm{\mu m}]$ のレーザダイオードに対して，次の各値を求めよ．

(1) I_th における $g\,[\mathrm{cm}^{-1}]$ (2) $\Delta\lambda\,[\mu\mathrm{m}]$ (3) 波長数 m (4) $\Delta f\,[\mathrm{Hz}]$

解答　　(1) 例題 5.5 の結果と式 (5.54) より，g は次のようになる．

$$g \geqq \alpha - \frac{1}{L}\ln R = 20 - \frac{\ln 0.32}{300\times 10^{-4}} \fallingdotseq 20 + 38.0 = 58.0\,[\mathrm{cm}^{-1}]$$

(2) 式 (5.56) より，$\Delta\lambda$ は次のようになる．

$$\Delta\lambda \fallingdotseq \frac{\lambda^2}{2nL} = \frac{1.3^2}{2\times 3.6\times 300} \fallingdotseq 7.82\times 10^{-4}\,[\mu\mathrm{m}]$$

(3) 式 (5.55) より，波長数 m は次のようになる．

$$m = \frac{2nL}{\lambda} = \frac{2\times 3.6\times 300}{1.3} \fallingdotseq 1662$$

(4) 式 (5.57) より，Δf は次のようになる．

$$\Delta f = \frac{c}{2nL} = \frac{3\times 10^8}{2\times 3.6\times 300\times 10^{-6}} \fallingdotseq 1.39\times 10^{11}\,[\mathrm{Hz}]$$

●● 演習問題 ●●

5.1 ボーアの仮説を用いて，水素原子の外殻電子のエネルギー E_n は次のように表せることを示せ．ただし，m_0, q, ε_0 はそれぞれ電子の静止質量，電子の電荷（の絶対値），真空の誘電率である．整数 n を主量子数という．

$$E_n = -\frac{m_0 q^4}{8\varepsilon_0{}^2 h^2 n^2} \quad (n=1,2,3,\cdots)$$

5.2 演習問題 5.1 の結果によると，水素原子の外殻電子が E_n から E_m $(n>m)$ の準位に遷移するとき，放出するフォトンの振動数 ν は次式で表すことができる．

$$\nu = \frac{E_n - E_m}{h} = A\left(\frac{1}{m^2} - \frac{1}{n^2}\right)$$

このとき，次の各問いに答えよ．
(1)　A の値を求めよ．
(2)　$m=1$, $n=2,3,4,\cdots$ のスペクトル系列を**ライマン**（Lyman）系列という．ライマン系列において，$n=2$ のときのフォトンの周波数と波長を求めよ．
(3)　$m=2$, $n=3,4,5,\cdots$ のスペクトル系列を**バルマー**（Balmer）系列という．バルマー系列において，$n=3$ のときのフォトンの周波数と波長を求めよ．

5.3 自由空間にあるフォトンおよび電子に対し，それぞれのエネルギーと運動量がアインシュタイン - ド・ブロイの関係をみたすとき，次の各問いに答えよ．ただし，電子のエネルギー E は次式で与えられるものとする．

$$E = \frac{1}{2}m_0 v^2$$

ただし，m_0, v はそれぞれ電子の静止質量，電子の速度（の大きさ）である．
(1) フォトンおよび電子に対し，エネルギーと運動量の関係をそれぞれ求めよ．
(2) 電子のド・ブロイ波の振動数と波長の関係を求めよ．

5.4 レーザ光は，発光部ミラー端面から波長 λ, 運動量（の大きさ）h/λ の粒子（フォトン）が放出されたものとみなすことができる．ただし，h はプランク定数である．フォトンの x 方向の位置の不確定さを Δx, 運動量の不確定さを Δp_x とするとき，式 (2.48) を用いて，次式が成り立つことを示せ．

$$\Delta x \cdot \Delta p_x \fallingdotseq \frac{h}{\pi}$$

この関係を位置と運動量の**不確定性関係**（uncertainty relation）という．

5.5 絶対温度 300 [K] で熱平衡状態にある図 5.5 の 2 準位系の遷移波長を λ とするとき，次の各問いに答えよ．
(1) $\lambda = 0.65\,[\mu\mathrm{m}]$ のとき，式 (5.6) の自然放出光成分と誘導放出光成分の大きさの比を求めよ．
(2) $\lambda = 1.3\,[\mu\mathrm{m}]$ のとき，式 (5.6) の自然放出光成分と誘導放出光成分の大きさの比を求めよ．
(3) $\lambda = 100\,[\mu\mathrm{m}]$ のとき，式 (5.6) の自然放出光成分と誘導放出光成分の大きさの比を求めよ．
(4) 式 (5.6) の自然放出光成分と誘導放出光成分の大きさが等しくなる遷移波長 $\lambda\,[\mu\mathrm{m}]$ を求めよ．

5.6 プランクは黒体から放射される電磁波のうち，振動数（周波数）が ν と $\nu + d\nu$ の間にある放射エネルギー密度を $\rho(\nu)d\nu$ とすると，$\rho(\nu)$ は次のように与えられることを示した．

$$\rho(\nu) = \frac{8\pi h \nu^3}{c^3} \cdot \frac{1}{\exp\left(\dfrac{h\nu}{k_B T}\right) - 1} \ [\mathrm{J/(cm^3 \cdot s^{-1})}]$$

ただし，h はプランク定数，c は真空中の光の速度である．この関係を用いて，次の各問いに答えよ．
(1) 式 (5.24) が $\rho(\nu)$ と同一の周波数依存性をもつとみなすと，A/B は次式で表せることを示せ．

$$\frac{A}{B} = \frac{8\pi \nu^3}{c^3} \ [\mathrm{cm^{-3}}]$$

(2) 上記 (1) の式の物理的意味を考察せよ．

5.7 式 (5.37) のフォトン密度 n_{ph} について，次の各問いに答えよ．
(1) u の増加に対して n_{ph} は減少することを示し，n_{ph} の u 依存性の概形を描け．た

だし，v は一定値をとるものとする．
(2) 上記 (1) の概形の物理的意味を考察せよ．

5.8 例題 5.5 のレーザダイオードにおいて，フォトン寿命 τ_p の間にフォトンは共振器を何往復するか．

5.9 両方のミラー面のパワー反射率が等しくない場合，一方のパワー反射率を R_1，他方を R_2 として次の各問いに答えよ．ただし，共振器長は L，損失は α とする．
(1) フォトン寿命 τ_p および τ_m はそれぞれどのような式で表せるか．
(2) 発振の振幅条件はどのような式で表せるか．

5.10 レーザの発光領域（媒質）の屈折率 n の波長 λ 依存性が無視できないとき，縦モードの波長間隔 $\Delta\lambda$ は次式で与えられることを示せ．

$$\Delta\lambda = \frac{\lambda^2}{2nL\left(1 - \frac{\lambda}{n}\cdot\frac{dn}{d\lambda}\right)}$$

ただし，L は共振器長である．

6章 発光素子の動作原理

レーザの中で，半導体レーザはほかのレーザに比べて小型かつ取り扱いが簡便であるため，広く用いられている．そこで，本章では，レーザの代表例として半導体レーザを取り上げ，半導体特有の動作原理および特性などを述べる．半導体レーザと類似の構造をもつが，発振機構を取り除いているので自然放出光で発光する発光ダイオードにもふれる．

半導体レーザも発光ダイオードも，pn接合をもつダイオードであり，順方向電流を流すことにより発振または発光する半導体発光素子である．そこで，それぞれ **LD** (laser diode；レーザダイオード)，**LED** (light emitting diode；発光ダイオード) とよばれることが多い．

6.1 LDの構造と動作原理

5.1節で述べたように，1962年に 0.85 µm 帯 GaAs レーザの発振が確認されたが，それは低温 (77 [K]) におけるパルス発振であり，LDの構造はホモ接合であった．LDにおいて反転分布状態に相当するのは，伝導帯の電子密度と価電子帯のホール（正孔）密度がともに大きく，電子とホールの再結合が発生しやすい状態である．ホモ接合ではこの状態が実現されにくく，低温のパルス発振しか実現できなかったのである．しかし，1970年になって，ベル研の林巌雄らによって，ダブルヘテロ接合をもつLDの室温連続発振が実現され，LDの実用化が大きく進展した．

ホモ接合 (homo junction) とは，pn接合のp型およびn型が同種の（バンドギャップエネルギーが互いに等しい）半導体からなる接合である．**ダブルヘテロ接合** (double hetero junction) とは，n型またはp型の活性層（発光層）が，それよりバンドギャップエネルギーが大きいn型およびp型半導体に挟まれた構造をもつ接合である．異種の半導体からなる接合を**ヘテロ接合** (hetero junction) といい，活性層の両側にヘテロ接合があるのでダブルヘテロ接合という．ダブルヘテロ接合の利点については，次項で詳しく述べる．

図6.1 に現在実用化されているLD構造の代表例を示す．図(a)はAlGaAs系LDによく用いられているストライプ型LD，図(b)はInGaAsP系LDによく用いられている埋込み型LDである．AlGaAs系LDでは，**活性層**（発光層）(active layer, active

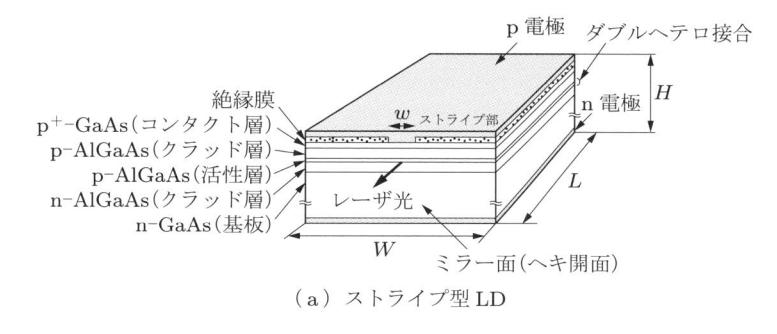

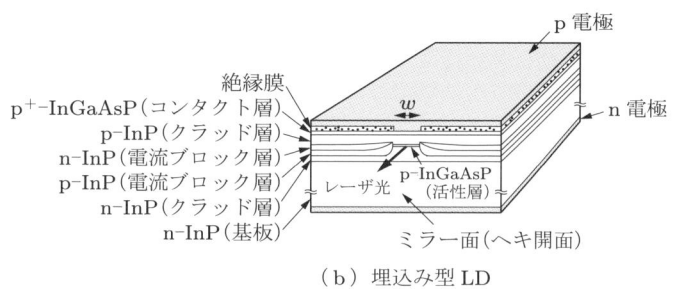

図 6.1 ダブルヘテロ接合をもつ LD 構造の代表例（斜視図）

region）が，それよりバンドギャップエネルギーが大きい n 型および p 型 AlGaAs 層に挟まれている．活性層を挟むこれらの層を**クラッド層**（cladding layer；鞘層）という．共振器長 $L \sim 300\,[\mu\mathrm{m}]$，幅 $W \sim 200\,[\mu\mathrm{m}]$，厚さ $H \sim 100\,[\mu\mathrm{m}]$ であり，共振器の両面はヘキ開によるミラー面となっている．電流は p 電極中央部の幅 w（～数 [μm]），長さ L の**ストライプ**（stripe；縞）状の部分から注入され，その下の活性層部分からレーザ光が出射されるので，この構造の LD は**ストライプ型 LD** とよばれている．

InGaAsP 系 LD では，最初に n-InP クラッド層，p-InGaAsP 活性層，p-InP クラッド層を平面状に形成（結晶成長）し，中央部の幅 w，長さ L のストライプ部の両側を n-InP クラッド層に達するまでエッチングにより除去する．次に，2 回目の結晶成長でストライプ部の両側を p-InP 電流ブロック層，n-InP 電流ブロック層，p-InP クラッド層で順に埋込む．活性層の両側を p-n-p-InP 層で埋込むので，この構造の LD は**埋込み型**（buried heterostructure）LD とよばれている．活性層の両側の p-n-p-n-InP 層は電流を阻止し，注入電流は活性層に集中するので，埋込み型 LD は一般に低きい値電流で発振する．

6.1.1 ダブルヘテロ接合の利点と動作原理

図 6.2 に，熱平衡状態と順方向バイアス状態のホモ接合とダブルヘテロ接合のバン

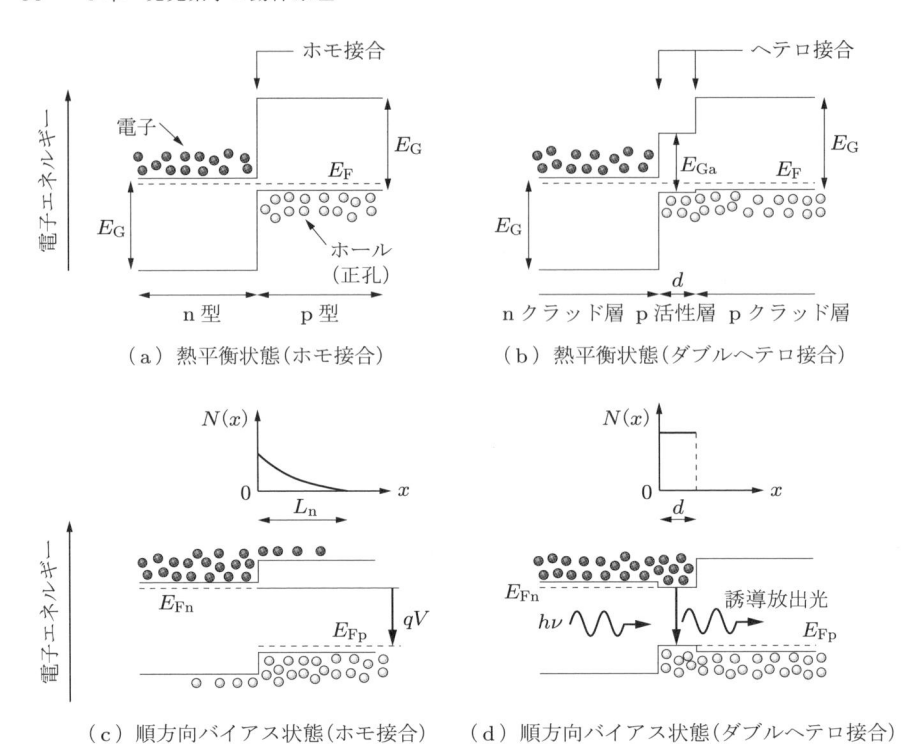

図 6.2　熱平衡状態と順方向バイアス状態のホモ接合とダブルヘテロ接合のバンド構造

ド構造を示す．図 (a) が熱平衡状態，図 (c) が順方向バイアス状態のホモ接合である．図 (b) が熱平衡状態，図 (d) が順方向バイアス状態のダブルヘテロ接合である．ダブルヘテロ接合において，活性層を挟むn型およびp型クラッド層のバンドギャップエネルギー E_G は，活性層のバンドギャップエネルギー E_{Ga} より大きくなるように設定される．活性層の導電型はn型またはp型であるが，図 (b)，(d) ではp型である．また，活性層の厚さ d は通常 0.1 [μm] 程度である．

熱平衡状態の図 (a)，(b) では，**フェルミ準位**（Fermi level） E_F は一直線となるが，順方向バイアス状態の図 (c)，(d) では，フェルミ準位がn型の**擬フェルミ準位**（quasi Fermi level） E_{Fn} とp型の擬フェルミ準位 E_{Fp} に分離する．順方向バイアスはほとんどpn接合部分にかかるので，バイアスを大きくしていくと，pn接合部分の電位障壁の高さが減少し，多数キャリアの相互拡散により，p型側には電子が，n型側にはホールが注入される．

図 (c) のホモ接合では，注入されたキャリアは拡散途中で多数キャリアと再結合し，拡散距離（〜数 [μm]）程度で消滅するので，反転分布に近い状態は実現されにくい．

図 (c) の上部には注入された電子密度分布 $N(x)$ の模式図を示す．ただし，L_n は電子の拡散距離である．

図 (d) のダブルヘテロ接合では，活性層のバンドギャップエネルギー E_Ga はnクラッド層のバンドギャップエネルギー E_G より小さく設定されているので，順方向バイアスを大きくしていくと，E_Fn および E_Fp がそれぞれ活性層の伝導帯内部または価電子帯内部に入り込むか，極めて接近する状態が出現する．このとき，nクラッド層から活性層には多量の電子が注入されるが，活性層とpクラッド層の電位障壁により，電子はpクラッド層にはほとんど拡散しないので，活性層の電子密度はnクラッド層の電子密度より大きくなる．この状態を**スーパーインジェクション**（super injection）という．電荷中性条件をみたすため，pクラッド層から活性層にはホールが注入されるが，このホールは活性層とnクラッド層の電位障壁により，nクラッド層にはほとんど拡散しないので，活性層のホール密度も非常に大きくなり，反転分布状態が実現する．活性層に電子とホールが注入されることを**ダブルインジェクション**（double injection）という．

pクラッド層に流入する電子電流が無視でき，活性層厚 $d \ll L_\mathrm{n}$ の場合には，図 (d) の上部の図のように，活性層の電子密度 $N(x)$ は x に依存せず，次式で近似できる（演習問題 6.1 参照）．

$$N(x) \fallingdotseq \frac{\tau_\mathrm{s}}{qd} J_\mathrm{n}(0) \tag{6.1}$$

ただし，τ_s は電子の再結合寿命，q は電子の電荷（絶対値），$J_\mathrm{n}(0)$ はnクラッド層から活性層に注入される電子電流密度である．すなわち，活性層の電子密度は $J_\mathrm{n}(0)$ に比例するので反転分布状態が実現されやすいのである．

例題 6.1 $\tau_\mathrm{s} = 1 \times 10^{-9}\,[\mathrm{s}]$，$d = 0.1\,[\mathrm{\mu m}]$，$J_\mathrm{n}(0) = 2\,[\mathrm{kA/cm^2}]$ のとき，活性層の電子密度 $N(x)$ を求めよ．

解答 式 (6.1) より，次のように求められる．

$$N(x) \fallingdotseq \dot{N}(0) \fallingdotseq \frac{\tau_\mathrm{s}}{qd} J_\mathrm{n}(0) = \frac{1 \times 10^{-9} \times 2000}{1.6 \times 10^{-19} \times 0.1 \times 10^{-4}}$$
$$= \frac{2}{1.6} \times 10^{-6+24} = 1.25 \times 10^{18}\,[\mathrm{cm^{-3}}]$$

図 6.3 にダブルヘテロ接合 LD の動作原理の概要を示す．図 (a) は，図 6.1 の (a) または (b) の LD の活性層の中心部（ストライプ部）を縦に切断した断面図である

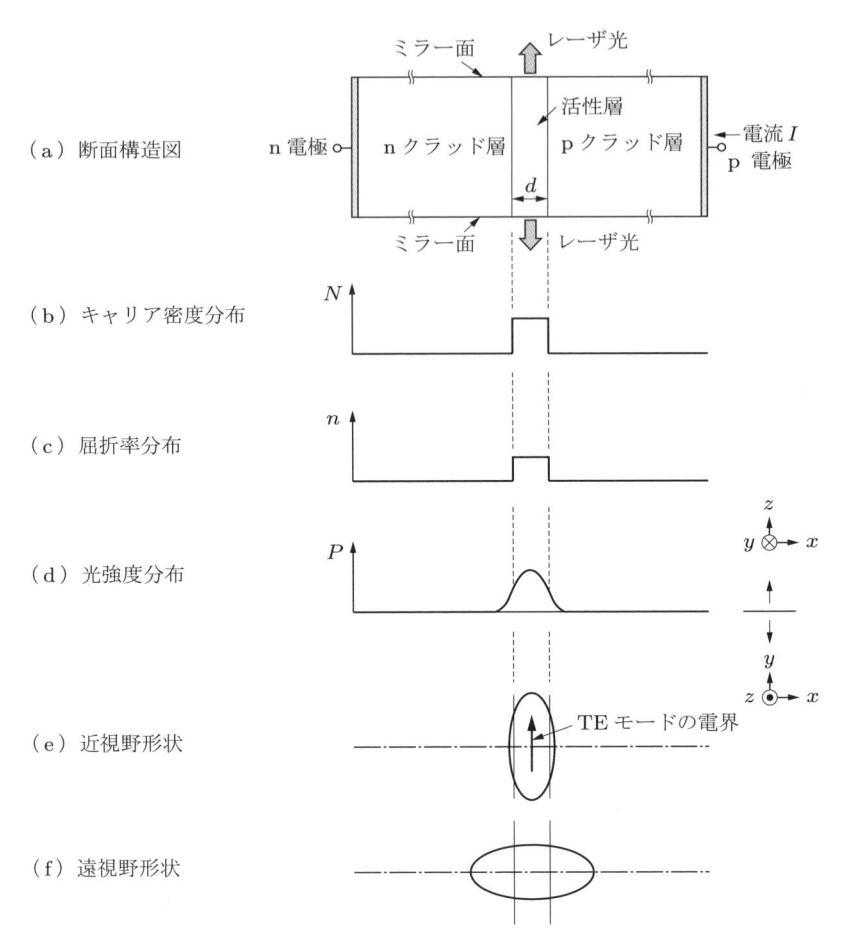

図 6.3　ダブルヘテロ接合 LD の動作原理概要

(図 6.1 の手前を z 方向，上側を x 方向としたときの xz 平面による断面図)．図 (b) のように，注入電流 I の増加により，活性層部分のキャリア密度が増加し，反転分布が実現し発振に至る．活性層はクラッド層に比べてバンドギャップエネルギーが小さいので，図 (c) のように，屈折率が高く，発振したレーザ光は全反射により活性層にガイドされて共振器内を往復する．ただし，活性層の厚さ d は 0.1 [μm] 程度と薄いので，図 (d) のように，光強度分布の一部は活性層からしみ出して伝搬する．これらの様子は，3.2 節で述べたスラブ導波路中の 0 次モードの伝搬の場合に類似である．

図 (e) および図 (f) は，それぞれ LD の出射端面 (xy 平面) における近視野像および遠視野像の形状である．活性層は薄いので，近視野の形状は長軸が活性層に沿った楕円形状になり，式 (2.48) より，遠視野の形状は長軸が活性層方向に直交する楕円形

状になるため，実際は軸対称にはならない．近視野の電界は，主に活性層方向（y方向）の成分をもつ TE モードである．両方のミラー面のパワー反射率が等しい場合は，出力レーザ光は両方の面から 1 対 1 の大きさで出力される．

6.1.2 混晶

ダブルヘテロ接合を形成するには，活性層とクラッド層のバンドギャップエネルギーを可変できることが前提となる．そのために**混晶**（alloy）が用いられる．混晶とは，いくつかの元素から構成される**化合物半導体**（compound semiconductor）の各元素の組成比をある範囲で変化させて，バンドギャップエネルギーを変化させた結晶である．図 6.4 は周期律表の 2〜5 周期のうち，光デバイスによく用いられる 13〜15 族を抜き出したものである．元素記号の左下の数字は原子番号を表す．族番号から 10 を引いた数は共有結合の価電子数（原子価）となるので，価電子数をローマ数字で表し，13〜15 族をそれぞれ III〜V 族ともいう．

周期 \ 族	13 (III)	14 (IV)	15 (V)
2	$_5$B ホウ素	$_6$C 炭素	$_7$N 窒素
3	$_{13}$Al アルミニウム	$_{14}$Si ケイ素	$_{15}$P リン
4	$_{31}$Ga ガリウム	$_{32}$Ge ゲルマニウム	$_{33}$As ヒ素
5	$_{49}$In インジウム	$_{50}$Sn スズ	$_{51}$Sb アンチモン

図 6.4　周期律表（2〜5 周期，13〜15 族）

光デバイスの混晶には III 族と V 族の元素のうち，色のついた元素がよく用いられる．III 族と V 族の元素は 1 対 1 の原子数比で共有結合結晶を形成し，基板結晶とほぼ同じ格子定数を保った状態で，ある範囲でバンドギャップエネルギーを変化させることができる．たとえば，AlGaAs 系短波長 LD および InGaAsP 系長波長 LD の混晶は，それぞれ次のように表示される．

$$\mathrm{Al}_x\mathrm{Ga}_{1-x}\mathrm{As} \tag{6.2}$$

$$\mathrm{Ga}_x\mathrm{In}_{1-x}\mathrm{As}_y\mathrm{P}_{1-y} \tag{6.3}$$

元素記号の右下の添字 x および y は原子数の組成比を表し，**混晶比**（mole fraction）ともいう．混晶比は 0 と 1 の間の値をとる．式 (6.2) は，組成比 x の Al と $1-x$ の Ga

（ともにIII族元素）が組成比1のV族元素Asと共有結合した結晶を表す．式(6.3)は，組成比xのGaと$1-x$のIn（ともにIII族元素）が組成比yのAsと$1-y$のP（ともにV族元素）と共有結合した結晶を表す．xおよびyを変化させることにより，ある範囲でバンドギャップエネルギーを変化させることができる．

活性層のバンド間遷移により発生するフォトンの波長λ_Gを**バンドギャップ波長**（band gap wavelength）という．バンドギャップ波長は例題5.3で述べた2準位系の遷移波長に対応する．λ_Gを[μm]，バンドギャップエネルギーE_{Ga}を[eV]で表すと，式(5.4)より，次式が成り立つ．

$$\lambda_G = \frac{h \cdot c}{E_{Ga}} \fallingdotseq \frac{6.63 \times 10^{-34} \times 3 \times 10^{8+6}}{E_{Ga}[\text{eV}] \times 1.6 \times 10^{-19}} \fallingdotseq \frac{1.24}{E_{Ga}[\text{eV}]} \ [\mu\text{m}] \qquad (6.4)$$

したがって，λ_GはE_{Ga}に逆比例する．LDはλ_Gに近い波長で発振するから，E_{Ga}を変化させることにより，発振波長を変化させることができる．図6.5は光情報処理や光ファイバ通信によく用いられている代表的なLDに対して，活性層の結晶材料とその混晶比を変化させることにより，どのようなバンドギャップ波長が実現されているかを示したものである．混晶比は，その値を明示する必要がある場合を除いて，表示されないことが多い．

結晶材料			バンドギャップ波長 [μm]
活性層	クラッド層	基板	0.3　　0.5　　　1.0　　　　2.0
$Ga_xIn_{1-x}N$	GaN	GaN	
$(Al_xGa_{1-x})_yIn_{1-y}P$	$(Al_xGa_{1-x})_yIn_{1-y}P$	GaAs	
$Al_xGa_{1-x}As$	$Al_xGa_{1-x}As$	GaAs	
$Ga_xIn_{1-x}As_yP_{1-y}$	InP	InP	

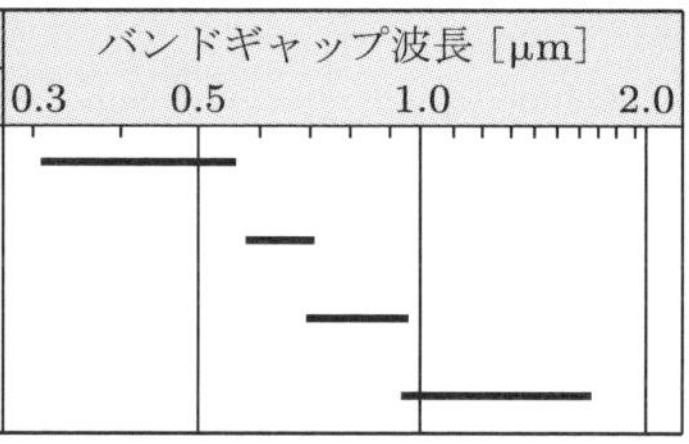

図6.5　代表的なLDのバンドギャップ波長

混晶を作製するには，GaAsやInP基板上に混晶比が定まった単結晶薄膜を順に成長させなければならない．初期の頃の結晶成長法は**液相成長法**（liquid phase epitaxy; LPE）が主体であったが，その後，層厚制御性がよい**分子線成長法**（molecular beam epitaxy; MBE）や**気相成長法**（vapor phase epitaxy; VPE）が主流になった．

例題6.2　InGaAsP系LDの活性層の混晶が$In_{0.65}Ga_{0.35}As_{0.79}P_{0.21}$（$\lambda_G = 1.55$ [μm]）のとき，それぞれの元素の密度[cm^{-3}]を求めよ．ただし，4元素すべてを含めた原子密度は4.4×10^{22} [cm^{-3}]とする．

> **解答** III 族の密度は 2.2×10^{22} [cm^{-3}] であり,
>
> In の密度:$0.65 \times 2.2 \times 10^{22} = 1.43 \times 10^{22}$ [cm^{-3}]
>
> Ga の密度:$0.35 \times 2.2 \times 10^{22} = 0.77 \times 10^{22}$ [cm^{-3}]
>
> となる.同様に,As と P の密度はそれぞれ次のようになる.
>
> As の密度:$0.79 \times 2.2 \times 10^{22} = 1.738 \times 10^{22}$ [cm^{-3}]
>
> P の密度:$0.21 \times 2.2 \times 10^{22} = 0.462 \times 10^{22}$ [cm^{-3}]

6.1.3 反転分布状態

順方向バイアスを大きくしていくと反転分布が実現するが,それがどのような条件で実現するかを考える.電子エネルギーを E とすると,活性層の伝導帯の電子の**状態密度** (density of states) $d_c(E)$ および価電子帯のホールの状態密度 $d_v(E)$ は,それぞれ次式で与えられる.

$$d_c(E) = 4\pi \frac{(2m_\mathrm{n}^*)^{3/2}}{h^3} \sqrt{(E - E_C)} \tag{6.5}$$

$$d_v(E) = 4\pi \frac{(2m_\mathrm{p}^*)^{3/2}}{h^3} \sqrt{(E_V - E)} \tag{6.6}$$

ただし,E_C および E_V はそれぞれ伝導帯下端および価電子帯上端の電子エネルギー,m_n^* および m_p^* はそれぞれ伝導電子およびホールの有効質量である.電子エネルギー E における,擬フェルミ準位 E_Fn および E_Fp に対応する電子の**フェルミ** (Fermi) **分布関数**はそれぞれ次式で与えられる.

$$f_c(E) = \frac{1}{1 + \exp\left(\dfrac{E - E_\mathrm{Fn}}{k_\mathrm{B} T}\right)} \tag{6.7}$$

$$f_v(E) = \frac{1}{1 + \exp\left(\dfrac{E - E_\mathrm{Fp}}{k_\mathrm{B} T}\right)} \tag{6.8}$$

ただし,k_B はボルツマン定数,T は絶対温度である.式 (6.7) および式 (6.8) に対応するホールのフェルミ分布関数はそれぞれ次式で与えられる.

$$1 - f_c(E) \tag{6.9}$$

$$1 - f_v(E) \tag{6.10}$$

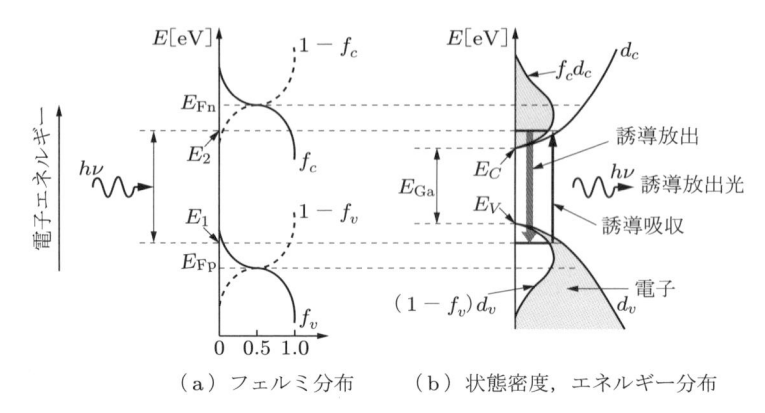

図 6.6 電子とホールのフェルミ分布および状態密度，エネルギー分布

電子とホールのフェルミ分布および状態密度，エネルギー分布などを図 6.6 に示す．

図 6.6 において，エネルギー $h\nu$ が次式をみたすフォトンが活性層に入射したとき，

$$h\nu = E_2 - E_1 \tag{6.11}$$

エネルギー E_1, E_2 において反転分布となる条件を考える．エネルギー E_1, E_2 における誘導放出の大きさは，E_2 における伝導帯の電子密度と E_1 における価電子帯のホール密度の積に比例するから，次式に比例する．

$$f_c(E_2)d_c(E_2)\{1 - f_v(E_1)\}d_v(E_1) \tag{6.12}$$

同様に，誘導吸収の大きさは次式に比例する．

$$f_v(E_1)d_v(E_1)\{1 - f_c(E_2)\}d_c(E_2) \tag{6.13}$$

反転分布のとき，式 (6.12) の値は式 (6.13) より大きくなるから，次式が成り立つ．

$$\begin{aligned}&f_c(E_2)d_c(E_2)\{1-f_v(E_1)\}d_v(E_1) - f_v(E_1)d_v(E_1)\{1-f_c(E_2)\}d_c(E_2)\\&= f_c(E_2)d_c(E_2)d_v(E_1) - f_v(E_1)d_v(E_1)d_c(E_2)\\&= \{f_c(E_2) - f_v(E_1)\}d_c(E_2)d_v(E_1) > 0\end{aligned} \tag{6.14}$$

$d_c(E_2)d_v(E_1) > 0$ であるから，式 (6.7)，(6.8)，(6.14) より次式が成り立つ．

$$\frac{1}{1+\exp\left(\dfrac{E_2 - E_{\mathrm{Fn}}}{k_\mathrm{B}T}\right)} > \frac{1}{1+\exp\left(\dfrac{E_1 - E_{\mathrm{Fp}}}{k_\mathrm{B}T}\right)}$$

$$\therefore \exp\left(\frac{E_2 - E_{\mathrm{Fn}}}{k_\mathrm{B}T}\right) < \exp\left(\frac{E_1 - E_{\mathrm{Fp}}}{k_\mathrm{B}T}\right)$$

したがって，次式が成り立つ（バーナード・ドラフォーグ（Bernard–Duraffourg）条件）．

$$E_2 - E_{\mathrm{Fn}} < E_1 - E_{\mathrm{Fp}} \qquad \therefore \; E_{\mathrm{Fn}} - E_{\mathrm{Fp}} > E_2 - E_1 = h\nu \tag{6.15}$$

順方向バイアスを大きくしていくと $E_{\mathrm{Fn}} - E_{\mathrm{Fp}}$ は増加するから，あるバイアス値でこの条件が成り立ち，反転分布状態が実現される．活性層のバンド間遷移も基本的には2準位系であるが，LDの場合は，順方向電流を増加させていくと，あるしきい値以上で反転分布状態が実現される．

6.2 光出力 – 電流特性

反転分布が実現すると誘導放出による光の増幅が始まり，フォトン密度 n_{ph} は増加するが，ただちにレーザ発振するわけではなく，5.7節の条件1および2がみたされたとき発振する．発振前後のフォトン密度と活性層のキャリア密度の関係は本節で述べるレート方程式で近似され，この方程式を用いると，光出力（フォトン密度）と注入電流の関係を求めることができる．

6.2.1 レート方程式

順方向電流を増加させていくと，伝導帯の電子密度 N が増加し，あるしきい値以上で反転分布状態が実現されて誘導放出によるフォトン密度 n_{ph} の増幅が始まるので，光増幅のしきい値に対応する電子密度を N_{g} とすると，式(5.39)に対応して次式が成り立つ．

$$\frac{dn_{\mathrm{ph}}}{dt} = B(N - N_{\mathrm{g}})n_{\mathrm{ph}} \tag{6.16}$$

また，式(5.47)より，フォトン寿命によるフォトン密度の減少は次式で与えられる．

$$\frac{dn_{\mathrm{ph}}}{dt} = -\frac{n_{\mathrm{ph}}}{\tau_{\mathrm{p}}} \tag{6.17}$$

式(6.16)，(6.17)より，全体としてフォトン密度の時間変動は次式で与えられる．

$$\frac{dn_{\mathrm{ph}}}{dt} = B(N - N_{\mathrm{g}})n_{\mathrm{ph}} - \frac{n_{\mathrm{ph}}}{\tau_{\mathrm{p}}} \tag{6.18}$$

誘導放出によるフォトン密度の時間変動により N も時間変動し，その時間変動は次式で与えられる．

$$\frac{dN}{dt} = -B(N - N_{\mathrm{g}})n_{\mathrm{ph}} - \frac{N}{\tau_{\mathrm{s}}} + \frac{I}{qV_{\mathrm{a}}} \tag{6.19}$$

右辺第 1 項は式 (6.18) の右辺第 1 項に対応して減少または増加する項，第 2 項は自然放出により減少する項である．第 3 項は注入電流による N の増加を表し，I は注入電流 [A]，q は電子の電荷（絶対値）[C]，V_a は活性層体積 $(L \times w \times d)\,[\mathrm{cm}^3]$ である．連立方程式 (6.18)，(6.19) がフォトン密度 n_ph と電子密度 N を未知数とするレート方程式である．図 6.7 はレート方程式の物理的意味を表す模式図である．フォトン寿命によるフォトン密度の減少のうち，$n_\mathrm{ph}/\tau_\mathrm{m}$ $(< n_\mathrm{ph}/\tau_\mathrm{p})$ が活性層外に放出され，光出力として観測される（式 (6.26) 参照）．

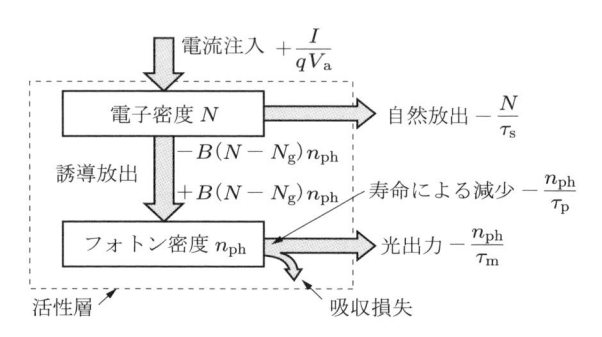

図 6.7 レート方程式の物理的意味を表す模式図

6.2.2 発振特性

5.4 節と同様に，本項では定常状態の場合を扱う．定常状態では時間微分がゼロとなるから，式 (6.18), (6.19) はそれぞれ次式となる．

$$B(N-N_\mathrm{g})n_\mathrm{ph} - \frac{n_\mathrm{ph}}{\tau_\mathrm{p}} = \left\{B(N-N_\mathrm{g}) - \frac{1}{\tau_\mathrm{p}}\right\}n_\mathrm{ph} = 0 \tag{6.20}$$

$$-B(N-N_\mathrm{g})n_\mathrm{ph} - \frac{N}{\tau_\mathrm{s}} + \frac{I}{qV_\mathrm{a}} = 0 \tag{6.21}$$

順方向バイアスを大きくしていくと，注入電流 I は増加するが，しきい値 I_th に達して発振するまではフォトン密度 n_ph はゼロと近似し，I_th 以上の電流に対して n_ph が正の値をもつとすると，式 (6.20)，(6.21) は次のように容易に解ける．発振が始まる電流値 I_th を**しきい値電流**という．

(1) $I \leqq I_\mathrm{th}$ $(n_\mathrm{ph} \fallingdotseq 0)$ のとき
式 (6.21) より，次式が得られる．

$$N = \frac{\tau_\mathrm{s}}{qV_\mathrm{a}} \cdot I \tag{6.22}$$

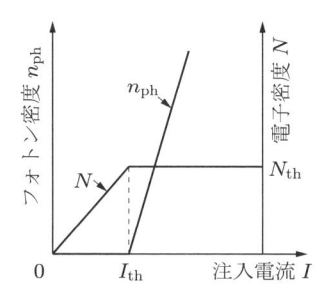

図 6.8 n_{ph} と N の注入電流 I 依存性の概形

図 6.8 のように，n_{ph} はゼロのままであるが，N は電流 I に比例して増加する．
(2) $I > I_{\mathrm{th}}$ ($n_{\mathrm{ph}} > 0$) のとき
式 (6.20) より，次式が得られる．

$$B(N - N_{\mathrm{g}}) - \frac{1}{\tau_{\mathrm{p}}} = 0 \qquad \therefore \ N = N_{\mathrm{g}} + \frac{1}{\tau_{\mathrm{p}} B} \equiv N_{\mathrm{th}} \tag{6.23}$$

N は一定値をとるので，その値を N_{th} とおいた．式 (6.22) より，I_{th} は次式で表せる．

$$I_{\mathrm{th}} = \frac{qV_{\mathrm{a}}}{\tau_{\mathrm{s}}} \cdot N_{\mathrm{th}} \tag{6.24}$$

式 (6.23)，(6.24) より，式 (6.21) は次のように変形できる．

$$-\frac{n_{\mathrm{ph}}}{\tau_{\mathrm{p}}} - \frac{N_{\mathrm{th}}}{\tau_{\mathrm{s}}} + \frac{I}{qV_{\mathrm{a}}} = 0 \qquad \therefore \ n_{\mathrm{ph}} = \frac{\tau_{\mathrm{p}}}{qV_{\mathrm{a}}}(I - I_{\mathrm{th}}) \tag{6.25}$$

図 6.8 のように，$I > I_{\mathrm{th}}$ のとき，n_{ph} は電流 $I - I_{\mathrm{th}}$ に比例して，傾き $\tau_{\mathrm{p}}/(qV_{\mathrm{a}})$ で直線的に増加するが，N は一定値 N_{th} のままである．これは，注入電流による電子密度の増加分は，誘導放出によりすべてフォトンの増加に寄与するためである．

例題 6.3 以下のパラメータをもつ LD に対し，次の各値を求めよ．
共振器長 $L = 300\,[\mu\mathrm{m}]$，活性層の屈折率 $n = 3.6$，活性層の吸収損失 $\alpha = 20\,[\mathrm{cm}^{-1}]$，活性層幅（ストライプ幅）$w = 1\,[\mu\mathrm{m}]$，活性層厚 $d = 0.15\,[\mu\mathrm{m}]$，光増幅のしきい値に対応する電子密度 $N_{\mathrm{g}} = 2 \times 10^{18}\,[\mathrm{cm}^{-3}]$，誘導放出係数 $B = 10^{-6}\,[\mathrm{cm}^{3}/\mathrm{s}]$，キャリア寿命 $\tau_{\mathrm{s}} = 1\,[\mathrm{ns}]$．
(1) フォトン寿命 τ_{p}　(2) しきい値電子密度 N_{th}　(3) しきい値電流 I_{th}　(4) しきい値電流密度 J_{th}

解答 (1) 例題 5.5 のパラメータと同一であるから，τ_p は次のようになる．

$$\tau_p \fallingdotseq 2.07 \times 10^{-12} \,[\mathrm{s}]$$

(2) 式 (6.23) より，次のように求められる．

$$N_{\mathrm{th}} = N_g + \frac{1}{\tau_p B} = 2 \times 10^{18} + \frac{1}{2.07 \times 10^{-12} \times 10^{-6}} \fallingdotseq 2.48 \times 10^{18} \,[\mathrm{cm}^{-3}]$$

(3) 上記 (2) と式 (6.24) より，次のように求められる．

$$I_{\mathrm{th}} = \frac{qV_a}{\tau_s} \cdot N_{\mathrm{th}} = \frac{1.6 \times 10^{-19} \times 300 \times 1 \times 0.15 \times 10^{-12} \times 2.48 \times 10^{18}}{1 \times 10^{-9}}$$
$$\fallingdotseq 179 \times 10^{-4} \,[\mathrm{A}] = 17.9 \,[\mathrm{mA}]$$

(4) 上記 (3) より，次のように求められる．

$$J_{\mathrm{th}} = \frac{I_{\mathrm{th}}}{L \times w} = \frac{179 \times 10^{-4}}{300 \times 1 \times 10^{-8}} \fallingdotseq 0.60 \times 10^4 \,[\mathrm{A/cm}^2] = 6.0 \,[\mathrm{kA/cm}^2]$$

6.2.3 光出力パワーと微分量子効率

発振後のレーザ出力光は，両方のミラー面のパワー反射率が等しい場合は，両方の面から1対1の大きさで出力される．式 (5.52) または図 6.7 より，ミラー損失のみによるフォトン寿命を τ_m とすると，両方の面から放射される単位時間あたりのフォトン密度は n_{ph}/τ_m である．したがって，フォトンエネルギーを $h\nu$ とすると，両方の面から放射される光出力パワー P は次式で与えられる．

$$P = h\nu \cdot \frac{n_{\mathrm{ph}}}{\tau_m} \cdot V_a \,[\mathrm{W}] \tag{6.26}$$

式 (6.25) を用いると，式 (6.26) は次式となる．

$$P = \frac{\tau_p}{\tau_m} \cdot \frac{h\nu}{q} \cdot (I - I_{\mathrm{th}}) = \eta_d \cdot \frac{h\nu}{q} \cdot (I - I_{\mathrm{th}}) \quad \left(\eta_d \equiv \frac{\tau_p}{\tau_m} \right) \tag{6.27}$$

ここで，η_d は**微分量子効率**（differential quantum efficiency）とよばれ，式 (5.51)，(5.52) より，次のように表せる．

$$\eta_d \equiv \frac{\tau_p}{\tau_m} = \frac{-\ln R}{\alpha L - \ln R} \tag{6.28}$$

これより，η_d は活性層で発生したフォトンが共振器外部に出力される割合であるといえる．

両面の光出力パワーは同時に測定できないので，図 6.9 に式 (6.27) に対応する片面光出力パワー P の電流 I 依存性の概形を示す．点 A において，I の増分 ΔI に対する P の増分を ΔP とすると，式 (6.27) より，次式が成り立つ．

$$\Delta P = \frac{\eta_d}{2} \cdot \frac{h\nu}{q} \cdot \Delta I \qquad \therefore\ S_d \equiv \frac{\Delta P}{\Delta I} = \frac{\eta_d}{2} \cdot \frac{h\nu}{q} \tag{6.29}$$

ただし，片面パワーに対応して，η_d を $\eta_d/2$ に置き換えている．$\Delta P/\Delta I$ は特性の傾き（微分）を表すので，**スロープ効率**（slope efficiency）S_d という．式 (6.29) は次式のようにも表せる．

$$\eta_d = 2 \cdot \frac{\Delta P}{\Delta I} \cdot \frac{q}{h\nu} = 2 \cdot \frac{\Delta P/h\nu}{\Delta I/q} = 2 \times \frac{\text{単位時間あたりに放出されるフォトン数}}{\text{単位時間あたりに注入される電子数}} \tag{6.30}$$

すなわち，LD は（発振後の）注入電子の流れをフォトンの流れに変換するデバイスであり，その変換効率が微分量子効率 η_d であるとみなすこともできる．2 倍の係数は両面パワーを表す．η_d はスロープ効率に比例するが，η_d は無次元であるのに対して，S_d は [mW/mA]＝[V] の次元をもつ．

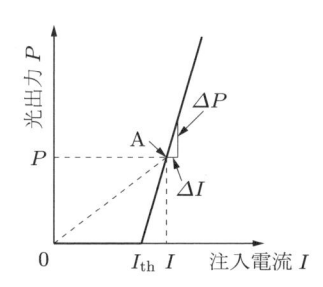

図 6.9 光出力パワー P（片面）の注入電流 I 依存性の概形

η_d と S_d は光出力特性の傾きを表す量であるのに対して，点 A における全光出力（両面からの光出力）と全入力電力の比を**デバイス効率**（device efficiency）η_t といい，次式で表される．

$$\eta_t \equiv \frac{2P}{VI} \fallingdotseq \frac{2P}{V_G I} = \eta_d \left(1 - \frac{I_{th}}{I}\right) \qquad (I \geqq I_{th}) \tag{6.31}$$

ただし，$I \geqq I_{th}$ のとき，電圧 V はほぼしきい値における電圧 V_{th} に固定され，$V_{th} \fallingdotseq V_G = h\nu/q$（$V_G$：バンドギャップ電圧）とみなせることを用いた．$P$ は片面光出力パワーである．式の形から，η_t は原点と点 A を結ぶ直線の傾き（の 2 倍）に

ほぼ比例することがわかる．

例題 6.4 例題 6.3 のパラメータをもつ LD に対し，次の各問いに答えよ．ただし，波長 $\lambda = 1.3\,[\mu\mathrm{m}]$ である．
(1) 微分量子効率 η_d を求めよ．
(2) スロープ効率 S_d を求めよ．
(3) $I = 40\,[\mathrm{mA}]$ のとき，片面からの出力 $P\,[\mathrm{mW}]$ を求めよ．ただし，両方のミラー面のパワー反射率は等しいものとする．
(4) $I = 40\,[\mathrm{mA}]$ のとき，デバイス効率 η_t を求めよ．

....

解答 (1) 式 (6.28) より，次のように求められる．ただし，例題 5.5 より，$R = 0.32$ である．

$$\eta_\mathrm{d} = \frac{-\ln R}{\alpha L - \ln R} = \frac{-\ln 0.32}{20 \times 300 \times 10^{-4} - \ln 0.32} \fallingdotseq \frac{1.14}{0.6 + 1.14} \fallingdotseq 0.655$$

(2) 式 (6.29), (6.4) より，次のように求められる．

$$S_\mathrm{d} = \frac{\eta_\mathrm{d}}{2} \cdot \frac{h\nu}{q} = \frac{\eta_\mathrm{d}}{2} \cdot \frac{hc}{q\lambda} = \frac{0.655 \times 1.24}{2 \times 1.3} \fallingdotseq 0.312\,[\mathrm{W/A}]$$

(3) 例題 6.3 より，$I_\mathrm{th} = 17.9\,[\mathrm{mA}]$ である．片面からの出力 P は，式 (6.27) から求められる値の半分になるから，式 (6.29) より，次のようになる．

$$P = S_\mathrm{d} \times (I - I_\mathrm{th}) = 0.312 \times (40 - 17.9) \fallingdotseq 6.90\,[\mathrm{mW}]$$

(4) 上記 (1) と式 (6.31) より，次のように求められる．

$$\eta_\mathrm{t} = \eta_\mathrm{d} \left(1 - \frac{I_\mathrm{th}}{I}\right) = 0.655 \times \left(1 - \frac{17.9}{40}\right) = 0.655 \times 0.553 \fallingdotseq 0.362$$

6.3 FP-LD のスペクトル

図 6.10 は，波長 $\lambda = 1.3\,[\mu\mathrm{m}]$ FP-LD の片面光出力特性の代表例であり，図 (a) は片面光出力 P の電流 I 依存性である．6.2.2 項では，しきい値電流以下において光出力はゼロとみなしたが，実際は，しきい値以下の電流においても自然放出による微小な光出力（〜数十 $[\mu\mathrm{W}]$）が観測される．しきい値電流以上では，光出力が直線的に増加し，20 $[\mathrm{mA}]$ 程度で数 $[\mathrm{mW}]$ の片面光出力が得られる．

図 (b) は数 $[\mathrm{mW}]$ 時のスペクトルである．5.7 節で述べたように，FP-LD は一般に数本の縦モードで発振し，各モード間の波長間隔は，共振器長にもよるが，式 (5.56) より，1 $[\mathrm{nm}]$ 程度となる．各モードの波長は電流に依存して 0.01 $[\mathrm{nm/mA}]$ 程度増加

(a) P-I 特性

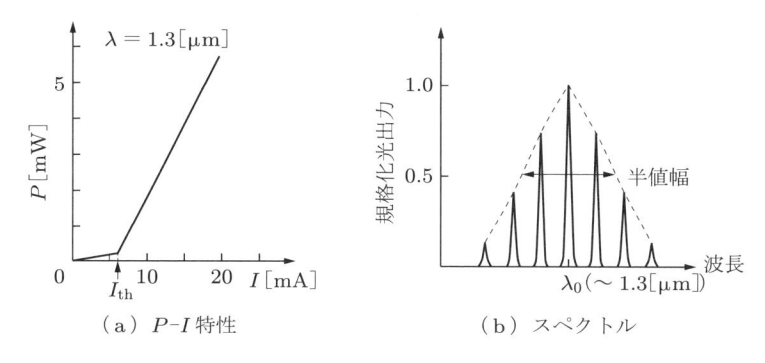

(b) スペクトル

図 6.10　1.3 µm FP-LD の片面光出力とスペクトルの例

するので，電流増加により，スペクトル全体が長波長側にシフトする．FP-LD のスペクトル半値幅は各モードのピークを結んだ包絡線（破線）の半値幅により定義され，2〜3 [nm] 程度となる．このスペクトル広がりは光ファイバの波長分散による光パルス波形ひずみ（光パルスの時間幅広がり）の原因になり，伝送速度を制限する（9.3.3 項参照）．したがって，FP-LD は比較的近距離の中小容量通信に用いられ，長距離大容量通信の用途には向かない．

6.4　分布帰還型レーザ

FP-LD の多モード特性は，変調時のスペクトル広がりの原因となり，光ファイバの波長分散との相乗効果により，光パルス波形ひずみ（時間幅広がり）を招く．そこで，活性層に沿って回折格子を形成し，その周期によって選ばれる一つのモードのみで発振する**分布帰還型レーザ**（distributed feedback laser; DFB-LD）が開発された．

図 6.11 に DFB-LD 活性層中央部の断面構造と回折の原理を示す．図 (a) のように，活性層に隣接した光ガイド層に一定周期 Λ の**回折格子**（diffraction grating）が形成される．FP モードの発振を避けるため，両方の出射端面には無反射コートが施される．そのほかの構造は埋込み型 LD と同様である．

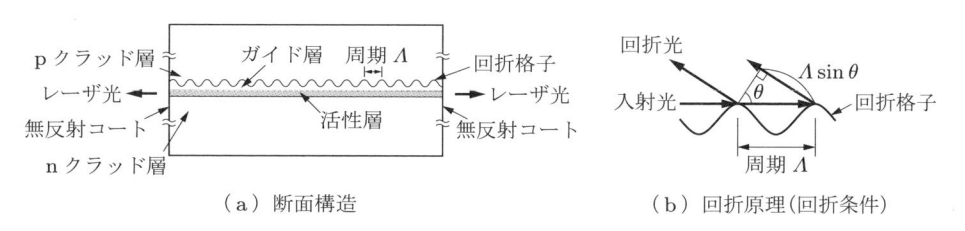

(a) 断面構造

(b) 回折原理(回折条件)

図 6.11　DFB-LD の断面構造と回折原理

図 (b) のように，活性層に平行に入射する光は回折格子によりある方向に強く回折されるが，このとき，隣り合う回折光線は互いに平行である．最初の回折格子の山から，図のように，次の回折光線に垂線を下ろすと，隣り合う回折光線の光路差は $\Lambda + \Lambda\sin\theta$ となる．この光路差が波長の整数倍となる方向に強い回折がおきるから，回折条件は次のようになる．

$$\Lambda + \Lambda\sin\theta = \frac{\lambda}{n}m \quad (m = 1, 2, 3, \cdots) \tag{6.32}$$

ただし，λ は波長，n はガイド層の屈折率である．m を**回折次数**（diffraction order）という．$\theta = \pi/2$ のとき，回折格子は反射ミラーの役割を果たすから，発振波長 λ は次式で与えられる．

$$2\Lambda = \frac{\lambda}{n}m \quad (m = 1, 2, 3, \cdots) \tag{6.33}$$

ただし，活性層のバンドギャップ波長 λ_G が λ に近いことが前提である．

例題 6.5 発振波長 $\lambda = 1.55\,[\mu\mathrm{m}] = 15500\,[\text{Å}]$，$n = 3.6$ のとき，$m = 1$ および 2 に対する回折格子の周期 Λ を求めよ．

解答 式 (6.33) より，次のようになる．

$$m = 1 \text{ のとき} \quad \Lambda = \frac{\lambda}{2n}m = \frac{15500}{2 \times 3.6} \fallingdotseq 2153\,[\text{Å}]$$

$$m = 2 \text{ のとき} \quad \Lambda = \frac{\lambda}{2n}m = \frac{15500}{3.6} \fallingdotseq 4306\,[\text{Å}]$$

どの m を採用するかは，回折格子作製の容易さから決まり，$m = 2$ 程度が用いられることが多い．

図 6.12 は，波長 $\lambda = 1.55\,[\mu\mathrm{m}]$ DFB-LD のスペクトル例である．発振波長は FP-

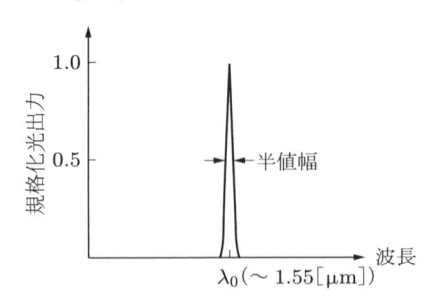

図 6.12　1.55 μm DFB-LD のスペクトル例

LD と同様に，電流に依存してわずかに増加するが，電流によらず発振モードは 1 本となり，スペクトル半値幅は約 $0.03 \sim 0.04\,[\mathrm{nm}]$ 程度である．FP-LD の各縦モードの半値幅もこれと同程度の値となる．

6.5 変調特性

LD の電流を時間的に変化させると，それに応じて光出力も変化するので，電気の情報信号（電気信号）を光の情報信号（光信号）に変換することができる．電気信号を光信号に変換することを**変調**（modulation）という．電気信号の形態により，変調方式は**アナログ変調**（analog modulation）と**ディジタル変調**（digital modulation）または**パルス変調**（pulse modulation）に分けられる．アナログ変調は，時間的になめらかに変化する電気信号で変調する方式である．パルス変調は，「高レベル」と「低レベル」，または「1」と「0」の 2 値をとる（とみなせる）電気信号で変調する方式である．本節では，これらの信号に対する LD の変調特性を述べる．

6.5.1 アナログ変調

図 6.13 はアナログ変調の原理を示す模式図である．P–I 特性の直線性がよい部分に直流のバイアス電流 I_b を設定し，信号電流を重畳すると，信号電流に応じて時間変動する光信号が得られる．信号電流に対して光信号がどのようになるかは，式 (6.18)，(6.19) のレート方程式を解けばわかる．しかし，式 (6.18)，(6.19) は非線形連立方程式であり，一般的に解くのは困難であるので，以下に述べる近似を用いて，線形化して解くことを考える．

信号電流はバイアス電流に比べて小さいものとして，全電流 I をバイアス電流 I_b と微小振幅 i_m をもつ交流分 $i_\mathrm{m}\exp(j\omega t)$ の和とみなす．これに対応して，電子密度 N およびフォトン密度 n_ph も直流分と微小交流分の和で表せるものとすると，次の 3 式

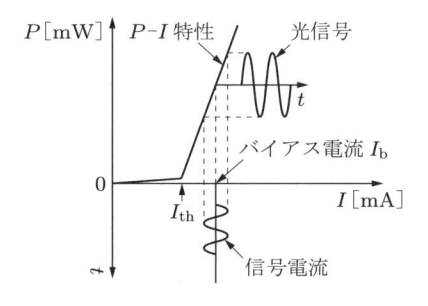

図 6.13 アナログ変調の原理

が成り立つ．

$$I = I_\mathrm{b} + i_\mathrm{m} \exp(j\omega t) \tag{6.34}$$

$$N = N_\mathrm{b} + n_\mathrm{m} \exp(j\omega t) \tag{6.35}$$

$$n_\mathrm{ph} = N_\mathrm{phb} + n_\mathrm{phm} \exp(j\omega t) \tag{6.36}$$

ただし，N_b および N_phb は I_b に対応して決まる直流分，n_m および n_phm は i_m に対応して決まる交流分の振幅である．交流分は直流分に比べて小さいので，次の関係が成り立つ．

$$I_\mathrm{b} \gg i_\mathrm{m}, \quad N_\mathrm{b} \gg n_\mathrm{m}, \quad N_\mathrm{phb} \gg n_\mathrm{phm} \tag{6.37}$$

式 (6.34)〜(6.36) を式 (6.18) に代入し，微小交流分どうしの積の項，すなわち，$\exp(j2\omega t)$ で振動する高調波成分は小さいとして無視すると，次式が得られる．

$$\begin{aligned}
j\omega \cdot n_\mathrm{phm} &\exp(j\omega t) \\
&= B\{(N_\mathrm{b} - N_\mathrm{g}) + n_\mathrm{m} \exp(j\omega t)\} \cdot \{N_\mathrm{phb} + n_\mathrm{phm} \exp(j\omega t)\} \\
&\quad - \frac{1}{\tau_\mathrm{p}}\{N_\mathrm{phb} + n_\mathrm{phm} \exp(j\omega t)\} \\
&\fallingdotseq B(N_\mathrm{b} - N_\mathrm{g})N_\mathrm{phb} - \frac{N_\mathrm{phb}}{\tau_\mathrm{p}} + B\{n_\mathrm{m} N_\mathrm{phb} + (N_\mathrm{b} - N_\mathrm{g})n_\mathrm{phm}\}\exp(j\omega t) \\
&\quad - \frac{n_\mathrm{phm}}{\tau_\mathrm{p}} \exp(j\omega t)
\end{aligned} \tag{6.38}$$

両辺の直流成分および交流成分どうしは等しいので，それぞれ次式が得られる．

$$B(N_\mathrm{b} - N_\mathrm{g}) - \frac{1}{\tau_\mathrm{p}} = 0 \tag{6.39}$$

$$j\omega \cdot n_\mathrm{phm} \fallingdotseq B\{n_\mathrm{m} N_\mathrm{phb} + (N_\mathrm{b} - N_\mathrm{g})n_\mathrm{phm}\} - \frac{n_\mathrm{phm}}{\tau_\mathrm{p}} \fallingdotseq B \cdot n_\mathrm{m} N_\mathrm{phb} \tag{6.40}$$

ただし，式 (6.40) では，式 (6.39) が成り立つことを用いている．同様に，式 (6.34)〜(6.36) を式 (6.19) に代入し，微小交流分どうしの積の項を無視すると，次式が得られる．

$$\begin{aligned}
j\omega \cdot n_\mathrm{m} \exp(j\omega t) &\fallingdotseq -B(N_\mathrm{b} - N_\mathrm{g})N_\mathrm{phb} - \frac{N_\mathrm{b}}{\tau_\mathrm{s}} + \frac{I_\mathrm{b}}{qV_\mathrm{a}} \\
&\quad - B\{(N_\mathrm{b} - N_\mathrm{g})n_\mathrm{phm} + n_\mathrm{m} N_\mathrm{phb}\}\exp(j\omega t) \\
&\quad - \frac{n_\mathrm{m}}{\tau_\mathrm{s}} \exp(j\omega t) + \frac{i_\mathrm{m}}{qV_\mathrm{a}} \exp(j\omega t)
\end{aligned} \tag{6.41}$$

両辺の直流成分および交流成分どうしは等しいので，それぞれ次式が得られる．

$$-B(N_\mathrm{b}-N_\mathrm{g})N_\mathrm{phb}-\frac{N_\mathrm{b}}{\tau_\mathrm{s}}+\frac{I_\mathrm{b}}{qV_\mathrm{a}}=-\frac{N_\mathrm{phb}}{\tau_\mathrm{p}}-\frac{N_\mathrm{b}}{\tau_\mathrm{s}}+\frac{I_\mathrm{b}}{qV_\mathrm{a}}=0 \quad (6.42)$$

$$j\omega\cdot n_\mathrm{m}\fallingdotseq -B\left\{(N_\mathrm{b}-N_\mathrm{g})n_\mathrm{phm}+n_\mathrm{m}N_\mathrm{phb}\right\}-\frac{n_\mathrm{m}}{\tau_\mathrm{s}}+\frac{i_\mathrm{m}}{qV_\mathrm{a}}$$

$$=-\frac{n_\mathrm{phm}}{\tau_\mathrm{p}}-B\cdot n_\mathrm{m}N_\mathrm{phb}-\frac{n_\mathrm{m}}{\tau_\mathrm{s}}+\frac{i_\mathrm{m}}{qV_\mathrm{a}} \quad (6.43)$$

ただし，ともに式 (6.39) を用いている．

式 (6.23)，(6.39) より，次式が成り立つ．

$$N_\mathrm{b}=N_\mathrm{g}+\frac{1}{\tau_\mathrm{p}B}=N_\mathrm{th} \quad (6.44)$$

式 (6.24)，(6.42)，(6.44) より，次式が成り立つ．

$$N_\mathrm{phb}=\tau_\mathrm{p}\left(-\frac{N_\mathrm{b}}{\tau_\mathrm{s}}+\frac{I_\mathrm{b}}{qV_\mathrm{a}}\right)=\frac{\tau_\mathrm{p}}{qV_\mathrm{a}}\left(I_\mathrm{b}-\frac{qV_\mathrm{a}}{\tau_\mathrm{s}}\cdot N_\mathrm{th}\right)=\frac{\tau_\mathrm{p}}{qV_\mathrm{a}}\left(I_\mathrm{b}-I_\mathrm{th}\right) \quad (6.45)$$

N_phb は式 (6.25) の n_ph に，I_b は I に対応するとみなせば，式 (6.25) と式 (6.45) は同じものである．すなわち，直流成分の式 (6.39)，(6.42) は 6.2.2 項の定常解を表す．

交流成分の式 (6.40)，(6.43) より，n_phm は次のように求められる（演習問題 6.6 参照）．

$$n_\mathrm{phm}=\frac{1}{1-\left(\dfrac{\omega}{\omega_\mathrm{r}}\right)^2+j\omega\tau_\mathrm{s}\left(\dfrac{\tau_\mathrm{p}}{\tau_\mathrm{s}}+\dfrac{1}{\tau_\mathrm{s}^2\omega_\mathrm{r}^2}\right)}\cdot\frac{\tau_\mathrm{p}}{qV_\mathrm{a}}\cdot i_\mathrm{m} \quad (6.46)$$

ただし，ω_r は次式で与えられる．

$$\omega_\mathrm{r}\equiv\sqrt{\frac{B\cdot N_\mathrm{phb}}{\tau_\mathrm{p}}} \quad (6.47)$$

$f_\mathrm{r}=\omega_\mathrm{r}/(2\pi)$ を**共振周波数**（resonant frequency）または**緩和周波数**（relaxation frequency）という．式 (6.46) の $\tau_\mathrm{p}i_\mathrm{m}/(qV_\mathrm{a})$ の係数の絶対値を**変調感度**（modulation sensitivity）S_m といい，その ω 依存性の概形は図 **6.14** のようになる．S_m は ω がゼロのとき 1 となるが，ω_r の近傍で 10 程度まで増大し，ω_r 以上で急速に低下する．したがって，f_r が変調可能な周波数の目安となる．

変調感度に共振状のピークが現れるのは，電流の変化とフォトン密度の変化の間に時間遅れがあるからである．電流の増加から τ_s 程度遅れて電子密度が増加し，さらに，

114　6章　発光素子の動作原理

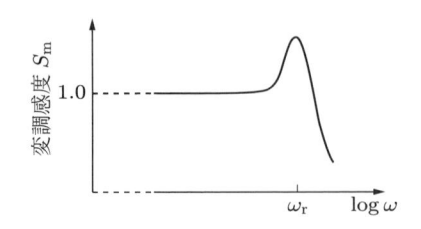

図 6.14　変調感度 S_m の ω 依存性概形

τ_p 程度遅れてフォトン密度が増加するので，これらの時間遅れと変調の周期が一致したとき変調感度が大きくなるのである．

式 (6.24)，(6.39)，(6.44)，(6.45) を用いると，(6.47) は次式のようになる．

$$\omega_\mathrm{r} = \sqrt{\frac{1}{\tau_\mathrm{p}} \cdot \frac{1}{\tau_\mathrm{p}(N_\mathrm{th} - N_\mathrm{g})} \cdot \frac{\tau_\mathrm{p}}{qV_\mathrm{a}}(I_\mathrm{b} - I_\mathrm{th})} = \sqrt{\frac{1}{qV_\mathrm{a}\tau_\mathrm{p}} \cdot \frac{I_\mathrm{th}\left(\dfrac{I_\mathrm{b}}{I_\mathrm{th}} - 1\right)}{N_\mathrm{th}\left(1 - \dfrac{N_\mathrm{g}}{N_\mathrm{th}}\right)}}$$

$$= \sqrt{\frac{1}{qV_\mathrm{a}\tau_\mathrm{p}} \cdot \frac{qV_\mathrm{a}}{\tau_\mathrm{s}} \cdot \frac{\left(\dfrac{I_\mathrm{b}}{I_\mathrm{th}} - 1\right)}{\left(1 - \dfrac{N_\mathrm{g}}{N_\mathrm{th}}\right)}} = \sqrt{\frac{1}{\tau_\mathrm{p}\tau_\mathrm{s}} \cdot \frac{\left(\dfrac{I_\mathrm{b}}{I_\mathrm{th}} - 1\right)}{\left(1 - \dfrac{N_\mathrm{g}}{N_\mathrm{th}}\right)}} \quad (6.48)$$

これより，ω_r は τ_p と τ_s に依存し，I_b の増加により増大することがわかる．

例題 6.6　例題 6.3 のパラメータをもつ LD に対し，微小交流電流によるアナログ変調を行うとき，次の各問いに答えよ．
(1) $I_\mathrm{b} = 25\,[\mathrm{mA}]$ のときの共振周波数 f_r を求めよ．
(2) $I_\mathrm{b} = 40\,[\mathrm{mA}]$ のときの共振周波数 f_r を求めよ．

....

解答　(1) 例題 6.3 より，τ_p，τ_s，N_g，I_th，N_th の値はわかっているから，式 (6.48) より，$I_\mathrm{b} = 25\,[\mathrm{mA}]$ のときの f_r は次のようになる．

$$f_\mathrm{r} = \frac{1}{2\pi}\sqrt{\frac{1}{\tau_\mathrm{p}\tau_\mathrm{s}} \cdot \frac{\left(\dfrac{I_\mathrm{b}}{I_\mathrm{th}} - 1\right)}{\left(1 - \dfrac{N_\mathrm{g}}{N_\mathrm{th}}\right)}} \fallingdotseq \frac{1}{6.28} \times \sqrt{\frac{10^{21}}{2.07} \times \frac{\left(\dfrac{25}{17.9} - 1\right)}{\left(1 - \dfrac{2}{2.48}\right)}}$$

$$\fallingdotseq \frac{10^{10}}{6.28} \times \sqrt{\frac{1}{0.207} \times \frac{0.397}{0.194}} \fallingdotseq 5.01 \times 10^9\,[\mathrm{Hz}]$$

(2) $I_\mathrm{b} = 40\,[\mathrm{mA}]$ のときの f_r は次のようになる.

$$f_\mathrm{r} \fallingdotseq \frac{1}{6.28} \times \sqrt{\frac{10^{21}}{2.07} \times \frac{\left(\frac{40}{17.9}-1\right)}{\left(1-\frac{2}{2.48}\right)}} \fallingdotseq \frac{10^{10}}{6.28} \times \sqrt{\frac{1}{0.207} \times \frac{1.235}{0.194}}$$

$$\fallingdotseq 8.83 \times 10^9\,[\mathrm{Hz}]$$

6.5.2 パルス変調

パルス変調では,図 1.8 に関連して述べたように,直流のバイアス電流 I_b はしきい値 I_th の手前に設定し,これにパルス状の信号電流を重畳すると,信号電流波形にほぼ比例した光信号(点滅信号)が得られる.パルス変調の場合,光信号はゼロからピーク値まで変動し,前項のような交流分は微小であるという考え方は成り立たないので,前項のような近似解法は無意味となる.ただし,パルス電流の立ち上がりからの発振遅れの現象はレート方程式を用いて解けるので,本項ではその現象を考える.

図 6.15 は発振遅れの現象を表す模式図である.図 (a) のように,時刻 $t=0$ において,パルス電流がバイアス電流 $I_\mathrm{b}(<I_\mathrm{th})$ から I_p まで瞬時に立ち上がるものとする.発振開始まではフォトン密度はゼロとみなすと,式 (6.19) は次式となる.

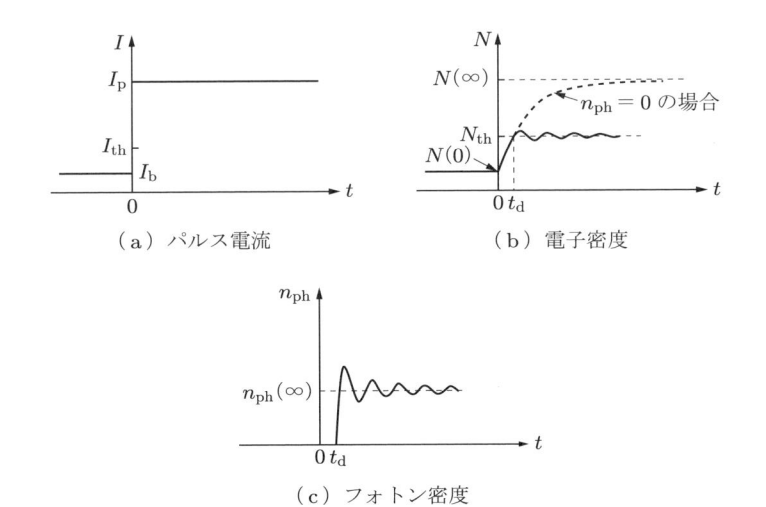

(a) パルス電流 　　(b) 電子密度

(c) フォトン密度

図 6.15　発振遅れの模式図

$$\frac{dN}{dt} = -\frac{N}{\tau_\mathrm{s}} + \frac{I}{qV_\mathrm{a}} \tag{6.49}$$

式 (6.49) の解は次式で与えられる.

$$N(t) = C_1 \exp\left(-\frac{t}{\tau_\mathrm{s}}\right) + C_2 \tag{6.50}$$

ただし, C_1, C_2 は定数である. 図 (b) のように, 電子密度 $N(t)$ は $N(0)$ から $N(\infty)$ まで指数関数的に増加するが, 式 (6.49) の左辺をゼロとおくと, $N(0)$ および $N(\infty)$ はそれぞれ次式で表せることがわかる.

$$N(0) = \frac{\tau_\mathrm{s} I_\mathrm{b}}{qV_\mathrm{a}} \tag{6.51}$$

$$N(\infty) = \frac{\tau_\mathrm{s} I_\mathrm{p}}{qV_\mathrm{a}} \tag{6.52}$$

式 (6.50) において, $t \to \infty$ および $t = 0$ とすると, C_2 および C_1 はそれぞれ次のようになる.

$$N(\infty) = \frac{\tau_\mathrm{s} I_\mathrm{p}}{qV_\mathrm{a}} = C_2 \tag{6.53}$$

$$N(0) = \frac{\tau_\mathrm{s} I_\mathrm{b}}{qV_\mathrm{a}} = C_1 + C_2, \qquad C_1 = \frac{\tau_\mathrm{s} I_\mathrm{b}}{qV_\mathrm{a}} - C_2 = \frac{\tau_\mathrm{s}(I_\mathrm{b} - I_\mathrm{p})}{qV_\mathrm{a}} \tag{6.54}$$

したがって, 式 (6.50) は次式となる.

$$\begin{aligned} N(t) &= \frac{\tau_\mathrm{s}(I_\mathrm{b} - I_\mathrm{p})}{qV_\mathrm{a}} \exp\left(-\frac{t}{\tau_\mathrm{s}}\right) + \frac{\tau_\mathrm{s} I_\mathrm{p}}{qV_\mathrm{a}} \\ &= \frac{\tau_\mathrm{s} I_\mathrm{b}}{qV_\mathrm{a}} + \frac{\tau_\mathrm{s}(I_\mathrm{p} - I_\mathrm{b})}{qV_\mathrm{a}}\left\{1 - \exp\left(-\frac{t}{\tau_\mathrm{s}}\right)\right\} \end{aligned} \tag{6.55}$$

電子密度 $N(t)$ は, $N(0)$ から $N(\infty)$ まで時定数 τ_s で指数関数的に増加する. 図 (b) より, $N(t)$ が N_th に達したとき発振開始となるから, その時刻を t_d とすると, 次式が成り立つ.

$$\begin{aligned} N_\mathrm{th} &= \frac{\tau_\mathrm{s} I_\mathrm{b}}{qV_\mathrm{a}} + \frac{\tau_\mathrm{s}(I_\mathrm{p} - I_\mathrm{b})}{qV_\mathrm{a}}\left\{1 - \exp\left(-\frac{t_\mathrm{d}}{\tau_\mathrm{s}}\right)\right\}, \\ I_\mathrm{th} &= I_\mathrm{b} + (I_\mathrm{p} - I_\mathrm{b})\left\{1 - \exp\left(-\frac{t_\mathrm{d}}{\tau_\mathrm{s}}\right)\right\} \end{aligned} \tag{6.56}$$

ただし, 式 (6.24) を用いて N_th を I_th に変換した. 式 (6.56) より t_d を求めると次式

となる．

$$\exp\left(-\frac{t_\mathrm{d}}{\tau_\mathrm{s}}\right) = 1 - \frac{I_\mathrm{th} - I_\mathrm{b}}{I_\mathrm{p} - I_\mathrm{b}} = \frac{I_\mathrm{p} - I_\mathrm{th}}{I_\mathrm{p} - I_\mathrm{b}} \qquad \therefore\ t_\mathrm{d} = \tau_\mathrm{s} \ln\left(\frac{I_\mathrm{p} - I_\mathrm{b}}{I_\mathrm{p} - I_\mathrm{th}}\right) \tag{6.57}$$

t_d を発振の**遅れ時間**（delay time）という．$I_\mathrm{b} < I_\mathrm{th}$ のとき，

$$\frac{I_\mathrm{p} - I_\mathrm{b}}{I_\mathrm{p} - I_\mathrm{th}} > 1 \tag{6.58}$$

であるが，I_b が I_th に近づくにつれて，式 (6.58) の値も 1 に近づくので，t_d はゼロに近づく．ただし，図 6.10 に示したように，しきい値電流ではいくらかの光出力が出ているので，光信号のゼロレベルとピークレベルとの比，すなわち，**消光比**（extinction ratio）が悪く（大きく）なるという問題がある．I_th，I_b および I_p が与えられたとき，t_d を測定すれば τ_s を求めることができる．

発振開始により光出力が立ち上がるが，図 (c) のように，フォトン密度は過渡的な振動，すなわち，**緩和振動**（relaxation oscillation）をしながら一定値に近づく．このような現象は計算機を用いた数値解析により求められる．

例題 6.7 $\tau_\mathrm{s} = 1\,[\mathrm{ns}]$，$I_\mathrm{th} = 18\,[\mathrm{mA}]$ の LD に対してパルス変調を行うとき，次の各問いに答えよ．
(1) $I_\mathrm{b} = 15\,[\mathrm{mA}]$ に対して，$I_\mathrm{p} = 25, 40\,[\mathrm{mA}]$ とするとき，それぞれの t_d を求めよ．
(2) $I_\mathrm{b} = 17\,[\mathrm{mA}]$ に対して，$I_\mathrm{p} = 25, 40\,[\mathrm{mA}]$ とするとき，それぞれの t_d を求めよ．

解答 (1) 式 (6.57) より，t_d はそれぞれ次のようになる．

$$\begin{aligned}
t_\mathrm{d} &= \tau_\mathrm{s} \ln\left(\frac{I_\mathrm{p} - I_\mathrm{b}}{I_\mathrm{p} - I_\mathrm{th}}\right) = 1 \times 10^{-9} \times \ln\left(\frac{25 - 15}{25 - 18}\right) \\
&= 1 \times 10^{-9} \times \ln\left(\frac{10}{7}\right) \fallingdotseq 0.357 \times 10^{-9}\,[\mathrm{s}] \\
t_\mathrm{d} &= 1 \times 10^{-9} \times \ln\left(\frac{40 - 15}{40 - 18}\right) = 1 \times 10^{-9} \times \ln\left(\frac{25}{22}\right) \fallingdotseq 0.128 \times 10^{-9}\,[\mathrm{s}]
\end{aligned}$$

(2) t_d はそれぞれ次のようになる．

$$\begin{aligned}
t_\mathrm{d} &= 1 \times 10^{-9} \times \ln\left(\frac{25 - 17}{25 - 18}\right) = 1 \times 10^{-9} \times \ln\left(\frac{8}{7}\right) \fallingdotseq 0.134 \times 10^{-9}\,[\mathrm{s}] \\
t_\mathrm{d} &= 1 \times 10^{-9} \times \ln\left(\frac{40 - 17}{40 - 18}\right) = 1 \times 10^{-9} \times \ln\left(\frac{23}{22}\right) \fallingdotseq 0.044 \times 10^{-9}\,[\mathrm{s}]
\end{aligned}$$

6.6 発光ダイオード

　LED も LD と類似なダブルヘテロ構造をもち，活性層の伝導帯に注入された電子が価電子帯のホール（正孔）と再結合することにより発光する．活性層のバンドギャップエネルギーを E_{Ga} [eV] とすると，発生するフォトンの波長 λ_G [μm] は式 (6.4) で表せる．ただし，フィードバック機構となるヘキ開面（または回折格子）がないので，発振しない．したがって，発生するフォトンの流れは自然放出光となり，4.1 節で述べたように，スペクトル半値幅は LD ほど狭くない．1.2.1 項でも述べたように，自然放出光は空間的に等方的に放出され，強度はレーザ光に比べて弱い．

　図 6.16 は，類似なダブルヘテロ構造をもつ LED と LD の光出力 – 電流特性の違いを示す模式図である．LD では順方向電流 I を増加させることにより自然放出光が発生して光出力はゆるやかに増加するが，利得が損失を上回る電流値 I_{th} で発振して強いレーザ光が発生するので，特性が折れ曲がり，光出力が直線的に増加する（破線）．これに対し，LED の光出力特性は，I_{th} までは LD とほぼ一致するが，そのまま自然放出光を発生してゆるやかに増加するので，明確な折れ曲がり点はない（実線）．I_{th} 以上における LED の光出力は LD に比べて弱く，一般に 1/10 程度である．

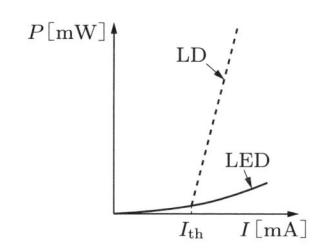

図 6.16　LED と LD の光出力 – 電流特性

　開発当初の頃，LED は主に近距離低速光通信と表示用に用いられたが，2000 年頃から白色 LED が開発され，照明用に用いられることが多くなった．図 6.17 に通信用 LED の例を示す．図 (a) は断面構造である．LD と類似なダブルヘテロ構造をもち，基板側にエッチングで窓をあけ，出力光を取り出している．光ファイバは窓部に入るまで近づける．図 (b) はスペクトル分布例であり，ピーク波長は約 0.87 [μm]，半値幅は 30〜50 [nm] 程度である．

　図 6.18 に青色光を出力する表示用 LED の例を示す．図 (a) は断面構造であり，GaN 系の結晶を用いている．図 (b) はスペクトル分布例であり，ピーク波長は約 0.47 [μm] 程度である．青色 LED は GaN 系半導体の結晶成長の困難さから，1990 年代になって実用化され，2000 年頃からは信号器などにも用いられている．

(a) 断面構造 / (b) スペクトル分布

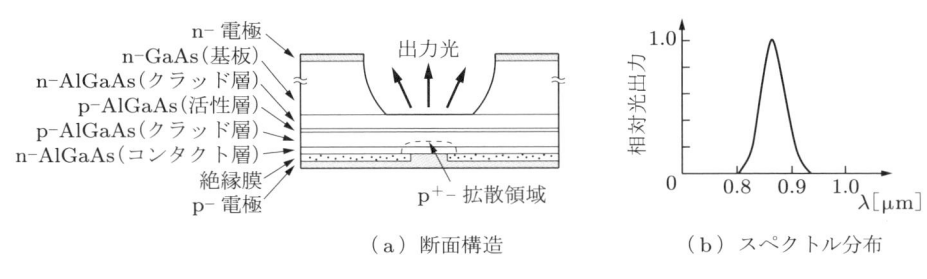

図 6.17 通信用 LED の例

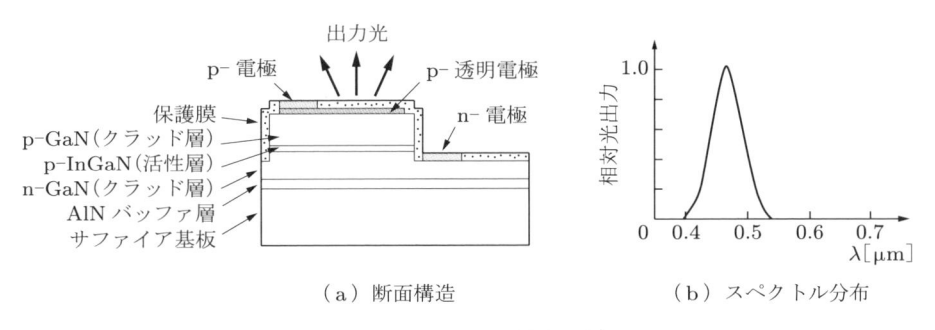

(a) 断面構造 / (b) スペクトル分布

図 6.18 表示用 LED の例

図 6.19 に白色光を出力する照明用 LED の例を示す．図 (a) は断面構造であり，青色 LED により励起された黄色蛍光体から発光した黄色の光と青色の光が混合されて白色光となる．黄色の光は赤と緑の光を混合させると得られるので，この方式は結局，赤 (R)，緑 (G)，青 (B) の 3 原色から白色光を得る方式と等価である．図 (b) はスペクトル分布例であり，緑成分が相対的に弱くなっている．

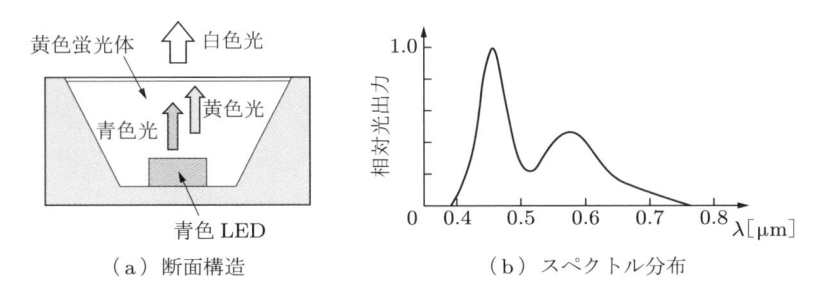

(a) 断面構造 / (b) スペクトル分布

図 6.19 照明用 LED の例

演習問題

6.1 図 6.2(d) のダブルヘテロ接合において,活性層から p クラッド層に流入する電子電流が無視でき,活性層厚 $d \ll L_n$ の場合には,活性層の電子密度 $N(x)$ は x に依存せず,式 (6.1) で近似できることを示せ.ただし,L_n は電子の拡散距離である.

6.2 パワー反射率 R が大きくなると,τ_p, τ_m, η_d, I_{th} はどのように変化するかを述べよ.ただし,両方のミラー面のパワー反射率は等しいものとする.

6.3 波長 λ,スロープ効率 $S_d = \Delta P/\Delta I$ (片面),しきい値電流 I_{th} の LD に関して,次の各問いに答えよ.ただし,両方のミラー面のパワー反射率は等しいものとする.
  (1) 注入電流 $I\,(>I_{th})$ のとき,LD から単位時間に放出されるフォトン数を求めよ.
  (2) $\lambda = 1.3\,[\mu m]$, $S_d = 0.35\,[mW/mA]$, $I_{th} = 10\,[mA]$, $I = 20\,[mA]$ のとき,LD から単位時間に放出されるフォトン数を求めよ.

6.4 LD の微分量子効率 η_d が一定のとき,出力光の波長が長くなるほどスロープ効率 S_d が低くなる理由を物理的にわかりやすく説明せよ.

6.5 両方のミラー面のパワー反射率が等しくない場合,一方のパワー反射率を R_1,他方を R_2 として次の各問いに答えよ.
  (1) 発振後のレーザ出力パワーの比は次式で与えられることを示せ.ただし,P_1 および P_2 は,それぞれパワー反射率が R_1 および R_2 の面からの出力パワーである.

$$\frac{P_2}{P_1} = \frac{\sqrt{R_1}(1-R_2)}{\sqrt{R_2}(1-R_1)}$$

  (2) $R_1 = 0.32/2 = 0.16$, $R_2 = 0.32 \times 2 = 0.64$ のとき P_2/P_1 を求めよ.このとき,$R_1 = R_2 = 0.32$ の場合に比べて,τ_p, τ_m, η_d, I_{th} はどのように変化するかを述べよ.

6.6 式 (6.46) が成り立つことを示せ.

7章 受光素子の動作原理

LD や LED などの発光素子の出力光を受光し，一般に入射光強度に比例する電流（光電流）を発生させる素子を受光素子という．受光素子には**フォトダイオード**（photo diode; PD）と**アヴァランシェ・フォトダイオード**（avalanche photo diode; APD）があり，それぞれ **PD**，**APD** とよばれることが多い．PD は汎用の受光素子であるが，APD は光電流を増倍する機能をもつので，微弱な光信号の検出に用いられる．

本章では，PD と APD の構造，動作原理などを述べる．

7.1 PD の構造と動作原理

図 7.1 に PD の構造を示す．図 (a) は PD チップの斜視図，図 (b) は図 (a) の中央部を縦に切断した断面図である．結晶材料は，波長 1 [μm] 以下の短波長帯では Si，

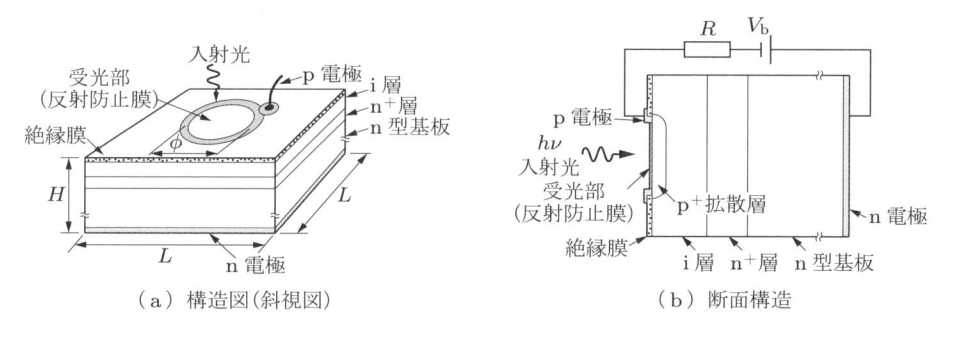

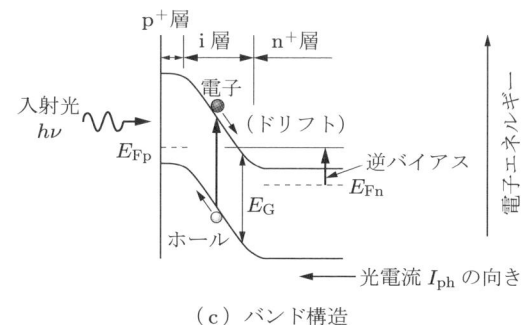

(a) 構造図（斜視図）

(b) 断面構造

(c) バンド構造

図 7.1 PD の構造

1.3〜1.55 [μm] の長波長帯では Ge や InGaAs/InP などの化合物半導体が用いられる．結晶の層構成としては，n 型基板上に高濃度の n$^+$ 層，i 層が成長され，受光部と p 電極下部の i 層に高濃度の p$^+$ 拡散が施される．i 層は n または p 型であるが，ドーピングレベルが低く，**真性半導体**（intrinsic semiconductor）に近いので i 層とよばれる．受光部は反射防止膜，受光部と p 電極を除く表面全体は絶縁膜（保護膜）でコートされる．受光径 ϕ は動作速度に応じて，20 [μm]〜10 [mm] 程度のものが用いられる．これに対応して，L は 200 [μm]〜15 [mm]，H は 100 [μm]〜300 [μm] 程度となる．

図 (c) はバンド構造である．PD は通常図 (b) のように，逆バイアスをかけて使用される．i 層はキャリア密度が低いので空乏層となり，電界が発生するので，拡散電位と逆バイアスはほとんど i 層にかかる（演習問題 7.1 参照）．受光部から各層のバンドギャップエネルギーより大きいエネルギーをもつフォトンが入射すると，それぞれの層で一定の効率で吸収され電子・ホール（正孔）対が発生し，i 層内では電界により，電子は n 型側に，ホールは p 型側に**ドリフト**（drift）して（左向きの）**光電流**（photo current）I_{ph} となる．電界がない層内では，i 層から拡散距離程度以内で発生した少数キャリアの一部は光電流に寄与するが，それ以外の少数キャリアは多数キャリアと再結合して消滅し，光電流に寄与しない．そこで，入射フォトンの大部分が i 層で吸収されるよう，i 層の厚みを大きくして，光電流が効率よく発生するようにする．このような構造の PD を **pin-PD** という．光電流は PD の p 電極から流出する方向に流れるので，ダイオードの逆方向電流の向きに流れることに注意する．

7.2　感度と量子効率

図 7.2 は光電流測定回路と光電流特性であり，図 (a) は PD の電圧−電流特性測定回路，図 (b) は入射光パワー P_i が一定のときの電圧−電流特性（静特性）である．電

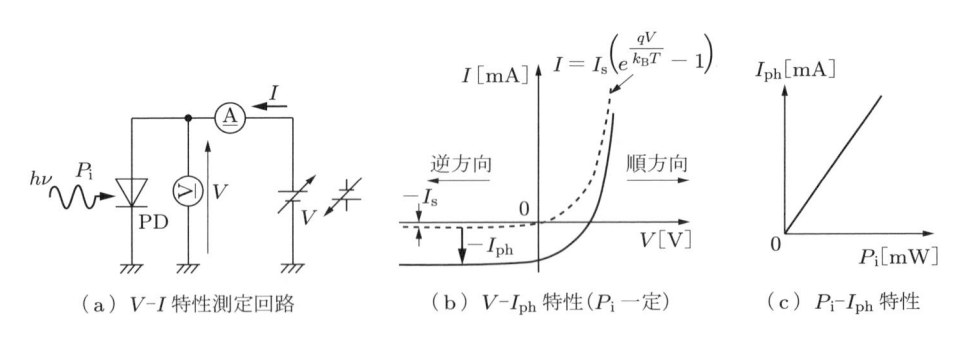

図 7.2　光電流測定回路とその特性

（a）V-I 特性測定回路　　（b）V-I_{ph} 特性（P_i 一定）　　（c）P_i-I_{ph} 特性

$$I = I_s\left(e^{\frac{qV}{k_B T}} - 1\right)$$

圧 – 電流特性は入射光がないときの特性（破線）をほぼ平行に下方（負の電流方向）に一定量だけシフトした特性（実線）となる．このシフト量が光電流に対応し，$-I_\text{ph}$ と表す．I_ph の大きさは電圧 V によらずほぼ一定である．図 (c) は I_ph の入射光パワー P_i 依存性であり，直線的に変化するので，I_ph は P_i に比例する．直線の傾きを感度という．すなわち，**感度**（sensitivity）S_p は I_ph の発生しやすさを表し，次式で定義される．

$$S_\text{p} \equiv \frac{I_\text{ph}}{P_\text{i}} \ [\text{A/W}] \tag{7.1}$$

PD は入射フォトンの流れを電子（またはホール）の流れに変換するデバイスであり，変換効率は次の**量子効率**（quantum efficiency）η_p で定義される．

$$\begin{aligned}\eta_\text{p} &\equiv \frac{\text{単位時間あたりに発生する電子数}}{\text{単位時間あたりに入射するフォトン数}} \\ &= \frac{I_\text{ph}/q}{P_\text{i}/h\nu} = \frac{I_\text{ph}}{P_\text{i}} \cdot \frac{h\nu}{q} = \frac{I_\text{ph}}{P_\text{i}} \cdot \frac{hc}{q\lambda}\end{aligned} \tag{7.2}$$

ただし，λ は波長である．式 (7.1), (7.2) より，感度 S_p と量子効率 η_p の関係は次のようになる．

$$S_\text{p} = \frac{q\lambda}{hc} \cdot \eta_\text{p} \fallingdotseq \frac{\lambda}{1.24} \cdot \eta_\text{p} \tag{7.3}$$

式 (7.3) では，式 (6.4) と同様に，波長を [μm] で表している．PD の感度 S_p は LD のスロープ効率 S_d に対応する量であるが，式 (6.29), (7.1) より，互いに逆数の次元をもつ．

感度は量子効率に比例するので，感度をよくするには量子効率が大きい半導体を用いなければならない．図 7.3 に，短波長帯および長波長帯で用いられている代表的な

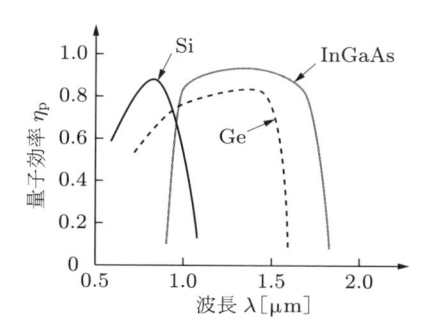

図 7.3　量子効率の波長依存性概形

半導体材料に対する量子効率 η_p の波長依存性の概形を示す．Si では，0.8 [μm] 付近で η_p が 0.8 以上となるが，1 [μm] 以上の波長では急速に低下する．1.3〜1.55 [μm] の長波長帯では Ge や InGaAs が 0.8 程度以上の η_p をもつが，1 [μm] 以下および 1.7 [μm] 以上の波長帯では η_p は急速に低下する．

例題 7.1 $\lambda = 1.55$ [μm] において，$\eta_p = 0.9$ の PD に $\lambda = 1.55$ [μm] の光が入射するとき，次の各問いに答えよ．
(1) 感度 S_p を求めよ．
(2) 入射パワー $P_i = 1$ [mW] のとき，光電流 I_{ph} を求めよ．

解答 (1) 式 (7.3) より，次のようになる．

$$S_p \fallingdotseq \frac{\lambda}{1.24} \cdot \eta_p = \frac{1.55}{1.24} \times 0.9 \fallingdotseq 1.13\,[\mathrm{mA/mW}]$$

(2) 式 (7.1) と上記 (1) より，次のようになる．

$$I_{ph} = S_p \cdot P_i \fallingdotseq 1.13 \times 1 = 1.13\,[\mathrm{mA}]$$

7.3 PD の特性

図 7.2(b) より，光電流 I_{ph} の大きさは PD の端子電圧によらず一定であるから，PD の等価回路は図 7.4(a) のようになり，入射光の効果はダイオードと並列に入る電流源 I_{ph} で表せる．I_{ph} の大きさは入射光パワー P_i に比例する．光電流を検出するには外部回路が必要であり，通常は図 7.4(b) のように，負荷抵抗 R を用いて，その両端に発生する電圧 $R \cdot I_R$ を検出する．ただし，逆バイアス電圧 V_b がゼロまたは小さくて $R \cdot I_R$ を打ち消すことができない場合は，PD が順方向にバイアスされて順方向電流 I が流れる．この電流 I は光電流 I_{ph} と逆方向に流れるから，外部回路に流れる

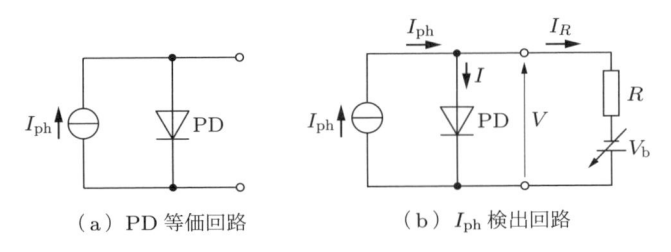

(a) PD 等価回路　　(b) I_{ph} 検出回路

図 7.4　PD の等価回路と光電流検出回路

電流 I_R を弱めることになる．これをさけるため，逆バイアス電圧 V_b を十分大きくして，PD に逆方向の飽和電流 $-I_s$ が流れるようにすれば，一般に $I_s \ll I_{ph}$ であるから，I_R は I_{ph} にほぼ等しくなる．逆バイアス電圧ゼロの場合を**太陽電池モード** (solar cell mode)，逆バイアス電圧が十分大きい場合を **PD モード** (PD mode) といい，それぞれ次項と次々項で述べる．

7.3.1 太陽電池モード ($V_b = 0$)

バイアス電圧 V_b がゼロの場合であり，回路が簡単になるが，以下に述べるように，PD に順方向電流が流れるので，外部回路に流れる電流が減少する．図 7.4(b) の矢印のように電流および電圧の極性をとり，PD の電圧－電流特性は次式で与えられるものとする．

$$I = I_s \left(e^{\frac{qV}{k_B T}} - 1 \right) \tag{7.4}$$

ただし，I_s は逆方向飽和電流である．外部回路に関するキルヒホッフの電圧則は次のようになる．

$$R \cdot I_R = V \tag{7.5}$$

また，キルヒホッフの電流則は次のようになる．

$$I_{ph} = I + I_R \quad \therefore \quad -I_R = I - I_{ph} \tag{7.6}$$

式 (7.4)〜(7.6) より，次式が得られる．

$$-\frac{V}{R} = I_s \left(e^{\frac{qV}{k_B T}} - 1 \right) - I_{ph} \tag{7.7}$$

I_{ph} が一定のとき，式 (7.7) をみたす電圧 V は**図 7.5** の図式解法により求めることができる．図 7.2(b) で述べたように，式 (7.7) の右辺は，入射光がないときの電圧－電流特性（破線）を下方（負の電流方向）に一定値 I_{ph} だけ平行移動した特性（実線）である．左辺は原点を通り，傾きが $-1/R$ の直線であり，**負荷線** (load line) という．実線と負荷線との交点 A の電圧および電流値がそれぞれ出力電圧，電流となる．負荷抵抗 R が小さいほど負荷線は I 軸（縦軸）に近づき（交点 A は縦軸に近づき），負荷抵抗 R が大きいほど負荷線は V 軸（横軸）に近づく（交点 A は横軸に近づく）．

したがって，I_R が I_{ph} に近い値をとるには，抵抗 R は小さいほどよい．ただし，出力電圧の値も小さくなる．抵抗 R を大きくすると，抵抗の両端電圧も大きくなるが，抵抗値に比例して大きくなるわけではなく，飽和傾向を示す．抵抗 R を開放 ($R \to \infty [\Omega]$)

126   7章　受光素子の動作原理

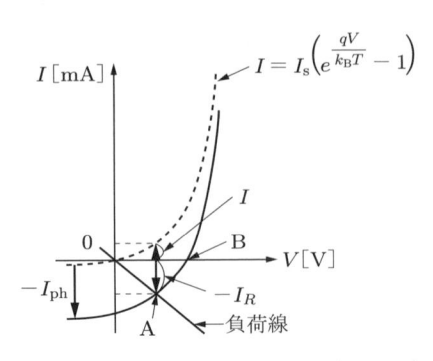

図 7.5　出力電圧 V の図式解法 $(V_b = 0)$

すると，負荷線は V 軸と一致するから，実線と負荷線の交点は点 B となる．このとき，$I_R = 0$ であるから，式 (7.7) より，点 B の電圧は次のようになる．

$$V = \frac{k_B T}{q} \ln\left(\frac{I_{ph}}{I_s} + 1\right) \tag{7.8}$$

例題 7.2　PD を太陽電池モードで使用する．室温 (300 [K]) において，感度 $S_p = 1.1\,[\mathrm{mA/mW}]$ ($\lambda = 1.55\,[\mu\mathrm{m}]$) の PD に 2 [mW] ($\lambda = 1.55\,[\mu\mathrm{m}]$) の光が入射するとき，PD の負荷抵抗を開放すると，端子電圧はいくらになるか．ただし，PD の逆方向飽和電流 $I_s = 1\,[\mu\mathrm{A}]$ とする．

解答　式 (7.1) より，光電流 I_{ph} は次のようになる．

$$I_{ph} = S_p \times P_i = 1.1 \times 2 = 2.2\,[\mathrm{mA}]$$

式 (7.8) より，端子電圧は次のようになる．

$$V = \frac{k_B T}{q} \ln\left(\frac{I_{ph}}{I_s} + 1\right) \fallingdotseq 0.026 \times \ln\left(\frac{2.2 \times 10^{-3}}{1 \times 10^{-6}} + 1\right) \fallingdotseq 0.200\,[\mathrm{V}]$$

7.3.2　PD モード $(-V_B < -V_b < 0)$

図 7.4(b) で V_b がゼロでない場合であるから，外部回路に関するキルヒホッフの電圧則は次のようになる．

$$R \cdot I_R = V + V_b \tag{7.9}$$

式 (7.4)，(7.6)，(7.9) より，次式が得られる．

$$-\frac{V+V_\mathrm{b}}{R} = I_\mathrm{s}\left(e^{\frac{qV}{k_\mathrm{B}T}} - 1\right) - I_\mathrm{ph} \tag{7.10}$$

左辺の負荷線は図 7.6 のように，V 軸の $-V_\mathrm{b}$ を通り，傾きが $-1/R$ の直線である．ただし，V_b は PD の降伏電圧 V_B を超えない範囲で十分大きいものとする．破線の電圧−電流特性を I_ph だけ下に平行移動した特性（実線）と負荷線の交点 A より出力電圧，電流が求められる．出力電圧は点 A の電圧値と $-V_\mathrm{b}$ の差であり，出力電流は点 A の電流値である．電圧 V_b が十分大きく，PD 電流が逆方向飽和電流 $-I_\mathrm{s}$ であるとき，一般に $I_\mathrm{s} \ll I_\mathrm{ph}$ であるから，図より次式が成り立つ．

$$I_R = I_\mathrm{ph} + I_\mathrm{s} \fallingdotseq I_\mathrm{ph} \tag{7.11}$$

すなわち，I_R はほぼ I_ph に等しくなるので，出力電圧はほぼ $R \cdot I_\mathrm{ph}$ に等しく，入射光パワー P_i に比例する．

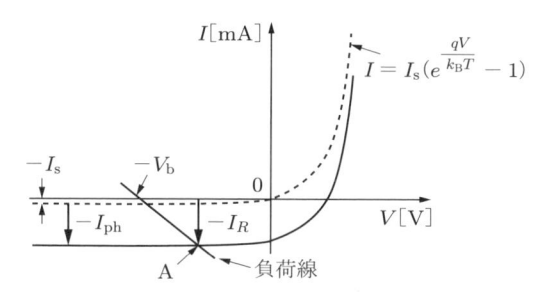

図 7.6　出力電圧 V の図式解法（$-V_\mathrm{B} < -V_\mathrm{b} < 0$）

例題 7.3　PD を PD モードで使用する．感度 $S_\mathrm{p} = 1.1\,[\mathrm{mA/mW}]$（$\lambda = 1.55\,[\mathrm{\mu m}]$）の PD に $2\,[\mathrm{mW}]$（$\lambda = 1.55\,[\mathrm{\mu m}]$）の光が入射するとき，PD の負荷抵抗を $50\,[\Omega]$ とすると，出力電圧はいくらになるか．ただし，逆方向飽和電流 $I_\mathrm{s} \ll I_\mathrm{ph}$ として，I_s は無視するものとする．

解答　式 (7.1) より，光電流 I_ph は次のようになる．

$$I_\mathrm{ph} = S_\mathrm{p} \times P_\mathrm{i} = 1.1 \times 2 = 2.2\,[\mathrm{mA}]$$

したがって，出力電圧は次のようになる．

$$R \cdot I_\mathrm{ph} = 50 \times 2.2 = 110\,[\mathrm{mV}]$$

7.4 応答速度

これまでは入射光パワーは一定としたが，時間変動する場合には光電流がどのように応答するかについて考える．応答速度を決める要因は，PD の接合容量や内部抵抗などで決まる時定数によるものと，キャリアが空乏層を通過するのに要する走行時間によるものがある．

7.4.1 時定数による応答速度

図 7.7 は時間変動する入射光パワーに対する PD の等価回路である．端子 AB より左側が PD の等価回路であり，空乏層は交流電流源 i_ph となるとともに，接合容量 C_j と飽和電流により定まる内部抵抗 R_i としてはたらく．C_o は電極容量であり，R_L は負荷抵抗である．C_t および R_eq を

$$C_\mathrm{t} = C_\mathrm{j} + C_\mathrm{o} \tag{7.12}$$

$$R_\mathrm{eq} = \frac{R_\mathrm{i} R_\mathrm{L}}{R_\mathrm{i} + R_\mathrm{L}} \tag{7.13}$$

とおくと，等価回路は右側のようになる．キルヒホッフの電流則，電圧則より次式が成り立つ．

$$i_\mathrm{ph} = i_C + i_R \tag{7.14}$$

$$\frac{i_C}{j\omega C_\mathrm{t}} = i_R R_\mathrm{eq} \tag{7.15}$$

式 (7.14), (7.15) より i_C を消去して i_R を求めると次式となる．

$$i_R = \frac{i_\mathrm{ph}}{1 + j\omega C_\mathrm{t} R_\mathrm{eq}} \tag{7.16}$$

応答速度の目安となる**遮断周波数**（cutoff frequency）f_c は $\omega_\mathrm{c} C_\mathrm{t} R_\mathrm{eq} = 1$ より，次のようになる．

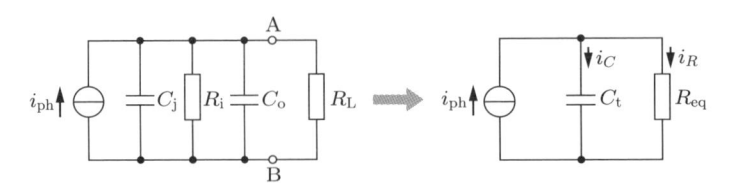

図 7.7　PD の交流等価回路

$$f_c = \frac{\omega_c}{2\pi} = \frac{1}{2\pi C_t R_{eq}} = \frac{R_i + R_L}{2\pi (C_j + C_o) R_i R_L} \tag{7.17}$$

これより，応答速度を速くするには，$C_t R_{eq}$ **時定数**（time constant）を小さくしなければならないことがわかる．

例題 7.4 $C_j = 0.2\,[\mathrm{pF}]$，$C_o = 2.5\,[\mathrm{pF}]$，$R_L = 50\,[\Omega]$（$\ll R_i$）の pin-PD の遮断周波数 f_c を求めよ．C_o を考慮に入れないとき，f_c はいくらになるか．

解答 $R_{eq} \fallingdotseq R_L$ とみなしてよいから，式 (7.17) より，f_c は次のようになる．

$$f_c \fallingdotseq \frac{1}{2\pi (C_j + C_o) R_L} \fallingdotseq \frac{1}{6.28 \times 2.7 \times 10^{-12} \times 50} \fallingdotseq 1.18 \times 10^9\,[\mathrm{Hz}]$$

C_o を考慮に入れないとき，次のようになる．

$$f_c \fallingdotseq \frac{1}{2\pi C_j R_L} \fallingdotseq \frac{1}{6.28 \times 0.2 \times 10^{-12} \times 50} \fallingdotseq 15.9 \times 10^9\,[\mathrm{Hz}]$$

7.4.2 走行時間による応答速度

図 7.8 のように，空乏層内で発生したキャリア（電子またはホール）が空乏層境界方向にドリフトして光電流に寄与するものとし，簡単のため，キャリアは空乏層の厚み d 内で一様に発生し，一定のドリフト速度 v をもつものとする．時間変動する入射パワーを $p_i \exp(j\omega t)$ とすると，x において発生したキャリアは時刻 x/v 後に光電流に寄与するから，式 (7.2) より，このキャリアによる光電流成分は次のように表せる．

$$\frac{q\lambda \eta_p}{hc} \cdot p_i \exp\left\{j\omega\left(t - \frac{x}{v}\right)\right\} \tag{7.18}$$

キャリアは厚み d 内で一様に発生するから，全体の光電流 $i(t)$ は x を 0 から d の区間で平均したものとなり，次のようになる．

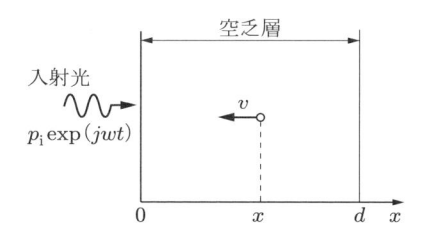

図 7.8　空乏層内をドリフトするキャリアによる光電流

$$i(t) = \frac{1}{d}\int_0^d \frac{q\lambda\eta_{\mathrm{p}}}{hc} \cdot p_{\mathrm{i}} \exp\left\{j\omega\left(t - \frac{x}{v}\right)\right\} dx$$

$$= \frac{q\lambda\eta_{\mathrm{p}}}{hc} \cdot p_{\mathrm{i}} \exp\left(j\omega t\right) \cdot \frac{1}{d}\int_0^d \exp\left(-j\omega \cdot \frac{x}{v}\right) dx$$

$$= \frac{q\lambda\eta_{\mathrm{p}}}{hc} \cdot p_{\mathrm{i}} \exp\left(j\omega t\right) \cdot \frac{1}{d}\left[-\frac{v}{j\omega} \cdot \exp\left(-j\omega \cdot \frac{x}{v}\right)\right]_0^d$$

$$= \frac{q\lambda\eta_{\mathrm{p}}}{hc} \cdot p_{\mathrm{i}} \exp\left(j\omega t\right) \cdot \frac{1 - \exp\left(-j\omega t_d\right)}{j\omega t_d} \qquad \left(t_d \equiv \frac{d}{v}\right) \tag{7.19}$$

式 (7.19) において,

$$\left|\frac{1 - \exp\left(-j\omega t_d\right)}{j\omega t_d}\right| = \frac{1}{\sqrt{2}} \tag{7.20}$$

をみたす ω を ω_{c} とすると,遮断周波数 f_{c} は次のようになる(演習問題 7.5 参照).

$$f_{\mathrm{c}} = \frac{\omega_{\mathrm{c}}}{2\pi} \fallingdotseq \frac{2 \times 1.39}{2\pi \cdot t_d} = \frac{1.39 \times v}{\pi \cdot d} \tag{7.21}$$

例題 7.5 $d = 30\,[\mu\mathrm{m}]$, $v = 1 \times 10^7\,[\mathrm{cm/s}]$ で動作する pin-PD の遮断周波数 f_{c} を求めよ.

解答 式 (7.21) より,f_{c} は次のようになる.

$$f_{\mathrm{c}} \fallingdotseq \frac{1.39 \times v}{\pi \cdot d} \fallingdotseq \frac{1.39 \times 1 \times 10^7}{3.14 \times 30 \times 10^{-4}} \fallingdotseq 1.48 \times 10^9\,[\mathrm{Hz}]$$

時定数による遮断周波数を f_{CR},走行時間による遮断周波数を f_{d} とすると,全体の遮断周波数 f_{c} は次式で近似できるので,

$$\frac{1}{f_{\mathrm{c}}^2} \fallingdotseq \frac{1}{f_{\mathrm{CR}}^2} + \frac{1}{f_{\mathrm{d}}^2} \tag{7.22}$$

f_{c} は遅い方の遮断周波数で律速されることがわかる.

7.5 雑音特性

光電流を拡大すると,図 7.9 のように,信号としての光電流 I_{ph} にゆらぎ成分(時間的に不規則に変動する微小な電流)が重畳されていることがわかる.電流や電圧に重

畳されている微小なゆらぎ成分を一般に**雑音**（noise）という．PD の雑音には，キャリアの粒子性により光電流のゆらぎとして観測される**ショット雑音**（Shot noise）と抵抗中のキャリアの熱振動による電圧ゆらぎとして観測される**熱雑音**（thermal noise）がある．熱雑音は，Johnson noise または Nyquist noise ともよばれている．

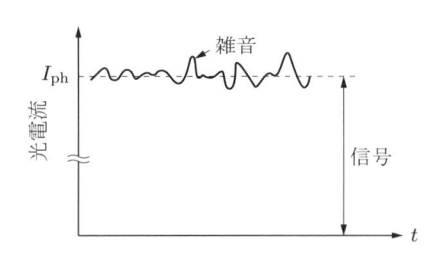

図 7.9　光電流のゆらぎ（雑音）

ショット雑音および熱雑音の値はそれぞれ次式で与えられる（参考文献 [3] 参照）．

$$\overline{i_\mathrm{s}^2} = 2q \cdot I_\mathrm{ph} B_\mathrm{w} \ [\mathrm{A}^2] \tag{7.23}$$

$$\overline{v_\mathrm{t}^2} = 4k_\mathrm{B} T R B_\mathrm{w} \ [\mathrm{V}^2] \tag{7.24}$$

これらは，雑音電流振幅または電圧振幅の二乗平均（時間平均）を表し，それぞれの電流源または電圧源が存在するものとみなされる．ただし，q は電子の電荷（絶対値），I_ph は光電流（信号），B_w は雑音の周波数帯域幅，k_B はボルツマン定数，T は絶対温度，R は抵抗である．熱雑音は，電流雑音に変換すると次のように表せる．

$$\overline{i_\mathrm{t}^2} = \frac{4k_\mathrm{B} T B_\mathrm{w}}{R} \ [\mathrm{A}^2] \tag{7.25}$$

雑音は微小信号を受信するときの障害になるので，PD の雑音特性を表す量として，**信号対雑音比**（signal to noise ratio；S/N 比）が次のように定義される．

$$S/N \equiv \frac{I_\mathrm{ph}^2}{\overline{i_\mathrm{s}^2} + \overline{i_\mathrm{t}^2}} = \frac{I_\mathrm{ph}^2}{2q \cdot I_\mathrm{ph} B_\mathrm{w} + \dfrac{4k_\mathrm{B} T B_\mathrm{w}}{R}} \tag{7.26}$$

S/N 比は信号パワーと雑音パワーの比であり，値が大きいほどよい．100 程度以上が良好な受信の目安とされている．

例題 7.6　$\lambda = 1.55\,[\mu\mathrm{m}]$ において $\eta_\mathrm{p} = 0.9$ の PD に $\lambda = 1.55\,[\mu\mathrm{m}]$，$P_\mathrm{i} = 10\,[\mu\mathrm{W}]$ の光が入射しているとき，負荷抵抗を $50\,[\Omega]$ とした．温度は室温（$300\,[\mathrm{K}]$），$B_\mathrm{w} = 100\,[\mathrm{MHz}]$ のとき，PD の S/N 比を求めよ．ただし，信号電流はすべて負荷抵抗に流れるとしてよい．

解答 式 (7.1), (7.3) より, $I_{\rm ph}$ は次のようになる.

$$I_{\rm ph} \simeq \frac{\lambda \eta_{\rm p}}{1.24} \cdot P_{\rm i} = \frac{1.55 \times 0.9 \times 10 \times 10^{-6}}{1.24} \simeq 11.3 \times 10^{-6}\,[{\rm A}]$$

上記 $I_{\rm ph}$ と式 (7.23) より, ショット雑音は次のようになる.

$$\overline{i_{\rm s}^2} = 2q \cdot I_{\rm ph} B_{\rm w} \simeq 2 \times 1.6 \times 10^{-19} \times 11.3 \times 10^{-6} \times 100 \times 10^6 \simeq 36.2 \times 10^{-17}\,[{\rm A}^2]$$

式 (7.25) より, 熱雑音は次のようになる.

$$\overline{i_{\rm t}^2} = \frac{4k_{\rm B}TB_{\rm w}}{R} = \frac{4 \times 1.38 \times 10^{-23} \times 300 \times 100 \times 10^6}{50} \simeq 3.31 \times 10^{-14}\,[{\rm A}^2]$$

式 (7.26) より, S/N 比は次のようになる.

$$S/N = \frac{I_{\rm ph}^2}{2q \cdot I_{\rm ph} B_{\rm w} + \dfrac{4k_{\rm B}TB_{\rm w}}{R}} \simeq \frac{1.13^2 \times 10^{-10}}{3.62 \times 10^{-16} + 3.31 \times 10^{-14}} \simeq \frac{1.28 \times 10^{-10}}{3.35 \times 10^{-14}}$$

$$\simeq 0.382 \times 10^4$$

S/N 比は常用対数を用いて, 次のようにデシベル（[dB]）表示されることが多い.

$$10 \times \log(3820) \simeq 35.8\,[{\rm dB}]$$

デシベルについては, 9.3.2 項参照のこと.

7.6 APD の動作原理と特性

APD は PD と類似の構造をもつ受光素子であるが, 降伏がおきる寸前の大きな逆バイアスを印加した状態で使用する. この状態では入射光により発生した光電流が増倍され, PD に比べて大きな光電流を発生させることができる.

図 7.10(a) の回路において, 入射光がない状態で逆方向電圧を大きくしていくと, 図 7.10(b) の破線のように, ある電圧で急激に逆方向の大電流が流れ, 電圧を戻すと式 (7.4) で与えられる通常の破線の逆方向特性に戻る. この現象を**降伏**（breakdown）または**電子雪崩降伏**（avalanche breakdown；アバランシェ降伏）といい, 大電流が流れる電圧（の絶対値）を**降伏電圧**（breakdown voltage）$V_{\rm B}$ という. 入射光パワー $P_{\rm i}$ が一定の状態で逆方向電圧を大きくしていくと, 図 7.10(b) の実線のように, 電圧が $V_{\rm B}$ に近づくにつれて逆方向電流は非常に大きくなり, 発散傾向を示す. すなわち, 電圧が $V_{\rm B}$ に近づくにつれて非常に大きな光電流 $I_{\rm ph}$ が流れる.

(a) V-I 特性測定回路

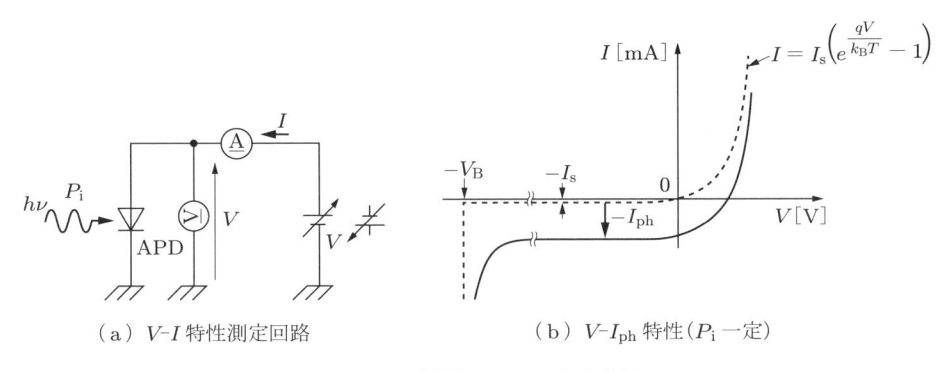

(b) V-I_{ph} 特性（P_i 一定）

図 7.10　APD の電圧 - 電流特性

図 7.11 に光電流の増倍原理を示す．pin 層に印加する逆方向電圧を大きくしていくと，入射光により発生した電子・ホール対は，i 層の高電界により加速され，それぞれ逆方向に高速でドリフトする．電子およびホールの運動エネルギーが増加していくと，それぞれが半導体結晶の格子原子と衝突して新たな電子・ホール対を発生させる．この電子・ホール対が高電界により加速され，また新たな電子・ホール対を発生させ，結局，電子・ホール対が雪崩的に増加し，光電流 I_{ph} が増倍されることになる．これを**雪崩増倍**（avalanche multiplication）という．この現象は式 (7.2) で量子効率 η_{p} が 1 より大きくなることと等価である．

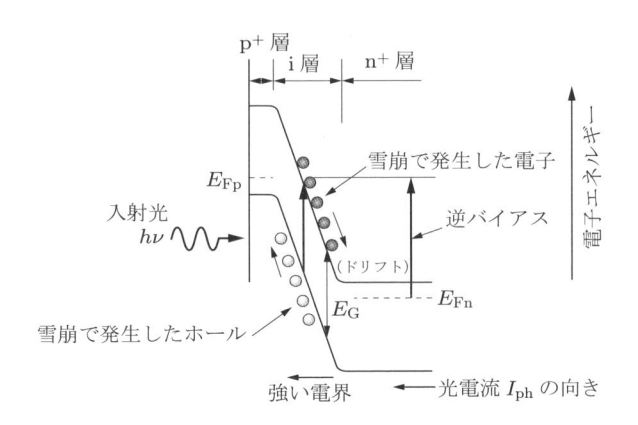

図 7.11　APD の光電流増倍原理

7.6.1　増倍率

図 7.12 のように増倍層の厚みを d とし，x において右方向にドリフトする電子の電流密度を $J_{\text{n}}(x)$，左方向にドリフトするホールの電流密度を $J_{\text{p}}(x)$ とする．電流の連

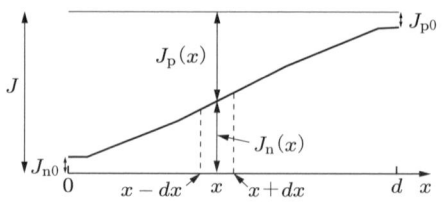

図 7.12 増倍率の導出

続性により,

$$J_n(x) + J_p(x) = J \quad (\text{一定}) \tag{7.27}$$

は x によらず一定となる．$x = 0$ および $x = d$ における電子およびホールの電流密度をそれぞれ次のように表示する．

$$J_n(0) \equiv J_{n0} \tag{7.28}$$

$$J_p(d) \equiv J_{p0} = J - J_n(d) \tag{7.29}$$

このとき，増倍がない場合の光電流密度 J_0 は次のようになる．

$$J_{n0} + J_{p0} = J_0 \tag{7.30}$$

電子およびホールが単位距離をドリフトする間に発生させる電子・ホール対の数を**イオン化率**（ionization coefficient）といい，それぞれ α_n, $\alpha_p\,[\text{cm}^{-1}]$ とする．このとき，x において，x 軸に垂直な単位断面積を通して単位時間あたり電子が発生させる電子の流れは次式で与えられる．

$$\frac{\alpha_n \cdot J_n(x) \cdot dx}{q} \,[\text{cm}^{-2}\cdot\text{s}^{-1}] \tag{7.31}$$

同様に，x においてホールが発生させる電子の流れは次式で与えられる．

$$\frac{\alpha_p \cdot \{-J_p(x)\} \cdot \{-dx\}}{q} = \frac{\alpha_p \cdot J_p(x) \cdot dx}{q} \,[\text{cm}^{-2}\cdot\text{s}^{-1}] \tag{7.32}$$

マイナスの符号は，x の負方向の流れまたは負の方向を表す．式 (7.27), (7.31), (7.32) より，x における電子電流密度の増分 $dJ_n(x)$ は，次式で与えられる．

$$dJ_n(x) = \alpha_n \cdot J_n(x) \cdot dx + \alpha_p \cdot J_p(x) \cdot dx = \alpha_n \cdot J_n(x) \cdot dx + \alpha_p \cdot \{J - J_n(x)\} \cdot dx \tag{7.33}$$

簡単のため，電子およびホールのイオン化率は等しいとして，

$$\alpha_\mathrm{n} = \alpha_\mathrm{p} \equiv \alpha \tag{7.34}$$

とおくと，式 (7.33) より，次式が得られる．

$$\frac{dJ_\mathrm{n}(x)}{dx} = \alpha \cdot J \tag{7.35}$$

式 (7.35) を $x=0$ から $x=d$ まで積分して，式 (7.28)〜(7.30) を用いると，次式が得られる．

$$[J_\mathrm{n}(x)]_0^d = J \int_0^d \alpha \cdot dx,$$

$$J_\mathrm{n}(d) - J_\mathrm{n}(0) = J - J_\mathrm{p0} - J_\mathrm{n0} = J - J_0 = J \int_0^d \alpha \cdot dx \tag{7.36}$$

ここで，**増倍率**（multiplication factor） M を次のように定義する．

$$M \equiv \frac{J}{J_0} \tag{7.37}$$

式 (7.36), (7.37) より，次式が得られる．

$$M - 1 = M \int_0^d \alpha \cdot dx, \qquad M = \frac{1}{1 - \int_0^d \alpha \cdot dx} \tag{7.38}$$

α の積分はバイアス電圧に強く依存し，実験式として通常，

$$\int_0^d \alpha \cdot dx \fallingdotseq \left(\frac{V}{V_\mathrm{B}}\right)^n \tag{7.39}$$

と近似されることが多い（参考文献 [3] 参照）．V は逆方向電圧（の絶対値）である．n は**増倍指数**（multiplication index）とよばれ，1〜3 程度の値をとる．式 (7.38), (7.39) より，M は次のようになる．

$$M \fallingdotseq \frac{1}{1 - \left(\dfrac{V}{V_\mathrm{B}}\right)^n} \tag{7.40}$$

逆方向電圧 V を大きくしていくと，電圧が V_B に近づくにつれ増倍率 M は非常に大きくなり，発散傾向を示す．図 **7.13** は $n=1,2$ の場合の M の V/V_B 依存性の例である．実用的には，V は $0.9 \times V_\mathrm{B}$ 程度に設定するのが一般的である．

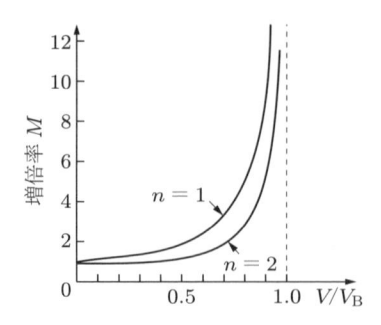

図 7.13 増倍率 M の V/V_B 依存性

例題 7.7 式 (7.40) において，$V = 0.9 \times V_B$ のとき，$n = 0.5, 1.0, 2.0, 3.0$ に対する増倍率 M の値を求めよ．

解答 式 (7.40) より，次のようになる．

$n = 0.5$ $\quad M = \dfrac{1}{1-0.9^{0.5}} \fallingdotseq \dfrac{1}{1-0.949} \fallingdotseq 19.6$

$n = 1.0$ $\quad M = \dfrac{1}{1-0.9} = 10$

$n = 2.0$ $\quad M = \dfrac{1}{1-0.9^2} = \dfrac{1}{1-0.81} \fallingdotseq 5.26$

$n = 3.0$ $\quad M = \dfrac{1}{1-0.9^3} = \dfrac{1}{1-0.729} \fallingdotseq 3.69$

一般に，n が大きくなるほど M は小さくなる（演習問題 7.6 参照）．

7.6.2 APD の特性

図 7.14(a) は光電流 I_{ph} を検出する回路であり，PD が APD に替わっている点を除いて，図 7.4(b) の回路と同じである．ただし，逆バイアス電圧 V_b は降伏電圧 V_B に十分近い値に設定する必要がある．出力電圧および電流の値は PD の場合と同様に，図 7.14(b) のように，電圧 - 光電流特性（実線）と負荷線の交点 A より求められる．出力電圧は点 A の電圧値と $-V_b$ の差であり，出力電流 I_R はほぼ点 A の電流値である．入射光パワー P_i の値が時間的に変化するとき，電圧 - 光電流特性（実線）は上下に動くので，交点 A は負荷線上を上下に動く．入射光がない状態（破線）における APD の逆方向飽和電流 I_s は**暗電流**（dark current）I_d ともよばれる．一般に，$I_d \ll I_{ph}$ であるから，図 7.14(b) より次式が成り立つ．

$$I_R = I_{ph} + I_d \fallingdotseq I_{ph} \tag{7.41}$$

7.6 APD の動作原理と特性　137

(a) I_ph 検出回路

(b) V–I_ph 特性 (P_i 一定)

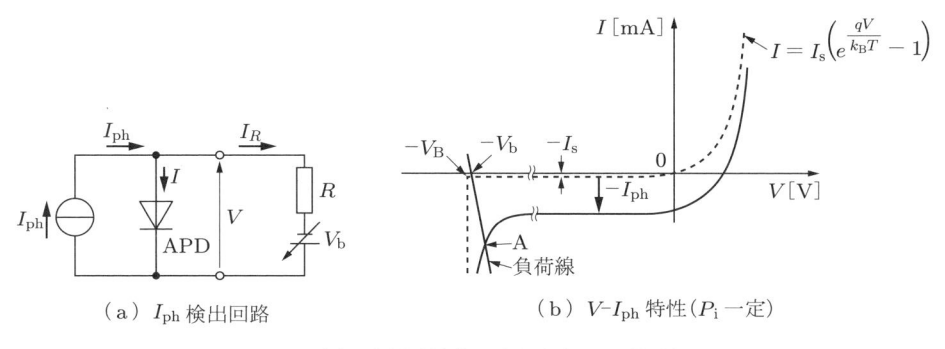

図 7.14　光電流検出回路と出力の図式解法

すなわち，I_R はほぼ I_ph に等しくなる．

図 7.15 は負荷抵抗 $R = 0\,[\Omega]$ として，InGaAs-APD の光電流の入射光パワー依存性を測定した例である．逆方向電圧が $10\,[\mathrm{V}]$ を超えると光電流が流れ始め，$25\,[\mathrm{V}]$ 前後で増倍が始まる．降伏電圧 V_B は約 $59\,[\mathrm{V}]$ である．入射光パワー一定の状態で逆方向電圧を増加させていくと光電流は次第に増加し，V_B に近づくにつれて非常に大きな値となる．入射光パワーを増加させると光電流 I_ph も増加し，V–I_ph 特性が上方にシフトする．

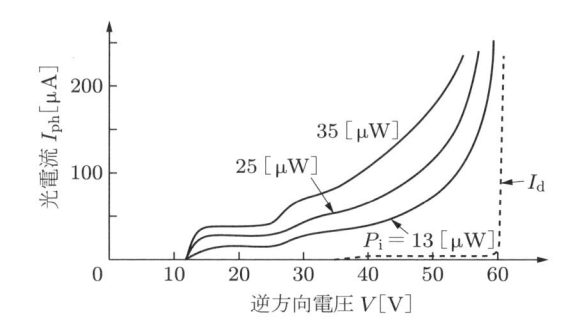

図 7.15　光電流の入射光パワー依存性 ($\lambda = 1.55\,[\mu\mathrm{m}]$)

図 7.16 に，図 7.15 の光電流特性の増倍率を示す．増倍が始まる前の光電流の停留値を I_ph0 として，次式より増倍率 M を求めている．

$$M = \frac{I_\mathrm{ph}(V)}{I_\mathrm{ph0}} \tag{7.42}$$

ただし，$I_\mathrm{ph}(V)$ は逆方向電圧 $V\,[\mathrm{V}]$ における光電流である．$0.9 \times V_\mathrm{B}$ において，M は 10～20 程度となっている．入射光パワーによらず，増倍率の曲線はほぼ重なるこ

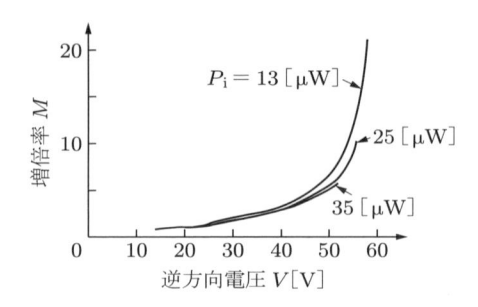

図 7.16 増倍率 M の入射光パワー依存性

とがわかる.

例題 7.8 降伏電圧 $V_B = 59\,[\mathrm{V}]$ の APD において，逆方向電圧 $V = 50\,[\mathrm{V}]$ のとき，増倍率 $M = 7$ であった．増倍指数 n の値を求めよ．

解答 式 (7.40) より，n は次のように求められる．

$$1 - \left(\frac{V}{V_B}\right)^n \fallingdotseq \frac{1}{M}, \qquad \left(\frac{V}{V_B}\right)^n \fallingdotseq 1 - \frac{1}{M},$$

$$n \fallingdotseq \frac{\ln\left(1 - \dfrac{1}{M}\right)}{\ln\left(\dfrac{V}{V_B}\right)} = \frac{\ln\left(\dfrac{6}{7}\right)}{\ln\left(\dfrac{50}{59}\right)} \fallingdotseq 0.931$$

演習問題

7.1 図 7.1 の PD において，空乏層を形成する p^+ 層のアクセプタ密度および厚さをそれぞれ $N_A{}^+$, w_p，i 層のドナー密度および厚さをそれぞれ $N_D{}^-$, d，n^+ 層のドナー密度および厚さをそれぞれ $N_D{}^+$, w_n とする（一般に，$N_A{}^+, N_D{}^+ \gg N_D{}^-$, $d \gg w_p, w_n$ である）．ドーパントはすべてイオン化しているとして，これら 3 層内の電界分布を求めよ．ただし，次の電荷中性条件

$$N_A{}^+ \cdot w_p = N_D{}^- \cdot d + N_D{}^+ \cdot w_n$$

が成り立ち，また，各層は十分広く，一様であるとみなせるものとする．

7.2 PD の量子効率 η_p が一定のとき，入射光の波長が長くなるほど感度 S_p が高くなる理由を物理的にわかりやすく説明せよ．

7.3 図 7.17 の断面構造をもつ pin-PD において，n 層，n^+ 層および n 型基板の半導体のバンドギャップ波長が $0.92\,[\mathrm{\mu m}]$，i 層の半導体のバンドギャップ波長が $1.65\,[\mathrm{\mu m}]$ のとき，

このPDの感度の波長依存性の概略形状を描け．ただし，量子効率 $\eta_p = 0.8$ とする．

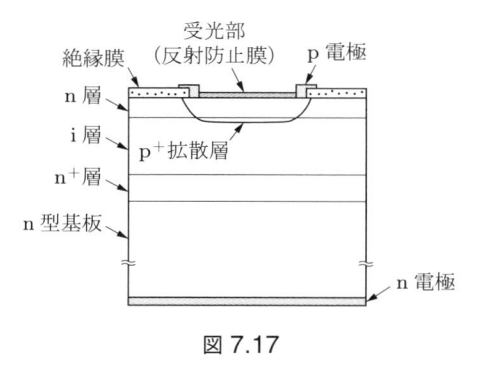

図 7.17

7.4 図 7.4(b) の光電流検出回路を用いて，PD モードで受光するものとする．図 7.18 の矩形波状の光パルス（光パワー P_i，幅 $T/2$，周期 T）が入射したとき，出力電圧 V の波形を描け．ただし，PD の感度は S_p，（光電流値）×（負荷抵抗 R）<（バイアス電圧 V_b）とする．

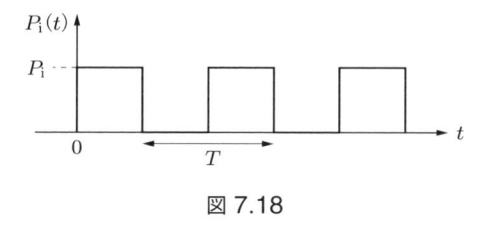

図 7.18

7.5 式 (7.21) が成り立つことを示せ．
7.6 式 (7.40) において，与えられた V $(0 < V < V_B)$ に対して，n が大きくなるほど APD の増倍率 M は小さくなることを示せ．

8章 光ディスク装置の概要

1970年代に低電流で動作する高性能なAlGaAs系短波長LDが開発され，1980年代からCD (compact disk) が急速に普及した．それ以降，DVD (digital versatile disk)，BD (blu-ray disk) などが開発され，これらの**光ディスク** (optical disk) は現代社会に不可欠なものとなっている．光ディスクの読み取りまたは書き込みを行う**光ピックアップ** (optical pickup) は小型化が不可欠であることから，この分野ではもっぱら短波長系のLDが用いられている．

本章では，光ディスク装置の構造と動作原理，LDの役割などについて述べる．

8.1 光ディスク装置の構造と動作原理

図8.1に光ディスク装置の構造例を示す．紙面に垂直な面内で回転する光ディスクの記録面に下方からレーザ光を照射し，情報の読み取りまたは書き込みを行う部分が光ピックアップである．本節では，光ピックアップと光ディスクの動作原理を述べる．

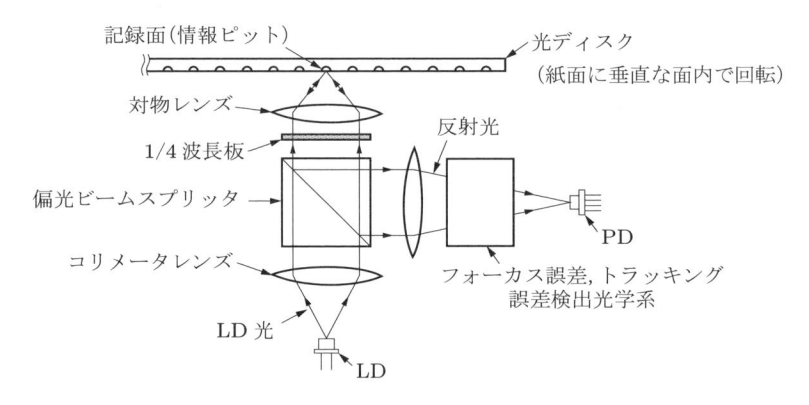

図8.1 光ディスク装置の構造模式図

8.1.1 光ピックアップ

図8.1において，LD光はコリメータレンズにより平行光に変換され，直線偏光を通す**偏光ビームスプリッタ** (polarizing beam splitter; PBS) を通過した後，**1/4波**

長板(quarter wave retarder)で円偏光をもつ光に変換される．この光は対物レンズで集光され，CD の記録面に照射される．記録面で反射された光は（進行方向から見て）入射光と逆位相（逆回転）の円偏光になり，1/4 波長板で直線偏光に戻る．しかし，その偏光面は元の入射光の偏光面と直交するので，LD 側には戻らず，PBS によりすべて PD 側に反射される．PD の前には，フォーカス誤差およびトラッキング誤差検出光学系があり，情報の読み取りと同時に，LD ビームが CD の記録面のトラック上に集光されるようにレンズ系の位置が制御される．

図 8.2 は PBS および 1/4 波長板の動作原理を表す図である．図 (a) のように，PBS は三角プリズムどうしを特殊な反射膜をコートした AA′ 面で貼り合わせて立方体としたものである．z 軸と AA′ 面の交点を B とし，点 B で AA′ 面に立てた法線を BB′ とする．z 軸と法線 BB′ を含む平面を入射面（p 面）とすると，PBS は z 軸方向に入射する p 偏光はほとんど透過し，s 偏光は z 軸と直角方向に（図 8.2 では上向きに）ほとんど反射する．LD の出射光は，主に活性層方向に平行な電界ベクトルをもつ直線偏光であるから，この偏光面を PBS の入射面に合わせておけば，LD 出射光は PBS を透過する．

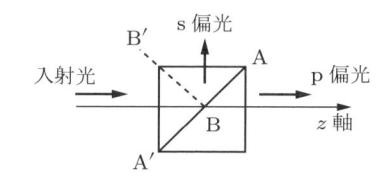

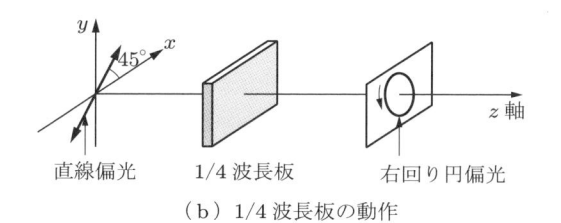

図 8.2 PBS および 1/4 波長板の動作原理

1/4 波長板は，図 (b) のように，直線偏光の x, y 成分のうち，一方の電界成分の位相を $\pi/2$ だけ遅らせることにより，円偏光に変換する素子である．図 (b) は位相差ゼロの直線偏光の y 成分を $\pi/2$ だけ遅らせて右回り円偏光に変換する例である．

PBS と 1/4 波長板を用いると，上記のように，光ディスクからの反射光をすべて PD 側に導くことができる（演習問題 8.1 参照）．

8.1.2 光ディスク

図 8.3 は CD 記録面の情報配列である．情報（信号）は記録面のらせん状**トラック**（track）に沿って長円状の**ピット**（pit；凹み）として刻み込まれている．ピットの有無（長さ）がディジタル符号の 0，1 系列に対応する．集光された LD 光は微小な**ビームスポット**（beam spot）となり，回転している光ディスクのトラックに照射される．ビームスポットがとなりのトラックのピットにかからないよう，スポット径は十分に小さくなければならない．ピットの有無による反射光の強弱でディジタル符号を読み取ることができる．

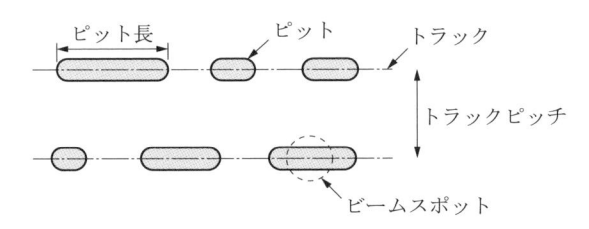

図 8.3　CD 記録面の情報配列の様子

8.2　光ディスクの分類

光ディスクは記録方式と容量（記録密度）により名称が決められていて，対応する光ピックアップが異なるので注意する．図 8.4 は記録方式と容量により光ディスクを分類した図である．光ディスクには書き込み（記録）ができず，読み取り（再生）だけができる**再生専用型**（read only memory; ROM）と書き込みおよび読み取りができる**録再可能型**（readable and writable memory）がある．録再可能型は一回だけ書き込める**追記型**（recordable; R または write once memory）と何回も書き換えできる**書換型**（rewritable memory）に分けられる．書換型はさらに，記録方式により，**相変化型**（phase change memory; PC）と**光磁気型**（magneto-optical memory; MO）に分けられる．

通常は，**書換型**（rewritable; RW/RE または random access memory; RAM）といえば PC をさすことが多い．ROM，R，RW または RAM には容量により，CD，DVD，BD がある．MO は磁気による書き換えを行うので，CD や DVD と互換性がなく，MO と **MD**（mini disk）からなる．

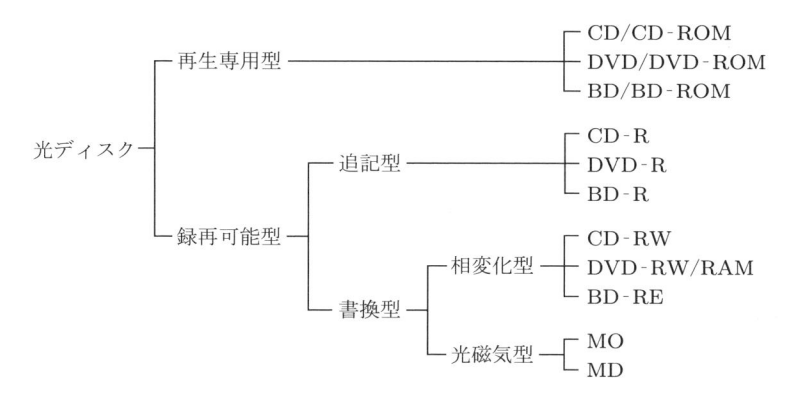

```
                                    ┌─ CD/CD-ROM
                  ┌─ 再生専用型 ─────┼─ DVD/DVD-ROM
                  │                  └─ BD/BD-ROM
                  │                              ┌─ CD-R
光ディスク ───────┤                  ┌─ 追記型 ─┼─ DVD-R
                  │                  │           └─ BD-R
                  │                  │                        ┌─ CD-RW
                  └─ 録再可能型 ─────┤           ┌─ 相変化型 ─┼─ DVD-RW/RAM
                                     │           │            └─ BD-RE
                                     └─ 書換型 ──┤
                                                 │            ┌─ MO
                                                 └─ 光磁気型 ─┤
                                                              └─ MD
```

図 8.4　記録方式と容量による光ディスクの分類

8.2.1 再生専用型光ディスク

表 8.1 に CD, DVD および BD の特性仕様を示す．これらは直径 120 [mm] のポリカーボネート製円盤であり，みかけはほぼ同じであるが，CD から BD に移行するにつれて容量が大幅に増加している．これは，トラックピッチとピット長が小さくなり，ピット密度が増加したためである．より短波長の LD が開発され，集光ビームスポット径を小さくすることができるようになった結果，より小さいピットでも，その有無を判別できるようになった．

図 8.5(a) は CD の直径に沿った断面構造，図 (b) はピットの有無によるレーザ光の反射の様子である．図 (b) のように，ピット部分でレーザ光が複雑に回折し，反射

表 8.1　CD, DVD および BD の特性仕様

項目＼種類	CD	DVD	BD
発売年	1982	1992	2003
厚さ [mm] / 記録面(破線部)	数十 [μm], 1.2, LD 光 $NA = \sin\theta$	0.6, 1.2	0.1, 1.2
トラックピッチ [μm]	1.6	0.74	0.32
最小ピット長 [μm]	0.87	0.40	0.15
スポット径 [μm]	1.5	0.96	0.47
LD 波長 [μm]	0.78	0.65	0.405
対物レンズ NA	0.45	0.60	0.85
容量 [GB]	0.65	4.7(片面1層) 8.5(片面2層)	25(1層) 50(2層)

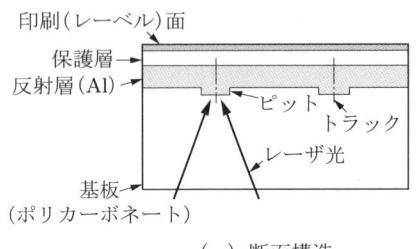

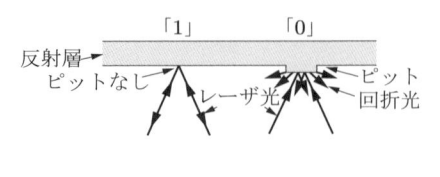

(a) 断面構造　　　　　　　(b) ピットの有無による反射の様子

図 8.5　CD の断面構造とレーザ光の反射の様子

光量が減少するので，ピットを識別することができる．ピット部分は「0」，ピットなしの部分は「1」と判別される．

再生専用型光ディスクはピットがポリカーボネート基板の鋳型加工で形成されるため，ほかの光ディスクに比べて量産性が高い．これらの光ディスクは通常 CD，DVD などとよばれるが，再生専用型であることを明示する必要がある場合は，CD-ROM，DVD-ROM などとよばれる．

例題 8.1 再生専用型光ディスクの容量が最小ピット長の二乗の逆数（すなわち，ビームスポットの面積の逆数）に比例するとみなすと，CD に対して DVD および BD の容量は何倍になるか．ただし，比例係数は一定とする．

解答 表 8.1 より，CD に対する DVD および BD の容量の倍率はそれぞれ次のようになる．

$$\text{DVD}: \frac{(0.87)^2}{(0.4)^2} \fallingdotseq 4.73$$

$$\text{BD}: \frac{(0.87)^2}{(0.15)^2} \fallingdotseq 33.6$$

CD の容量にこれらの倍率をかけると，それぞれ 3.1 [GB]，21.8 [GB] となる．

8.2.2　追記型光ディスク

図 8.6(a) は追記型光ディスクの断面構造，図 (b) は書き込み時，および読み取り時の LD パワーの時間変動である．記録層にはシアニン系やフタロシアニン系の有機色素の塗布層が用いられる．書き込み時には，案内溝（トラック）に沿って，図 (b) のように，有機色素に高出力（パルス，〜50 [mW] 程度）のレーザ光を照射して色素を加熱・分解して，ピットを焼き付ける．ピット部は反射率が低下し，ピット長はパ

(a) 断面構造　　　　　(b) LD のパワーレベル

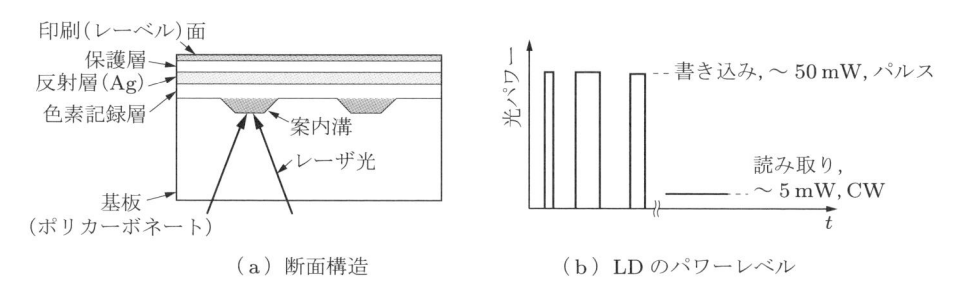

図 8.6　追記型光ディスクの断面構造と動作に必要な LD パワー

ルス時間幅に比例する．有機色素の特性変化は非可逆変化であり，1 回だけ書き込むことができる．読み取り時には CD の場合と同様に，レーザ光の反射光量によりピットの有無を判別する．

8.2.3　相変化型光ディスク

図 8.7(a) は相変化型光ディスクの断面構造，図 (b) は書き込み，消去および読み取り時の LD パワーの時間変動である．記録層には Ge-Sb-Te 系や Ge-Sn-Te 系の材料を成膜したものが用いられる．これらの材料は，温度により結晶状態（**結晶相**）と非結晶状態（**非晶質相**または**アモルファス状態**）の間を可逆的に変化する．記録層を上下から挟む誘電体保護層は，情報の書き込みと消去による温度サイクルから記録層を守る役割を果たす．

(a) 断面構造　　　　　(b) LD のパワーレベル

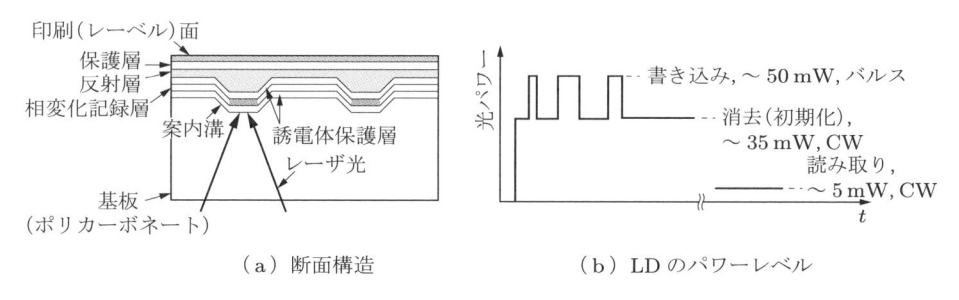

図 8.7　相変化型光ディスクの断面構造と動作に必要な LD パワー

図 (b) のように，案内溝に沿って記録層に高出力（パルス，～50 [mW] 程度）のレーザ光を照射して局所的に融点以上（～600 [℃]）に加熱して溶融状態にする．パルスが終了すると，溶融部が急冷されアモルファス状態となる．アモルファス状態は結晶状態に比べて反射率が低く，ピットの役割を果たす．パルス時間幅はピット長に対応する．一方，アモルファス部に中出力（CW，～35 [mW] 程度）のレーザ光を照射して，

融点以下，結晶化温度（〜400 [℃]）以上に加熱してから徐冷すると結晶相に戻り，情報は消去される．この相変化は可逆的であるので，何回も書き込み・消去ができる．読み取り時にはCDの場合と同様に，レーザ光の反射光量によりピット（アモルファス部）の有無を判別する．

8.2.4 光磁気型光ディスク

光磁気ディスクはレーザ光照射による発熱を利用して，ディスク上に塗布された磁性薄膜の微小磁区の磁化方向を変化させて情報の書き込み・消去を行うものである．磁性薄膜にはMnBi, CoTbFe, GdTbFeなどの強磁性体が用いられる．

MOは書換型としてはPCより先行していたが，CDやDVDと互換性がなく，独自の規格となっている．MOは主にパソコン用，MDは音楽用として用いられ，記録方式が異なるので別々に述べる．

(1) MO

図8.8にMOの動作原理を示す．図(a)において，情報が書き込まれていない状態を磁区の磁化の向きが上向きの状態とする．電磁コイルにより上向きの外部磁界H_0を印加した状態で，磁区が移動（回転）しているトラックに高出力（CW，〜25 [mW]程度）のレーザ光を照射し，**キュリー温度**（Curie temperature）T_c以上の温度に熱すると，その部分の磁区の磁化が消失する．図(c)のように，キュリー温度とは，磁性体の磁化が消失する温度であり，MOの場合は200 [℃]程度である．温度は瞬時に低下してT_c以下になるので，その瞬間に上向きの外部磁界H_0がかかっていれば，すべての磁化が上向きとなり，情報を消去することができる．

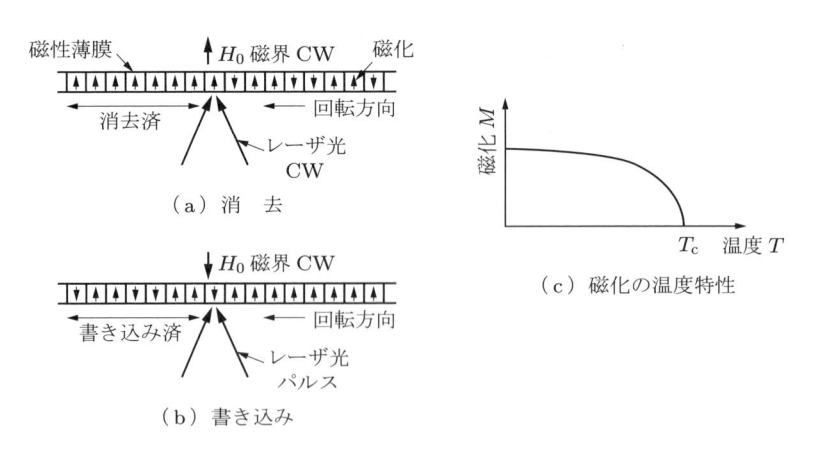

図8.8 MOの動作原理

図 (b) において，電磁コイルにより下向きの外部磁界 H_0 を印加する．トラックに高出力（パルス，$\sim 25\,[\text{mW}]$ 程度）のレーザ光を照射すると，パルス光が照射された磁区の磁化が下向きとなり，情報を書き込むことができる．書き込みはパルス光で磁化の向きを変化させることに相当するので，この方式を**光変調方式**（optical modulation）という．パルス光による変調は高速変調に向いているので，この方式はパソコン用の 3.5 インチディスクに用いられている．

情報の読み取り時には，磁性薄膜に低出力（CW，$\sim$ 数 $[\text{mW}]$）のレーザ光を照射する．レーザ光は直線偏光しているが，磁性薄膜で反射されると，磁化の向きにより，偏光面が正または負方向にわずかに回転する．これを**磁気カー効果**（magnetooptic Kerr effect）という．この反射光を**検光子**（analyser）（偏光子と同じもの）に通して光の強度（強弱）信号として取り出すことにより，情報を読み取ることができる．

MO ディスクの直径は 3.5 インチと 5 インチのものがあり，容量は $128\,[\text{MB}]$，$230\,[\text{MB}]$，$540\,[\text{MB}]$，$640\,[\text{MB}]$，$1.3\,[\text{GB}]$ などの種類がある．LD 波長は $0.78\,[\mu\text{m}]$ である．

(2) MD

情報の書き込みは，トラックに高出力（CW，$\sim 25\,[\text{mW}]$ 程度）のレーザ光を照射しながら，電磁コイルにより外部磁界 H_0 の向きを上下に変調し，磁化の向きを上下に変化させることにより行う．この方式を**磁界変調方式**（magnetic modulation）という．磁界を変調する方式は高速変調には向かないが，**上書き**（overwrite；オーバーライト）が可能である（すなわち，消去と書き込みが同時にできる）という特徴をもち，それほど高速転送を必要としない音楽用の MD として用いられている．

情報の読み取りは MO と同様に，磁気カー効果を用いる．MD ディスクの直径は 2.5 インチ，容量は $140\,[\text{MB}]$，LD 波長は $0.78\,[\mu\text{m}]$ である．

8.3 光ピックアップの集光特性

8.1，8.2 節で述べたように，光ディスクを動作させるには，十分小さいビームスポットをもつ光が不可欠である．これは可視光レベルの波長をもつ LD の出現によって可能となった．本節では，波長 λ の光はどの程度のスポットまで絞り込めるかについて考える．

8.3.1 円形開口からの回折

図 8.9 のように，波長 λ，電界振幅 E_0 の平行光束が直径 d の円形開口をもつ衝立

148　8章　光ディスク装置の概要

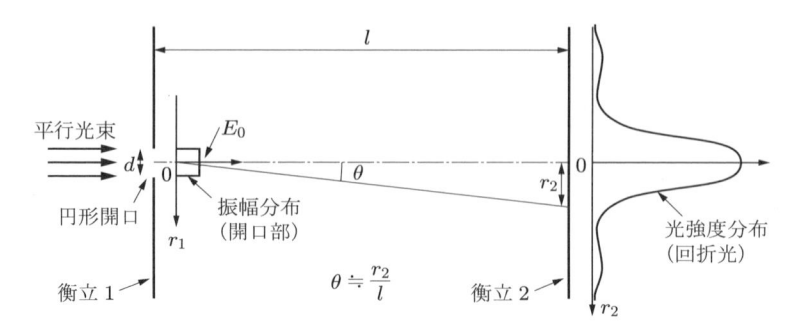

図 8.9　円形開口からの回折による光強度分布

1 に垂直に入射し，開口を通過した後に，距離 l だけ離れた衝立 2 に照射される場合を考える．円形開口を通過直後の振幅分布 E_1 は，円形開口の中心からの距離を r_1 とすると，次式で表せる．

$$E_1(r_1) = E_0 \quad (一定) \quad \left(r_1 \leqq \frac{d}{2}\right) \tag{8.1}$$

$$E_1(r_1) = 0 \quad\quad\quad\quad \left(r_1 > \frac{d}{2}\right) \tag{8.2}$$

波長 λ を極限的にゼロとみなす**幾何光学近似**が成り立つとき，光は光線とみなされ，円形開口を通過した光（光線）は直進し，衝立 2 上でも式 (8.1)，(8.2) で与えられる振幅分布をもつ．しかし，実際は**回折**により，光はわずかに広がって進むので，衝立 2 上の光強度分布は図 8.9 のような複雑な形状となる．2.4 節で述べたように，回折とは波長 λ の電磁波が広がって進み，幾何光学光線に対して物体の陰となる場所にいくらか回り込む現象である．

距離 l が大きく，

$$l \gg \frac{d^2}{\lambda} \tag{8.3}$$

が成り立つ場合の回折は**フラウンホーファ回折**（Fraunhofer diffraction）とよばれ，衝立 2 上の光強度分布は次式で表せる（参考文献 [11] 参照）．

$$\{E_2(r_2)\}^2 = E_0{}^2 \left(\frac{\pi d^2}{4\lambda l}\right)^2 \left\{\frac{2J_1(\pi d\theta/\lambda)}{\pi d\theta/\lambda}\right\}^2 = E_0{}^2 \left(\frac{\pi d^2}{4\lambda l}\right)^2 \left\{\frac{2J_1(R)}{R}\right\}^2 \tag{8.4}$$

ただし，θ および R はそれぞれ次式で定義される．

$$\theta \fallingdotseq \tan\theta = \frac{r_2}{l} \tag{8.5}$$

$$R \equiv \frac{\pi d\theta}{\lambda} \fallingdotseq \frac{\pi dr_2}{\lambda l} \tag{8.6}$$

ただし，r_2 は衝立 2 の中心からの距離，式 (8.4) の $J_1(R)$ は 1 次の**第 1 種ベッセル関数**（first Bessel's function）である．式 (8.4) の光強度分布は，中心の円盤とその周りの何重にも重なるリングからなる．**図 8.10** は式 (8.4) の相対光強度分布，すなわち，$\{2J_1(R)/R\}^2$ の R 依存性である．中心の円盤の半径は

$$R \fallingdotseq 1.22\pi \fallingdotseq 3.83\,[\mathrm{rad}] \tag{8.7}$$

で与えられ，この円盤を発見者にちなみ**エアリーディスク**（Airy disk）という．エアリーディスク内に光強度の約 84% が分布し，周りのリングの光強度は急速に弱まる．

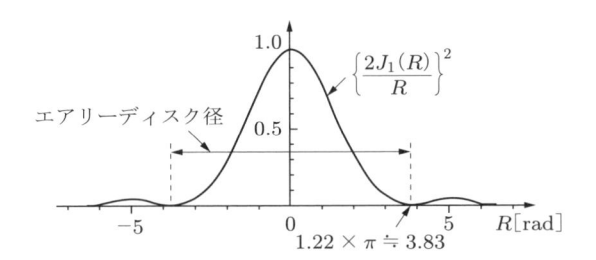

図 8.10　円形開口からの回折光の相対光強度分布

衝立 1 の円形開口の中心からエアリーディスクの半径を見込む角を $\Delta\theta$ とすると，式 (8.6)，(8.7) より，次式が成り立つ．

$$\frac{\pi d\Delta\theta}{\lambda} \fallingdotseq 1.22\pi, \qquad 2\Delta\theta \fallingdotseq \frac{2.44\lambda}{d} \tag{8.8}$$

エアリーディスクの直径を見込む角 $2\Delta\theta$ は円形開口の直径 d に反比例し，波長 λ に比例する．円形開口からの光ビームがこれ以下の角度で回折することはない（すなわち，この広がり角以下の光ビームを得ることはできない）という意味で，式 (8.8) は**回折限界**（diffraction-limited）を表す．

例題 8.2　円形開口の直径 $d = 2\,[\mathrm{\mu m}]$，波長 $\lambda = 0.65\,[\mathrm{\mu m}]$ のとき，円形開口から $2\,[\mathrm{cm}]$ 離れた衝立 2 上の光強度分布は，フラウンホーファ回折の強度分布とみなせるか．みなせるとき，エアリーディスクの直径を見込む角 $2\Delta\theta$ および衝立 2 上のエアリーディスクの直径を求めよ．

解答 式 (8.3) の条件は次のようにみたされるから，フラウンホーファ回折とみなせる．

$$l = 2\,[\text{cm}] \gg \frac{2^2}{0.65} \fallingdotseq 6.15\,[\mu\text{m}]$$

式 (8.8) より，

$$2\Delta\theta \fallingdotseq \frac{2.44\lambda}{d} = \frac{2.44 \times 0.65}{2} = 0.793\,[\text{rad}] \fallingdotseq \frac{0.793}{3.14} \times 180 \fallingdotseq 45.5\,[°]$$

なので，式 (8.5) より，衝立 2 上のエアリーディスクの直径は次のようになる．

$$2 \times l \cdot \tan\Delta\theta = 2 \times 2\tan\Delta\theta \fallingdotseq 4 \times \Delta\theta = 4 \times \frac{0.793}{2} = 1.586\,[\text{cm}]$$

または，次のようにも表せる．

$$2 \times l \cdot \tan\Delta\theta = 4 \times \tan 22.75° \fallingdotseq 4 \times 0.419 = 1.676\,[\text{cm}]$$

8.3.2 レンズによる集光

凸レンズは光を集光して微小スポットにするものである．微小な円形開口から出た光は回折により広がるから，レンズは回折光を逆に進めるのと等価なはたらきをするものとみなすことができる．そこで，図 8.11 のように，エアリーディスクの光を後退波により逆行させると，次のレンズの集光公式が得られる．図のように，エアリーディスクの直径を D，衝立間の距離 l を焦点距離 f とみなすと，式 (8.6) より，次式が得られる．

$$\frac{\pi d}{\lambda f} \times \frac{D}{2} \fallingdotseq 1.22\pi \quad \therefore \quad d \fallingdotseq 2.44 \times \frac{\lambda f}{D} \tag{8.9}$$

d および D は，それぞれ集光されたビームスポット径，レンズ径に相当する．これよりビームスポット径 d は波長 λ と焦点距離 f に比例し，レンズ径 D に反比例することがわかる．したがって，f と D （の比）が一定のとき，ビームスポット径を小さくするには波長 λ を短くしなければならない．これが CD から BD に移行するにつれて，より短波長の LD が必要になる理由である．

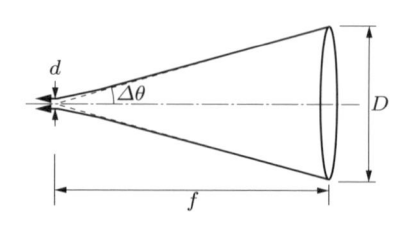

図 8.11 凸レンズによる集光

波長がゼロでない場合は，ビームスポット径をゼロにすることはできないが，波長をゼロとみなす幾何光学ではビームスポット径もゼロとなり，式 (8.9) と異なる集光公式が成り立つ（演習問題 8.4 参照）．

例題 8.3　レンズ径 $D = 3\,[\text{cm}]$，焦点距離 $f = 2\,[\text{cm}]$ の凸レンズで波長 $\lambda = 0.78\,[\mu\text{m}]$ の光を集光するとき，ビームスポット径 d はいくらか．

解答　式 (8.9) より，次のようになる．
$$d \fallingdotseq 2.44 \times \frac{\lambda f}{D} = 2.44 \times \frac{2 \times 0.78}{3} \fallingdotseq 1.27\,[\mu\text{m}]$$

演習問題

8.1 図 8.1 の光ピックアップにおいて，PBS を通過して，光ディスクから反射した LD 光はすべて PD 側に導かれることを説明せよ．

8.2 CD や DVD の読み取り（または書き込み）用の光源として，短波長光源ほど高密度記録対応として有利となる理由を簡潔に述べよ．

8.3 図 8.12 のように，ガウスビームのビームウエストにおけるスポットサイズ w_0 をスポット半径 $d/2$，z の位置におけるスポットサイズ $w(z)$ をレンズ半径 $D/2$，位置 z を焦点距離 f とみなすと，どのような集光公式が得られるか考察せよ．

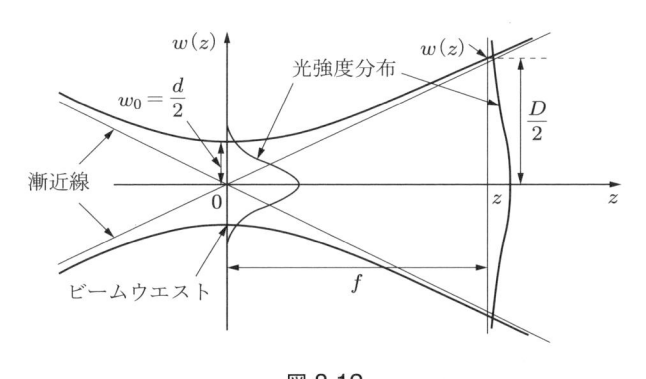

図 8.12

8.4 光を光線とみなす幾何光学では図 8.13 のように，
①薄肉レンズ（凸レンズ）の光軸に平行に入射した光線はレンズを通過後，焦点 F' を通る
②レンズの焦点 F を通り入射した光線はレンズを通過後，光軸に平行に進む

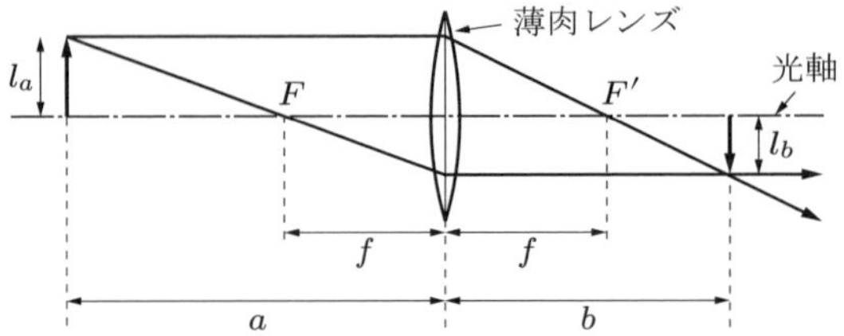

図 8.13

ものと近似される．このとき，レンズと物体との距離を a，レンズと物体の像との距離を b，レンズの焦点距離を f とすると，

$$\frac{1}{f} = \frac{1}{a} + \frac{1}{b}$$

が成り立つことを示せ．

9章 光ファイバ通信方式

1970年代になって，1.3～1.55 [μm] の波長帯で極めて低伝送損失となる光ファイバが開発された．それと歩調を合わせて，この波長帯で動作する LD，PD および APD などが開発され，1980年代から光ファイバ通信が急速に普及した．長距離・大容量伝送が可能であることから，光ファイバ通信は現代社会を支える基盤技術となっている．

本章では，光ファイバ通信系の構成法と光ファイバ，LD および PD の役割などについて述べる．

9.1 光ファイバ通信系の構成法

図 9.1 に光ファイバ通信系の基本構成を示す．送信側では，LD または LED を直接または外部変調器で変調し（図 9.1 は駆動電流を電気信号（情報）で直接変調している例），光信号に変換する．光信号は光ファイバで伝搬されるが，伝送距離が長い場合は何段かの**光増幅器**（optical amplifier）または**光中継器**（optical repeater）により増幅される．受信側では，PD または APD で復調され，光信号が電気信号に変換される．長距離・大容量通信では，送信側では DFB-LD，受信側では APD が用いられることが多い．

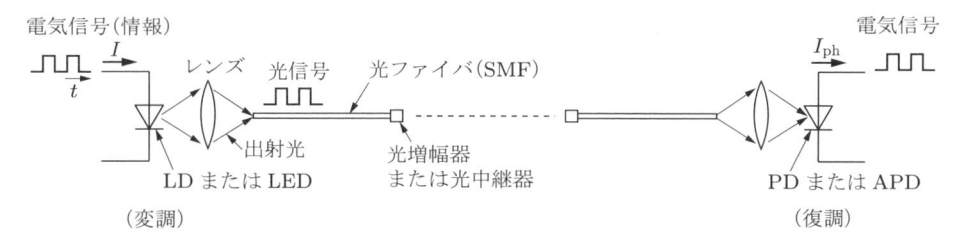

図 9.1　光ファイバ通信系の基本構成

1970年代に低損失の光ファイバが開発され，1980年代から光ファイバ通信が急速に普及したが，それは通信用 LD，PD の出現に加えて，光ファイバが主に次の長所をもつからである．

(1) 伝送損失が低い

(2) 伝送帯域が広い（大容量である）
(3) 誘導障害を受けない
(4) 安価である（ガラス資源材料が豊富）

(1) および (2) については，それぞれ 9.3 節および 9.4 節で詳しく述べる．(3) の誘導障害を受けないという特性により，光ファイバは電力線と平行に敷設すること，光計測に利用することなどが可能となった．(4) については，ガラス資源（SiO_2）がほとんど無尽蔵に近く，従来の銅線に比べて安価であることに加えて，軽量であるという特徴がある．

9.2 変調方式

電気信号（情報）を光信号に変換することを**変調**というが，その方式はデバイスの駆動方法からは，図 9.2 のように，**直接変調**（direct modulation）と**外部変調**（external modulation）に分けられる．直接変調は，図 (a) のように，LD または LED の駆動電流を電気信号（情報）に比例して変化させる方式である．バイアス電流に信号電流を重畳するのに使用される破線部の回路を**バイアス T** とよばれる（バイアス T の役割については，演習問題 9.1 参照）．外部変調は，図 (b) のように，LD の出射光強度は時間的に一定にしておき，その前に設置した光変調器で透過する光強度を電気信号に比例して変化させる方式である．光変調器としては，光の吸収率を変化させるもの，方向性結合器の原理により二つの導波路間の光強度を変化させ，一方の導波路の光強度を出力として用いるものなどがある．外部変調方式では，LD の駆動電流が一定であるため，波長変動がおきず，光ファイバの波長分散（9.3.3 項参照）の影響が小さくなるので，高速（大容量）伝送に向いている．

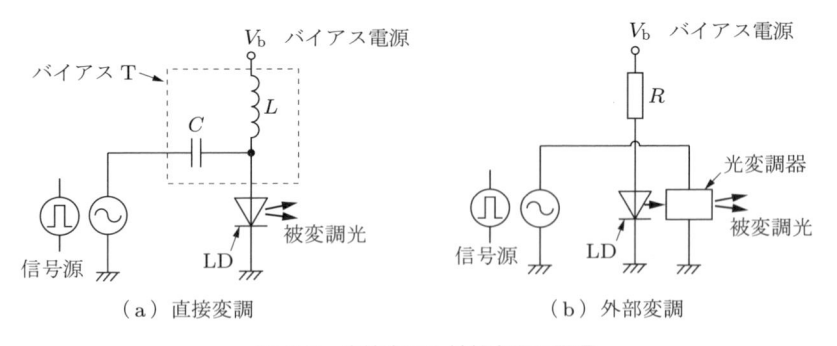

（a）直接変調　　　　　　　　（b）外部変調

図 9.2　直接変調と外部変調の原理

一方，電気信号の形態からは，変調方式は**アナログ変調**と**ディジタル変調**または**パルス変調**に分けられる．アナログ変調は，図 9.3(a) のように，時間的になめらかに変化する電気信号（電圧，電流）で変調する方式である．直接変調方式により，LD をアナログ変調する方法は図 6.13 で述べている．ディジタル変調またはパルス変調は，図 (b) のように，「高レベル」と「低レベル」，または「1」と「0」の 2 値をとる（とみなせる）電気信号で変調する方式である．直接変調方式により，LD をパルス変調する方法は図 1.8 で述べている．

長距離・大容量通信では，主にディジタルまたはパルス変調方式が用いられている．

(a) アナログ信号
(b) ディジタル信号

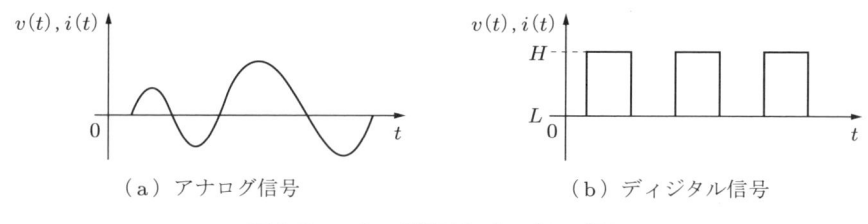

図 9.3　アナログ信号とディジタル信号

9.3　光ファイバ

光ファイバは，コア断面形状が円形の光導波路であり，3.2 節で述べたスラブ導波路に比べて，コア中を伝搬するモード形状が複雑になるが，高次モードとその遮断条件などの考え方はスラブ導波路の場合と類似であり，スラブ導波路の理解が役立つ．

9.3.1　光ファイバの構造

実用化されている光ファイバの構造を伝搬モード数の観点からおおまかに分類すると，図 9.4 のようになる．

複数のモードを伝搬する光ファイバを**マルチモードファイバ（多モードファイバ）**（multi mode fiber; MMF），高次モードを遮断し，0 次モード（基本モード）のみを

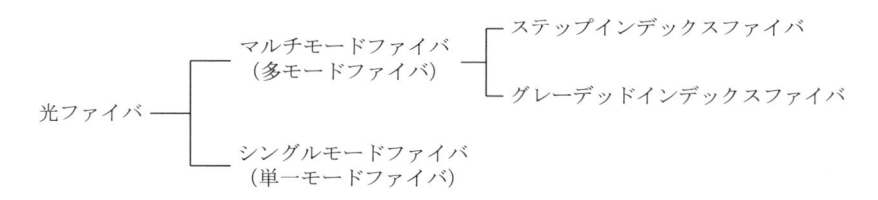

図 9.4　伝搬モード数による光ファイバの分類

伝搬する光ファイバを**シングルモードファイバ（単一モードファイバ）**（single mode fiber; SMF）という．MMF はコアの屈折率の分布形状により，**ステップインデックスファイバ**（step index fiber; SI 型）と**グレーデッドインデックスファイバ**（graded index fiber; GI 型）に分けられる．**図 9.5** に SI-MMF，GI-MMF および SMF の断面構造模式図を示す．

（a）ステップインデックスファイバ

（b）グレーデッドインデックスファイバ

（c）シングルモードファイバ

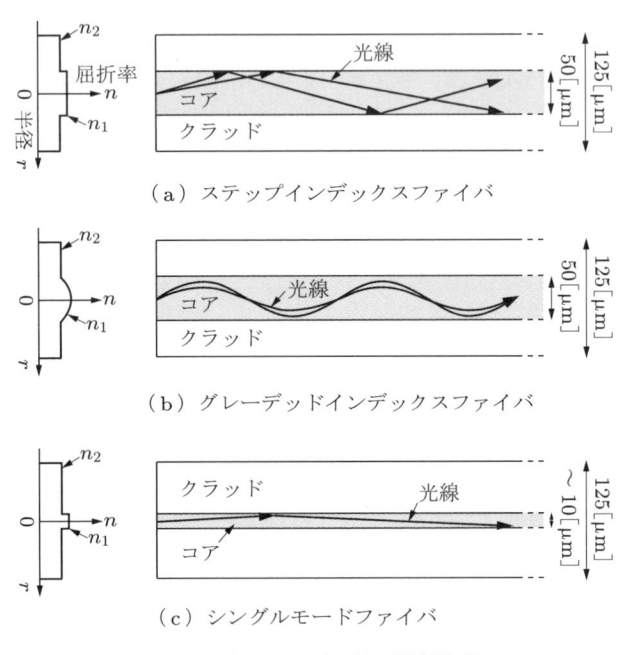

図 9.5　光ファイバの断面構造模式図

特殊用途のプラスチックファイバなどでは外径が大きいものもあるが，通常の石英系通信用ファイバでは，MMF および SMF ともクラッド径は 125 [μm] である．MMF のコア径は 50 [μm] であり，図 (a) の SI-MMF では，屈折率（index）が n_2（クラッド）から n_1（コア）に階段状（step）に増加している．図 (b) の GI-MMF では，屈折率が n_2 からコアの中心に向かって緩やかに（graded）増加しているが，実際は距離の二乗に比例した（放物線状の）屈折率分布となっている．伝搬モードの様子を光線で近似すると，図 (a) のように，SI-MMF では複数のモードがコア・クラッド境界面に異なる角度で入射し，全反射しながら進むので，モードにより**光路長**または**光学距離**（optical path）が異なり，受信端に到達する時刻にばらつきが生じる．このばらつきを**モード分散**（modal dispersion）という．モード分散により光パルスに時間幅広がりが生じ，伝送速度が低下するため，SI-MMF は主に近距離の低速伝送に用いら

れる（演習問題 9.3 参照）．図 (b) の GI-MMF では，コアの屈折率が周辺部で徐々に低下するので，周辺に行くほど光線は速度が増加し，かつ徐々に全反射して中心部に戻るので，SI-MMF の場合ほどモード分散は大きくならない．したがって，GI-MMF は主に中距離の中速伝送に使用される．

図 (c) の SMF は，コア径を 10 [μm] 程度に細くして高次モードを遮断したもので，0 次モードのみを伝搬するので，モード分散は原理的に発生せず，もっぱら長距離の高速（大容量）伝送に使用される．ただし，光ファイバの波長分散による光パルスの時間幅広がりが生じるので注意する（9.3.3 項参照）．

9.3.2 伝送損失

図 9.6 のように，長さ L [km] の光ファイバの入射パワーが P_1 [W]，出射パワーが P_2 [W] のとき，**伝送損失**（propagation loss）α_L は次のように定義される．

$$\alpha_L \equiv \frac{10 \log \left(\dfrac{P_2}{P_1} \right)}{L} \ [\text{dB/km}] \tag{9.1}$$

式 (9.1) の分子の値は**デシベル**（deci Bel; [dB]）で表す．通常は $P_1 > P_2$ であるから，対数項は負の値となるが，その絶対値をとって，**損失**○○ [dB] という．入射パワーが増幅される場合は $P_2 > P_1$ となることもあるが，その場合は**利得**○○ [dB] という．[dB] は常用対数を用いて損失または利得の大きさを表す無次元の呼称であって，[km] のような物理単位ではないことに注意する必要がある．

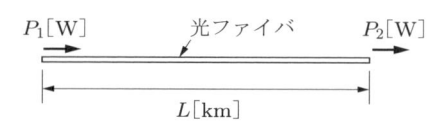

図 9.6 伝送損失または利得の定義（式 (9.1)）

図 9.7 は長距離・大容量通信で広く用いられている SMF の伝送損失の波長依存性である．波長 1.6 [μm] 付近を境にして，短波長側は**レイリー散乱**（Rayleigh scattering）による損失が支配的となる．これは，溶融したガラスが冷えて固まるときに発生する屈折率のゆらぎ（屈折率が場所によりわずかに変動すること）により，光が散乱されて発生する損失である．長波長側では SiO_2 の**赤外吸収**（infrared absorption）による損失が支配的となる．これは，波長 9 [μm] 付近にピークをもつ SiO_2 分子結合の固有吸収のすその部分である．これらの特性曲線が交わる波長 1.55 [μm] 付近で伝送損失は 0.2 [dB/km] 程度の低い値となっている．そこで，光ファイバ通信では，1.3〜

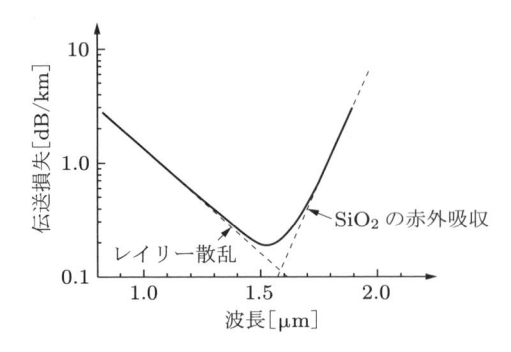

図 9.7 伝送損失の波長依存性

$1.55\,[\mu m]$ の波長帯が主に用いられる．一般のガラス（窓ガラス，ビンなど）の損失は $100\,[dB/km]$ 程度，光学ガラス（カメラや光学機器のレンズなど）でも $1\,[dB/km]$ 程度であるから，光ファイバの最低損失は極めて低いことがわかる．これにより，図 9.1 の光増幅器または中継器の敷設間隔を数十 [km] レベルまで延ばすことが可能となった．

例題 9.1 光の波長 $1.55\,[\mu m]$，光ファイバの伝送損失 $0.2\,[dB/km]$ のとき，次の各問いに答えよ．ただし，P_1 は入射パワー，P_2 は出射パワーである．
(1) 光ファイバ長 $L = 100\,[km]$ のとき，P_2/P_1 はいくらか．
(2) $P_2/P_1 = 0.5$ となる光ファイバ長 L はいくらか．

解答 (1) 式 (9.1) より，次のようになる．

$$-10\log\left(\frac{P_2}{P_1}\right) = 0.2 \times 100, \qquad \log\left(\frac{P_2}{P_1}\right) = -2, \qquad \frac{P_2}{P_1} = \frac{1}{100}$$

これは，SMF と同等の損失をもつ厚さ $100\,[km]$ のガラス板を想定したとき，このガラス板を通して東京から約 $100\,[km]$ 離れている富士山を見ることができる程度の損失である．
(2) 式 (9.1) より，次のようになる．

$$L = -\frac{10}{0.2} \times \log 0.5 = -50 \times \log 0.5 \fallingdotseq -50 \times (-0.3010) \fallingdotseq 15.1\,[km]$$

例題 9.2 光の波長 $1.55\,[\mu m]$，光ファイバの伝送損失 $0.2\,[dB/km]$ のとき，長さ $L = 1\,[km]$ に対する P_2/P_1 はいくらか．この結果を利用して，長さ $L = 5, 10, 15, 20, 50, 100\,[km]$ に対する P_2/P_1 の値をそれぞれ求めよ．ただし，P_1 は入射パワー，P_2 は出射パワーである．

解答 式 (9.1) より，$L = 1\,[km]$ に対する P_2/P_1 は次のようになる．

$$-10\log\left(\frac{P_2}{P_1}\right) = 0.2 \times 1, \qquad \log\left(\frac{P_2}{P_1}\right) = -0.02 \qquad \therefore \frac{P_2}{P_1} = 10^{-0.02} \fallingdotseq 0.955$$

したがって，各 L に対する P_2/P_1 はそれぞれ次のようになる．

$$5\,[\mathrm{km}] : 0.955^5 \fallingdotseq 0.794$$
$$10\,[\mathrm{km}] : 0.955^{10} \fallingdotseq 0.631$$
$$15\,[\mathrm{km}] : 0.955^{15} \fallingdotseq 0.501$$
$$20\,[\mathrm{km}] : 0.955^{20} \fallingdotseq 0.398$$
$$50\,[\mathrm{km}] : 0.955^{50} \fallingdotseq 0.100$$
$$100\,[\mathrm{km}] : 0.955^{100} \fallingdotseq 0.010$$

15, 100 [km] については，それぞれ例題 9.1(2), (1) の結果に等しい．

9.3.3 波長分散

　光スペクトルが波長広がりをもつことにより，光パルスが光ファイバ中を伝搬したとき，受信端で光パルスの時間幅広がりが生じる現象を**波長分散**（wavelength dispersion）という．4.1 節および 6.4 節で述べたように，実際の光はいくらかのスペクトル広がり（波長広がり）をもち，DFB-LD でも 0.04 [nm] 程度の半値幅をもつので，波長分散を避けることはできない．

　波長分散は材料分散と導波路分散からなる．**材料分散**（material dispersion）は媒質（材料）の屈折率が波長依存性をもつことにより，媒質中を伝搬する光（光線）の速度が波長に依存するために生じる分散である．**導波路分散**（waveguide dispersion）は光がクラッドにはみ出して伝搬することにより，わずかな波長変化が光線の向きに影響を与え，光路長が変化するために生じる分散である．導波路分散は**構造分散**ともいう．

　図 9.8 に標準的な SMF の波長分散特性を示す．波長分散（全分散）は材料分散と導波路分散の和で与えられる．波長 1.3 [μm] 付近で全分散はほぼゼロとなるが，1.55 [μm] で約 17 [ps/(nm·km)] である．これはピーク波長 1.55 [μm]，波長半値幅 1 [nm] の光パルスが 1 [km] 伝搬すると，約 17 [ps] の時間幅広がりが生じることを意味する．図 9.9 のように，0 [km] において，ピーク波長 λ_0 [μm]，波長半値幅 $\Delta\lambda$ [nm] のスペクトルをもち，時間半値幅が $\Delta\tau(0)$ [ps] の光パルスが L [km] 伝搬すると，時間幅広がり $\Delta\tau'$ は次のようになる．

$$\Delta\tau' = \Delta\lambda \times D(\lambda_0) \times L \,[\mathrm{ps}] \tag{9.2}$$

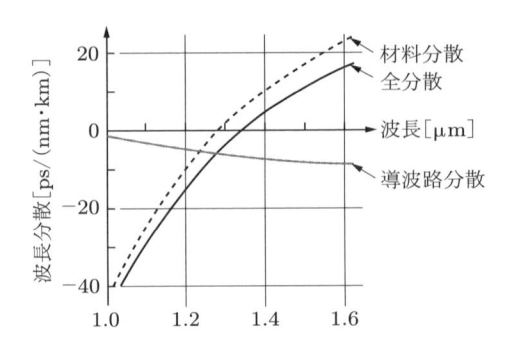

図 9.8 標準的な SMF の波長分散特性

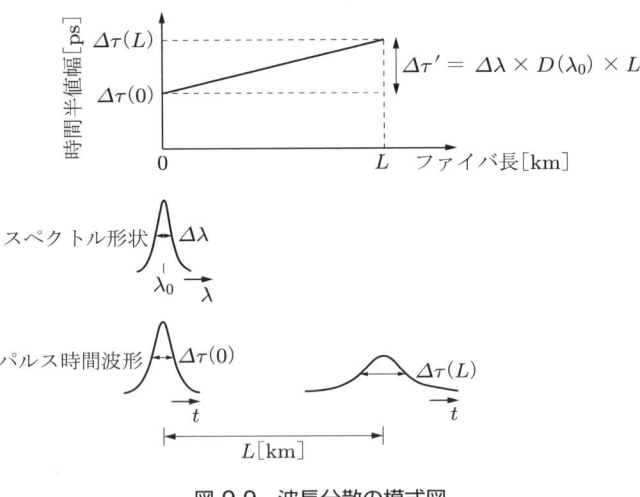

図 9.9 波長分散の模式図

ただし，$D(\lambda_0)$ は λ_0 [μm] における波長分散（全分散）である．したがって，L [km] における時間半値幅 $\Delta\tau(L)$ [ps] は次のようになる．

$$\Delta\tau(L) = \Delta\tau(0) + \Delta\tau' = \Delta\tau(0) + \Delta\lambda \times D(\lambda_0) \times L \text{ [ps]} \tag{9.3}$$

式 (9.3) の逆数が伝送速度の上限の目安となる．

例題 9.3 ピーク波長 1.55 [μm]，波長半値幅 0.04 [nm]，時間半値幅 100 [ps] の光パルスが，波長 1.55 [μm] で約 17 [ps/(nm·km)] の波長分散をもつ長さ 50 [km] の SMF を伝搬したとき，受信端における時間半値幅を求めよ．

解答 式 (9.3) より，受信端における時間半値幅 $\Delta\tau(50)$ [ps] は次のようになる．

$$\Delta\tau(50) = 100 + 0.04 \times 17 \times 50 = 134\,[\mathrm{ps}]$$

50 [km] の距離における伝送速度の上限の目安は，時間半値幅の広がりにより，次のように低下する．

$$\frac{1}{100\,[\mathrm{ps}]} = 10\,[\mathrm{Gb/s}] \quad \rightarrow \quad \frac{1}{134\,[\mathrm{ps}]} \fallingdotseq 7.46\,[\mathrm{Gb/s}]$$

ただし，この距離区間において，伝送損失によるピークパワーの減衰により受信不能となることはないものとする．

伝送損失が最小になる波長 1.55 [μm] 付近で，波長分散がゼロになる SMF があれば，長距離・大容量通信用として極めて有効となる．そのようなものとして，屈折率分布やクラッド形状を変化させることにより，ゼロ分散波長を 1.3 [μm] 帯から 1.55 [μm] 帯にシフトさせた**分散シフトファイバ**（dispersion shifted fiber; DSF）が開発され，実用化されている．

9.3.4 光結合効率

SMF のコア径は 10 [μm] 程度と細いので，SMF の出射パワーを別の SMF に入射させる場合や，LD の出射パワーを SMF に入射させる場合など，入射ビームと SMF の位置関係が光パワーの結合効率に大きく影響する．そこで，結合効率とこれらの位置依存性について考える．

SMF は 0 次モードのみを伝搬するので，横モードのパワー分布形状は単峰性となり，実際は 0 次のガウス分布で表すことができる．図 9.10 のように，SMF 中を伝搬するガウスビームのパワーを P_2，スポットサイズを w_2 とする．この SMF にパワー P_1，スポットサイズ w_1 のガウスビームが入射する場合の光パワーの結合効率を考える．ただし，w_1 はコアまたは導波路の出射端面における値であり，ガウスビームは回折により広がるので，SMF 入射端面におけるスポットサイズは w_1 より大きくなる．出射端面と SMF の入射端面の距離を z とする．簡単のため，ビームは軸対称とする．

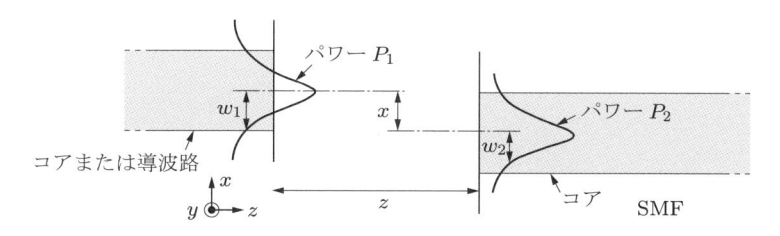

図 9.10　ガウスビームどうしの光学結合

それぞれのビームの中心軸を**光軸**（optical axis）といい，光軸ずれを x とする．
結合効率（coupling efficiency）η_c は次式で定義される．

$$\eta_c \equiv \frac{P_2}{P_1} \tag{9.4}$$

η_c は w_1, w_2, x, z などに依存するが，その値は以下の 2 式で与えられる（参考文献 [8] 参照）．光軸ずれ x がゼロのとき，結合効率 κ は次式のようになる．

$$\kappa = \frac{4}{\left(\dfrac{w_1}{w_2} + \dfrac{w_2}{w_1}\right)^2 + \left(\dfrac{\lambda z}{\pi w_1 w_2}\right)^2} \tag{9.5}$$

ただし，λ は波長である．$z=0$ で $w_1 = w_2$ のとき，$\kappa = 1$（100%）となる．光軸ずれ x がゼロでないとき，結合効率 η_c は次式のようになる．

$$\eta_c = \kappa \cdot \exp\left[-\kappa\left\{\frac{x^2}{2}\left(\frac{1}{w_1{}^2} + \frac{1}{w_2{}^2}\right)\right\}\right] \tag{9.6}$$

κ は式 (9.5) で与えられる．ガウスビームどうしの結合効率の光軸ずれ依存性もガウス分布となることがわかる．$x=0$ のとき，式 (9.6) は式 (9.5) と一致する．

例題 9.4 $w_1 = w_2 = 4\,[\mu m]$ の SMF どうしの場合において，波長 $1.3\,[\mu m]$ のとき，次の各問いに答えよ．
 (1) 光軸ずれがゼロのとき，$z = 5, 10\,[\mu m]$ に対する結合効率 κ をそれぞれ求めよ．
 (2) $z = 5\,[\mu m]$ のとき，$x = 1, 3\,[\mu m]$ に対する結合効率 η_c をそれぞれ求めよ．

解答 (1) 式 (9.5) より，$z = 5, 10\,[\mu m]$ に対する κ はそれぞれ次のようになる．

$$\kappa = \frac{4}{\left(\dfrac{w_1}{w_2} + \dfrac{w_2}{w_1}\right)^2 + \left(\dfrac{\lambda z}{\pi w_1 w_2}\right)^2} = \frac{4}{4 + \left(\dfrac{1.3 \times 5}{3.14 \times 4 \times 4}\right)^2} \fallingdotseq \frac{4}{4 + 0.0167}$$
$$\fallingdotseq 0.996$$
$$\kappa = \frac{4}{4 + \left(\dfrac{1.3 \times 10}{3.14 \times 4 \times 4}\right)^2} \fallingdotseq \frac{4}{4 + 0.0670} \fallingdotseq 0.984$$

(2) 上記 (1) の結果と式 (9.6) より，$x = 1, 3\,[\mu m]$ に対する η_c はそれぞれ次のようになる．

$$\eta_c = \kappa \cdot \exp\left[-\kappa\left\{\frac{x^2}{2}\left(\frac{1}{w_1{}^2} + \frac{1}{w_2{}^2}\right)\right\}\right]$$
$$\fallingdotseq 0.996 \times \exp\left\{-0.996 \times \left(\frac{1^2}{2} \times \frac{2}{4^2}\right)\right\}$$

$$= 0.996 \times \exp(-0.996 \times 0.0625) \fallingdotseq 0.936$$
$$\eta_c \fallingdotseq 0.996 \times \exp\left\{-0.996 \times \left(\frac{3^2}{2} \times \frac{2}{4^2}\right)\right\} \fallingdotseq 0.996 \times \exp(-0.996 \times 0.563)$$
$$\fallingdotseq 0.568$$

わずかな光軸ずれがおきると，η_c は急激に低下することがわかる．

光ファイバの場合，スポットサイズ w_2 は**モードフィールド径**（mode field diameter）ともよばれる．式 (9.6) より，モードフィールド径と同程度の光軸ずれがおきると，η_c は $1/e \fallingdotseq 0.37$ 倍程度に低下する．SMF では，一般に光軸ずれに対して η_c が急激に低下するので，SMF どうしをコネクタで接続して長距離伝送路を敷設する場合，図 9.7 の伝送損失に加えて，コネクタ結合部でかなりの結合損失が発生するので注意が必要である．

9.4 多重化方式

1本の光ファイバで複数の信号（チャネル）を伝送することを**多重化**（multiplexing）という．多重化方式には，各チャネルの信号を時間的に圧縮して1本の光ファイバで順番に伝送する時分割多重化方式と，互いに異なる波長をもつ各チャネルの信号を1本の光ファイバで同時に伝送する波長分割多重化方式がある．多重化により，伝送路を増設することなしにチャネル数を増やすことが可能となる．

9.4.1 時分割多重化方式

図 9.11 はディジタル伝送における**時分割多重化方式**（time division multiplexing; TDM）の原理図である．図 (a) は TDM 方式の基本構成であり，送信側では n 個の電気信号を多重化して一つの電気信号に変換し，**E/O 変換器**（electric to optical converter）により光信号に変換する．光信号は1本の光ファイバで伝送され，受信側では **O/E 変換器**（optical to electric converter）により電気信号に変換される．この電気信号は**多重分離**（de-multiplexing）されて n 個の電気信号に戻される．

E/O 変換器は多重化された電気信号で，LD を直接または外部変調により変調して光信号に変換するものである．O/E 変換器は，光ファイバの出力信号を PD または APD により受信して電気信号に変換するものである．

図 (b) は多重化と多重分離の原理を示す模式図である．電気信号の1ビットの時間長を T [s] とすると，多重化では，1ビットの時間長を T/n [s] に圧縮して，まず各信

(a) TDM 方式の基本構成

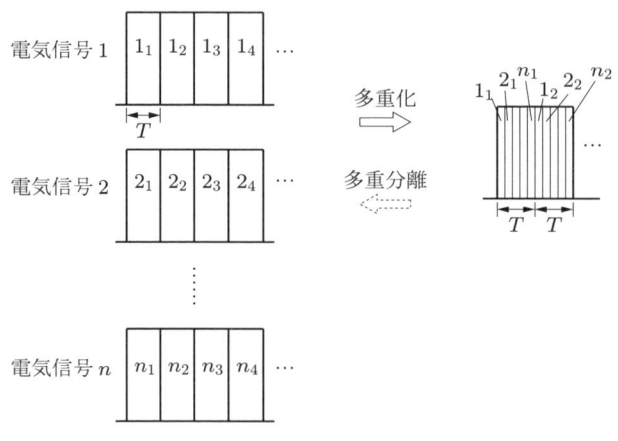

(b) 多重化と多重分離

図 9.11　TDM 方式の原理

号の 1 ビット目，次に各信号の 2 ビット目，という順番に並べる．多重化の逆の手順で元の電気信号に戻すのが多重分離である．多重化された電気信号は元の電気信号の n 倍の伝送速度となるので，伝送系の周波数特性もそれに見合うものでなければならない．

9.4.2 波長分割多重化方式

図 9.12 は**波長分割多重化方式**（wavelength division multiplexing; WDM）の基本構成である．送信側では E/O 変換器により，n 個の電気信号を各電気信号に割り当てられた n 個の波長の光信号に変換する．E/O 変換器は，それぞれの波長で発振する LD を直接または外部変調により光信号に変換するものである．これら n 個の波長は波長合波器により波長多重され，1 本の光ファイバで伝送される．受信側では，波長多重された光信号は波長分波器により波長多重分離され，O/E 変換器により，n 個の波長の光信号はそれぞれの電気信号に変換される．波長分波器は，n 個の波長を含

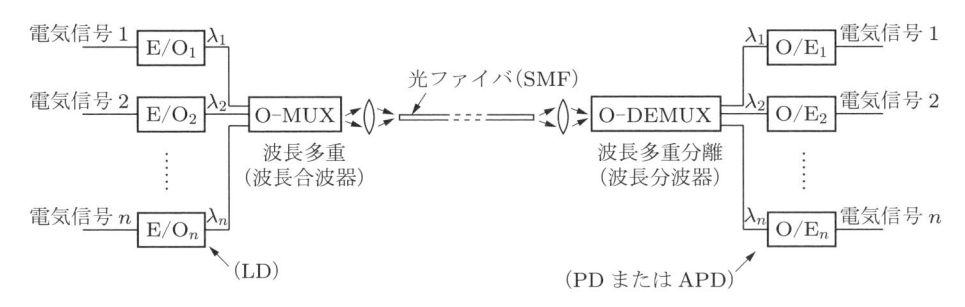

図 9.12 WDM 方式の基本構成

む光信号を空間的に分離して n 個の光ファイバに導く導波路であり，これを逆向きに使用すると波長合波器となる．したがって，図の波長多重（O–MUX）および波長多重分離（O–DEMUX）を行う部分の中味は同じデバイスである．O/E 変換器は，それぞれの波長で感度をもつ PD または APD により，光信号を電気信号に変換するものである．

WDM 方式では，それぞれの電気信号の信号形式（アナログかディジタルか）や伝送速度などは揃っていなくてもよいので，そのまま伝送できる．したがって，WDM 方式は光ファイバ通信にとって親和性の高い方式である．

実際に，WDM に使用される波長帯は，光ファイバが低伝送損失となる波長 1.55 [μm] 付近の C バンド (1530〜1565 [nm]) を中心として，次の波長帯である．

O バンド（original）：1260〜1360 [nm]

E バンド（extended）：1360〜1460 [nm]

S バンド（short wavelength）：1460〜1530 [nm]

C バンド（conventional）：1530〜1565 [nm]

L バンド（long wavelength）：1565〜1625 [nm]

U バンド（ultra long wavelength）：1625〜1675 [nm]

多重化の数を多くするため，波長間隔を非常に小さくする WDM 方式をとくに **DWDM** (dense WDM；高密度 WDM) という．例として，0.4 [nm] の波長間隔で S バンドから L バンドを使用すると約 412 波長の多重化ができる．各チャネルを 40 [Gb/s] で変調すると，$40 \times 10^9 \times 412 = 16.5$ [Tb/s] の伝送容量となる．

例題 9.5 0.4 [nm] の波長間隔で S〜L バンドを使用すると何波長の WDM ができるか．また，0.4 [nm] の波長間隔は周波数間隔ではいくらになるか．

解答 S〜L バンドは $1625 - 1460 = 165\,[\text{nm}]$ の波長幅をもつから，多重数は次のようになる．

$$\frac{165}{0.4} \fallingdotseq 412$$

例題 1.1 と同様に，波長変動分 $\Delta\lambda$ に対する周波数変動分を Δf として，$\dfrac{\Delta f}{\Delta\lambda}$ を微分 $\dfrac{df}{d\lambda}$ で近似すると，次の関係が成り立つ．

$$\Delta f \fallingdotseq -\frac{c}{\lambda^2} \cdot \Delta\lambda = -\frac{3 \times 10^8}{(1542.5 \times 10^{-9})^2} \times 0.4 \times 10^{-9} = -\frac{3 \times 4}{1.5425^2} \times 10^{10}$$
$$\fallingdotseq -5.04 \times 10^{10}\,[\text{Hz}]$$

すなわち，周波数間隔は約 $50\,[\text{GHz}]$ となる．ただし，波長 λ はバンドの中心の値として，次の値を用いた．

$$\frac{1460 + 1625}{2} = 1542.5\,[\text{nm}]$$

● 演習問題 ●

9.1 バイアス T を用いた**図 9.13** の変調回路において，高速変調時には LD は純抵抗 r とみなせるものとすると，十分高い変調周波数において抵抗 r にかかる電圧を求めよ．

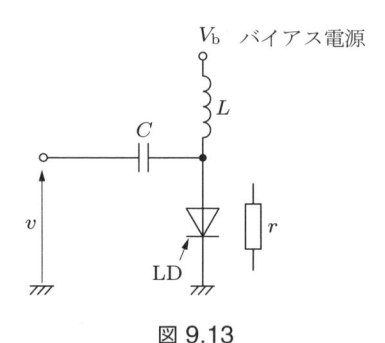

図 9.13

9.2 図 9.1 において，復調側にバイアス T を用いるとすると，バイアス T と PD または APD をどのように接続すべきか，回路図を描け．

9.3 SI-MMF のコアの屈折率を n_1，比屈折率差を Δ，長さを L とすると，モード分散 $\Delta T\,[\text{s}]$ は近似的に次式で与えられる．

$$\Delta T \fallingdotseq \frac{L}{c} \cdot n_1 \Delta$$

ただし，c は真空中の光速である．このとき，次の各問いに答えよ．
(1) 上の式の物理的意味を考察せよ．
(2) $n_1 = 1.5$，$\Delta = 0.005$ のとき，SI-MMF の 1 [km] あたりのモード分散を求めよ．

9.4 波長 $\lambda = 1.55$ [μm] DFB-LD の出射端面におけるスポットサイズ 1.5 [μm]，SMF のモードフィールド径 4 [μm]，DFB-LD の出射端面と SMF の入射端面の距離 $z = 5$ [μm] のとき，次の各問いに答えよ．ただし，ビームはともに軸対称のガウスビームとみなせるものとする．
(1) 光軸ずれがゼロのとき，LD と SMF の光結合効率を求めよ．
(2) 光軸ずれ $x = 1, 3$ [μm] に対する LD と SMF の光結合効率をそれぞれ求めよ．

9.5 波長 $\lambda = 1.55$ [μm] の DFB-LD の光出力を長さ 5 [km] の SMF で伝送し，感度 0.9 [A/W] の PD で受光するものとする．このとき，以下の各問いに答えよ．ただし，SMF の伝送損失は 0.2 [dB/km]，DFB-LD と SMF の光結合効率（LD 出射パワーが SMF に入射する割合）は 40%，SMF と PD の光結合効率（SMF 出射端パワーが PD 受光面に入射する割合）は 70% とする．
(1) PD の光電流は 0.80 [mA] であった．SMF 出射端パワーはいくらか．
(2) SMF 入射端パワーはいくらか．
(3) LD 出射パワーはいくらか．

演習問題の解答

1章

1.1 レーザ光は自然光に比べて，

(1) 単色性がよい（波長幅が非常に狭い）
(2) 指向性が強い（特定の方向に強く放出される）
(3) 大きなパワー密度を得やすい（指向性が強いので集光しやすい）
(4) 点滅速度（変調速度）が大きい

などの特徴をもつ．それぞれの特徴を有効に利用している技術分野としては，

(1) 計測
(2) 情報の記録・再生（光ディスク）
(3) 機械加工
(4) 光ファイバ通信

などがある．

1.2 照明用の光源は一般にできるだけ等方的に明るくすること，表示用の光源は空間のどの方向からも視認できることなどが求められる．一方，レーザ光は指向性が強く，単色性がよいので，特定の方向を強く照射し，また，出射光と反射光の干渉が生じやすい．したがって，レーザ光は一般的な照明や表示用の光源としては適さない．

2章

2.1 $E_0 = (E_{0x}, E_{0y}, E_{0z})$，$k = (k_x, k_y, k_z)$，$r = (x, y, z)$ とすると，E の前進波の x 成分は次のようになる．

$$E_x = E_{0x} \exp j\{\omega t - (k_x x + k_y y + k_z z)\}$$

これを式 (2.20) に代入すると，左辺は次式となる．

$$\left\{(-jk_x)^2 + (-jk_y)^2 + (-jk_z)^2\right\} E_x = -k^2 E_x$$

したがって，E_x は式 (2.20) の解である．後退波に対しても同じ結果が得られる．同様に，E_y，E_z，H_x，H_y，H_z も，それぞれ式 (2.20) と同形の方程式の解である．

2.2 図 2.11 を参照すると，

$$k_{0x} = \frac{2\pi}{\lambda} \sin\theta, \qquad k_{0z} = \frac{2\pi}{\lambda} \cos\theta, \qquad k_{0y} = 0$$

であるから，等位相面は次式で表される．

$$\omega t - \boldsymbol{k}_0 \cdot \boldsymbol{r} = \omega t - (k_{0x}x + k_{0z}z) = \omega t - \frac{2\pi}{\lambda}(\sin\theta \cdot x + \cos\theta \cdot z) = C \quad (\text{一定})$$

z 軸方向の位相速度は，$x=0$ とおいて両辺を時刻 t で微分すると得られ，次のようになる．

$$\frac{dz}{dt} = \frac{\omega}{\frac{2\pi}{\lambda}\cos\theta} = \frac{2\pi f}{\frac{2\pi}{\lambda}\cos\theta} = \frac{f\lambda}{\cos\theta} = \frac{c}{\cos\theta} \quad (>c)$$

ただし，式 (1.1) を用いた．これより，特定の方向の位相速度は光速 c 以上になりうることがわかる．

2.3 $\boldsymbol{E_0} = (E_{0x}, E_{0y}, E_{0z})$, $\boldsymbol{k} = (k_x, k_y, k_z)$, $\boldsymbol{r} = (x, y, z)$ とすると，$\boldsymbol{E}$ の前進波は次のようになる．

$$\boldsymbol{E} = (E_x, E_y, E_z)$$
$$E_x = E_{0x} \exp j\{\omega t - (k_x x + k_y y + k_z z)\}$$
$$E_y = E_{0y} \exp j\{\omega t - (k_x x + k_y y + k_z z)\}$$
$$E_z = E_{0z} \exp j\{\omega t - (k_x x + k_y y + k_z z)\}$$

(1) 式 (2.13) の $\nabla \cdot \boldsymbol{D} = \varepsilon \nabla \cdot \boldsymbol{E} = 0$ より，次式が成り立つ．

$$\nabla \cdot \boldsymbol{E} \equiv \left(\frac{\partial E_x}{\partial x} + \frac{\partial E_y}{\partial y} + \frac{\partial E_z}{\partial z}\right) = -jk_x E_x - jk_y E_y - jk_z E_z = -j\boldsymbol{k} \cdot \boldsymbol{E} = 0$$

式 (2.4) より，$\boldsymbol{H}$ に対しても同様である．

(2) 式 (2.1) の左辺は次のようになる．

$$\nabla \times \boldsymbol{E} \equiv \left(\frac{\partial E_z}{\partial y} - \frac{\partial E_y}{\partial z}, \frac{\partial E_x}{\partial z} - \frac{\partial E_z}{\partial x}, \frac{\partial E_y}{\partial x} - \frac{\partial E_x}{\partial y}\right)$$
$$= (-jk_y E_z + jk_z E_y, -jk_z E_x + jk_x E_z, -jk_x E_y + jk_y E_x)$$
$$= -j\boldsymbol{k} \times \boldsymbol{E}$$

また，式 (2.1) の右辺は次のようになる．

$$-\frac{\partial \boldsymbol{B}}{\partial t} = -\mu \frac{\partial \boldsymbol{H}}{\partial t} = -\mu(j\omega)\boldsymbol{H} = -j\omega\mu\boldsymbol{H}$$

ただし，$\boldsymbol{H}$ に対しても $\boldsymbol{E}$ と同様の成分表示が成り立つとしている．したがって，式 (2.33) が成り立つ．同様に，式 (2.12) より，式 (2.34) が成り立つ．

2.4 (1) $\boldsymbol{E}$, $\boldsymbol{H}$, $\boldsymbol{k}$ は互いに直交するから，式 (2.33) より，次式が得られる．

$$|\boldsymbol{H}| = \frac{1}{\omega\mu}k|\boldsymbol{E}|, \quad \frac{|\boldsymbol{E}|}{|\boldsymbol{H}|} = \frac{\omega\mu}{k} = \frac{\omega\mu}{\omega\sqrt{\varepsilon\mu}} = \sqrt{\frac{\mu}{\varepsilon}}$$

(2) 式 (2.7), (2.8) より，Z の次元は次のようになる．

$$\left[\frac{\mathrm{H}}{\mathrm{F}}\right]^{1/2} = \left[\frac{\mathrm{V}\cdot\mathrm{s}/\mathrm{A}}{\mathrm{c}/\mathrm{V}}\right]^{1/2} = \left[\frac{\mathrm{V}\cdot\mathrm{s}}{\mathrm{A}}\cdot\frac{\mathrm{V}}{\mathrm{A}\cdot\mathrm{s}}\right]^{1/2} = \left[\frac{\mathrm{V}}{\mathrm{A}}\right] = [\Omega]$$

(3) 真空中では，ε_r および μ_r はともに 1 であるから，Z の値は次のようになる．

$$Z = \sqrt{\frac{\mu_0}{\varepsilon_0}} \fallingdotseq \sqrt{\frac{1.257\times 10^{-6}}{8.854\times 10^{-12}}} \fallingdotseq 3.77\times 10^2\,[\Omega]$$

真空の Z を**固有インピーダンス** (intrinsic impedance) または**特性インピーダンス** (characteristic impedance) ともいう．

2.5 式 (2.40) に対して，次の式の左辺と右辺が等しいことを示す．

$$\frac{\partial^2\psi}{\partial x^2} + \frac{\partial^2\psi}{\partial y^2} = 2jk\frac{\partial\psi}{\partial z}$$

式 (2.40) より，次の各式が得られる．

$$\frac{\partial\psi}{\partial x} = -2x\left\{\frac{1}{w^2(z)} + j\frac{k}{2R(z)}\right\}\cdot\psi$$

$$\frac{\partial^2\psi}{\partial x^2} = -2\left\{\frac{1}{w^2(z)} + j\frac{k}{2R(z)}\right\}\cdot\psi + 4x^2\left\{\frac{1}{w^2(z)} + j\frac{k}{2R(z)}\right\}^2\cdot\psi$$

y 成分についても同様であるから，左辺は次のようになる．

$$\frac{\partial^2\psi}{\partial x^2} + \frac{\partial^2\psi}{\partial y^2}$$

$$= 4\left[-\left\{\frac{1}{w^2(z)} + j\frac{k}{2R(z)}\right\} + r^2\left\{\frac{1}{w^2(z)} + j\frac{k}{2R(z)}\right\}^2\right]\cdot\psi$$

$$= 4\left[-\left\{\frac{1}{w^2(z)} + j\frac{k}{2R(z)}\right\} + r^2\left\{\frac{1}{w^4(z)} - \frac{k^2}{4R^2(z)} + j\frac{k}{w^2(z)R(z)}\right\}\right]\cdot\psi$$

$$= 4\left[-\left\{\frac{1}{w^2(z)} + j\frac{k}{2R(z)}\right\} + \frac{r^2}{w^2(z)R(z)}\left\{\frac{R(z)}{w^2(z)} - \frac{k^2 w^2(z)}{4R(z)} + jk\right\}\right]\cdot\psi$$

また，右辺は次のようになる．

$$2jk\frac{\partial\psi}{\partial z} = 2jkAw_0\cdot\frac{-w'(z)}{w^2(z)}\exp\left[-\left\{\frac{1}{w^2(z)} + j\frac{k}{2R(z)}\right\}r^2 + j\phi(z)\right]$$

$$+ 2jkA\cdot\frac{w_0}{w(z)}\left[\left\{\frac{2w(z)w'(z)}{w^4(z)} + j\frac{k}{2}\cdot\frac{R'(z)}{R^2(z)}\right\}r^2 + j\phi'(z)\right]$$

$$\cdot\exp\left[-\left\{\frac{1}{w^2(z)} + j\frac{k}{2R(z)}\right\}r^2 + j\phi(z)\right]$$

$$= 2jk\left(-\frac{w'(z)}{w(z)} + \left[\left\{\frac{2}{w^2(z)}\cdot\frac{w'(z)}{w(z)} + j\frac{k}{2}\cdot\frac{R'(z)}{R^2(z)}\right\}r^2 + j\phi'(z)\right]\right)\psi$$

ただし，$w'(z), R'(z), \phi'(z)$ はそれぞれ z に関する微分である．ここで，式 (2.41) を変形すると

$$\frac{w^2(z)}{w_0{}^2} = 1 + \left(\frac{\lambda}{\pi w_0{}^2}\right)^2 z^2$$

となり，両辺を z で微分すると次式が得られる．

$$\frac{2w(z)w'(z)}{w_0{}^2} = \left(\frac{\lambda}{\pi w_0{}^2}\right)^2 \cdot 2z,$$

$$\frac{w'(z)}{w(z)} = \frac{w_0{}^2}{w^2(z)}\left(\frac{\lambda}{\pi w_0{}^2}\right)^2 \cdot z = \frac{\left(\dfrac{\lambda z}{\pi w_0{}^2}\right)^2}{1+\left(\dfrac{\lambda z}{\pi w_0{}^2}\right)^2} \cdot \frac{1}{z} = \frac{1}{R(z)}$$

また，式 (2.42) を変形すると

$$R(z) = z + \left(\frac{\pi w_0{}^2}{\lambda}\right)^2 \cdot \frac{1}{z}$$

となり，両辺を z で微分すると次式が得られる．

$$R'(z) = 1 - \left(\frac{\pi w_0{}^2}{\lambda}\right)^2 \cdot \frac{1}{z^2} = 1 - \left(\frac{\pi w_0{}^2}{\lambda z}\right)^2 = 2 - \frac{R(z)}{z}$$

さらに，$\phi'(z)$ は次式となる．

$$\phi'(z) = \frac{1}{1+\left(\dfrac{\lambda z}{\pi w_0{}^2}\right)^2} \cdot \frac{\lambda}{\pi w_0{}^2} = \frac{\lambda}{\pi} \cdot \frac{1}{w^2(z)}$$

ただし，次の関係を用いた．

$$\frac{d}{dX}\tan^{-1} X = \frac{1}{1+X^2}$$

したがって，右辺は次のように変形できる．

$$\begin{aligned}
2jk\frac{\partial \psi}{\partial z} &= 2jk\left(-\frac{1}{R(z)} + j\frac{\lambda}{\pi}\cdot\frac{1}{w^2(z)} + \left[\frac{2}{w^2(z)R(z)} + j\frac{k}{2R^2(z)}\left\{2-\frac{R(z)}{z}\right\}\right]r^2\right)\psi \\
&= \left(-4\left\{\frac{1}{w^2(z)} + j\frac{k}{2R(z)}\right\} + \left[\frac{4jk}{w^2(z)R(z)} - \frac{k^2}{R^2(z)}\left\{2-\frac{R(z)}{z}\right\}\right]r^2\right)\psi \\
&= 4\left(-\left\{\frac{1}{w^2(z)} + j\frac{k}{2R(z)}\right\} + \frac{r^2}{w^2(z)R(z)}\left[\frac{k^2 w^2(z)}{4R(z)}\left\{\frac{R(z)}{z} - 2\right\} + jk\right]\right)\psi
\end{aligned}$$

r^2 の係数となっている複素数の実部どうしが等しければ，これらの結果は互いに等しいことがわかるので，左辺と右辺の変形された結果を比較する．

左辺の式の中の実部は次のように変形できる．

$$\frac{R(z)}{w^2(z)} - \frac{k^2 w^2(z)}{4R(z)} = \frac{z\left\{1 + \left(\frac{\pi w_0^2}{\lambda z}\right)^2\right\}}{w_0^2\left\{1 + \left(\frac{\lambda z}{\pi w_0^2}\right)^2\right\}} - \frac{\pi^2}{\lambda^2} \cdot \frac{w_0^2\left\{1 + \left(\frac{\lambda z}{\pi w_0^2}\right)^2\right\}}{z\left\{1 + \left(\frac{\pi w_0^2}{\lambda z}\right)^2\right\}}$$

$$= \frac{z}{w_0^2}\left(\frac{\pi w_0^2}{\lambda z}\right)^2 - \frac{z}{w_0^2}\left(\frac{\pi w_0^2}{\lambda z}\right)^2 \frac{\left\{1 + \left(\frac{\lambda z}{\pi w_0^2}\right)^2\right\}}{\left\{1 + \left(\frac{\pi w_0^2}{\lambda z}\right)^2\right\}}$$

$$= \frac{z}{w_0^2}\left\{\left(\frac{\pi w_0^2}{\lambda z}\right)^2 - 1\right\}$$

また，右辺の式の中の実部は次のように変形できる．

$$\frac{k^2 w^2(z)}{4R(z)}\left\{\frac{R(z)}{z} - 2\right\} = \frac{k^2 w_0^2\left\{1 + \left(\frac{\lambda z}{\pi w_0^2}\right)^2\right\}\left\{\left(\frac{\pi w_0^2}{\lambda z}\right)^2 - 1\right\}}{4z\left\{1 + \left(\frac{\pi w_0^2}{\lambda z}\right)^2\right\}}$$

$$= \frac{k^2 w_0^2}{4z}\left\{1 - \left(\frac{\lambda z}{\pi w_0^2}\right)^2\right\}$$

$$= \frac{w_0^2}{4z} \cdot \frac{4\pi^2}{\lambda^2}\left\{1 - \left(\frac{\lambda z}{\pi w_0^2}\right)^2\right\}$$

$$= \frac{z}{w_0^2}\left(\frac{\pi w_0^2}{\lambda z}\right)^2\left\{1 - \left(\frac{\lambda z}{\pi w_0^2}\right)^2\right\}$$

$$= \frac{z}{w_0^2}\left\{\left(\frac{\pi w_0^2}{\lambda z}\right)^2 - 1\right\}$$

これらは互いに等しいから，左辺と右辺は等しいことがわかる．すなわち，式 (2.40) は式 (2.39) の方程式の解である．

2.6 $z = ax^2$ を $x^2 + (z - R)^2 = R^2$ に代入すると次式が得られる．

$$x^2 + (ax^2 - R)^2 = x^2 + a^2 x^4 - 2aRx^2 + R^2 = R^2$$

$$\therefore\ x^2 + a^2 x^4 - 2aRx^2 = x^2(a^2 x^2 + 1 - 2aR) = 0$$

x が 4 重根をもつためには，

$$a^2 x^2 + 1 - 2aR = 0$$

の根が 2 重根とならなければならないから，次式が成り立つ必要がある．

$$x = \pm \frac{\sqrt{2aR-1}}{a} = 0, \qquad 2aR - 1 = 0$$

すなわち，放物線は

$$z = \frac{1}{2R} x^2$$

となる．

2.7 (1) $\omega t - kz$ を消去するため，

$$\varphi = \omega t - kz + \delta_x$$
$$\delta = \delta_y - \delta_x$$

とおくと，式 (2.62), (2.63) はそれぞれ次のようになる．

$$E_x = a_x \cos \varphi$$
$$E_y = a_y \cos(\varphi + \delta) = a_y \left(\cos \varphi \cos \delta - \sin \varphi \sin \delta \right)$$

これらより，次式が得られる．

$$\left(\frac{E_x}{a_x} \right)^2 + \left(\frac{E_y}{a_y} \right)^2 = \cos^2 \varphi + \cos^2 \varphi \cos^2 \delta - 2 \cos \varphi \cos \delta \sin \varphi \sin \delta + \sin^2 \varphi \sin^2 \delta,$$

$$-2 \left(\frac{E_x}{a_x} \right) \cdot \left(\frac{E_y}{a_y} \right) \cos \delta = -2 \cos \varphi \left(\cos \varphi \cos \delta - \sin \varphi \sin \delta \right) \cos \delta$$
$$= -2 \cos^2 \varphi \cos^2 \delta + 2 \cos \varphi \cos \delta \sin \varphi \sin \delta$$

これらの辺々を加えて整理すると次式が得られる．

$$\left(\frac{E_x}{a_x} \right)^2 + \left(\frac{E_y}{a_y} \right)^2 - 2 \left(\frac{E_x}{a_x} \right) \cdot \left(\frac{E_y}{a_y} \right) \cos \delta = \cos^2 \varphi - \cos^2 \varphi \cos^2 \delta + \sin^2 \varphi \sin^2 \delta$$
$$= \cos^2 \varphi \left(1 - \cos^2 \delta \right) + \sin^2 \varphi \sin^2 \delta$$
$$= \cos^2 \varphi \sin^2 \delta + \sin^2 \varphi \sin^2 \delta = \sin^2 \delta$$

ただし，$\cos^2 \delta + \sin^2 \delta = 1$, $\cos^2 \varphi + \sin^2 \varphi = 1$ を用いた．

(2) $E_x E_y$ 平面を角度 θ だけ回転させて，新しい $E_X E_Y$ 平面に移ると次式が成り立つ．

$$E_x = E_X \cos \theta - E_Y \sin \theta$$
$$E_y = E_X \sin \theta + E_Y \cos \theta$$

これらを式 (2.65) に代入すると次式が得られる．

$$\left(\frac{E_X \cos \theta - E_Y \sin \theta}{a_x} \right)^2 + \left(\frac{E_X \sin \theta + E_Y \cos \theta}{a_y} \right)^2$$

$$-2\left(\frac{E_X\cos\theta - E_Y\sin\theta}{a_x}\right)\cdot\left(\frac{E_X\sin\theta + E_Y\cos\theta}{a_y}\right)\cos\delta = \sin^2\delta$$

角度 θ が楕円の主軸の方向であるとき，$E_X E_Y$ の係数はゼロになるから，次式が成り立つ．

$$-\frac{2\cos\theta\sin\theta}{a_x{}^2} + \frac{2\sin\theta\cos\theta}{a_y{}^2} - 2\frac{\cos^2\theta - \sin^2\theta}{a_x a_y}\cdot\cos\delta = 0$$

$$\left(\frac{1}{a_y{}^2} - \frac{1}{a_x{}^2}\right)\sin 2\theta = \frac{a_x{}^2 - a_y{}^2}{a_x{}^2 a_y{}^2}\cdot\sin 2\theta = \frac{2\cos\delta}{a_x a_y}\cdot\cos 2\theta$$

$$\therefore\ \tan 2\theta = \frac{\sin 2\theta}{\cos 2\theta} = \frac{a_x{}^2 a_y{}^2}{a_x{}^2 - a_y{}^2}\cdot\frac{2\cos\delta}{a_x a_y} = \frac{2a_x a_y \cos\delta}{a_x{}^2 - a_y{}^2}$$

ただし，次の関係（倍角の公式）$\sin 2\theta = 2\sin\theta\cos\theta$, $\cos 2\theta = \cos^2\theta - \sin^2\theta$ を用いた．
(3) 上記 (2) において，$E_X E_Y$ の係数がゼロのとき，残りの項は次のようになる．

$$\frac{E_X{}^2\cos^2\theta + E_Y{}^2\sin^2\theta}{a_x{}^2} + \frac{E_X{}^2\sin^2\theta + E_Y{}^2\cos^2\theta}{a_y{}^2}$$

$$-2\cdot\frac{E_X{}^2 - E_Y{}^2}{a_x a_y}\cdot\cos\theta\sin\theta\cos\delta = \sin^2\delta,$$

$$\left(\frac{\cos^2\theta}{a_x{}^2} - 2\frac{\cos\theta\sin\theta\cos\delta}{a_x a_y} + \frac{\sin^2\theta}{a_y{}^2}\right)E_X{}^2$$

$$+\left(\frac{\sin^2\theta}{a_x{}^2} + 2\frac{\cos\theta\sin\theta\cos\delta}{a_x a_y} + \frac{\cos^2\theta}{a_y{}^2}\right)E_Y{}^2 = \sin^2\delta,$$

$$\frac{1}{a_x{}^2 a_y{}^2 \sin^2\delta}\left(a_y{}^2\cos^2\theta - 2a_x a_y\cos\theta\sin\theta\cos\delta + a_x{}^2\sin^2\theta\right)E_X{}^2$$

$$+\frac{1}{a_x{}^2 a_y{}^2 \sin^2\delta}\left(a_y{}^2\sin^2\theta + 2a_x a_y\cos\theta\sin\theta\cos\delta + a_x{}^2\cos^2\theta\right)E_Y{}^2 = 1$$

ここで，$E_X{}^2$ の係数を $1/A^2$ とおくと，A^2 は次のようになる．

$$A^2 = \frac{a_x{}^2 a_y{}^2 \sin^2\delta}{a_y{}^2\cos^2\theta - 2a_x a_y\cos\theta\sin\theta\cos\delta + a_x{}^2\sin^2\theta}$$

したがって，上記 (2) の結果より，$2a_x a_y \cos\delta = \left(a_x{}^2 - a_y{}^2\right)\tan 2\theta$ を用いると，A^2 は次のように変形できる．

$$A^2 = \frac{a_x{}^2 a_y{}^2 \sin^2\delta}{a_y{}^2\cos^2\theta - (a_x{}^2 - a_y{}^2)\tan 2\theta\cos\theta\sin\theta + a_x{}^2\sin^2\theta}$$

$$= \frac{a_x{}^2 a_y{}^2 \sin^2\delta}{\left(\sin^2\theta - \tan 2\theta\cos\theta\sin\theta\right)a_x{}^2 + \left(\cos^2\theta + \tan 2\theta\cos\theta\sin\theta\right)a_y{}^2}$$

$$= \frac{a_x{}^2 a_y{}^2 \sin^2\delta}{\left(\sin^2\theta - \dfrac{2\sin^2\theta\cos^2\theta}{\cos^2\theta - \sin^2\theta}\right)a_x{}^2 + \left(\cos^2\theta + \dfrac{2\sin^2\theta\cos^2\theta}{\cos^2\theta - \sin^2\theta}\right)a_y{}^2}$$

$$
= \frac{a_x{}^2 a_y{}^2 \sin^2 \delta}{-\dfrac{\sin^2 \theta}{\cos^2 \theta - \sin^2 \theta} \cdot a_x{}^2 + \dfrac{\cos^2 \theta}{\cos^2 \theta - \sin^2 \theta} \cdot a_y{}^2}
$$

$$
= \frac{a_x{}^2 a_y{}^2 \sin^2 \delta}{-\dfrac{\tan^2 \theta}{1 - \tan^2 \theta} \cdot a_x{}^2 + \dfrac{1}{1 - \tan^2 \theta} \cdot a_y{}^2} = \frac{a_x{}^2 a_y{}^2 \sin^2 \delta \left(1 - \tan^2 \theta\right)}{(1 - \tan^2 \theta)\, a_x{}^2 - a_x{}^2 + a_y{}^2}
$$

ここで，$\tan \theta$ を a_x, a_y, δ などで表すため，

$$
\tan 2\theta = \frac{2 \tan \theta}{1 - \tan^2 \theta} = \frac{2 a_x a_y \cos \delta}{a_x{}^2 - a_y{}^2} = \frac{1}{\zeta}
$$

とおくと，$\tan \theta$ は次の 2 次方程式をみたす．

$$
\tan^2 \theta + 2\zeta \cdot \tan \theta - 1 = 0
$$

簡単のため，$\tan \theta > 0$ とすると，解は次のようになる．

$$
\tan \theta = -\zeta + \sqrt{\zeta^2 + 1}
$$

したがって，$\tan^2 \theta$ は次のようになる．

$$
\tan^2 \theta = \zeta^2 - 2\zeta \sqrt{\zeta^2 + 1} + \zeta^2 + 1 = 2\zeta^2 - 2\zeta \sqrt{\zeta^2 + 1} + 1
$$

ここで，$\sqrt{\zeta^2 + 1}$ の値を求める．

$$
\sqrt{\zeta^2 + 1} = \sqrt{\left(\frac{a_x{}^2 - a_y{}^2}{2 a_x a_y \cos \delta}\right)^2 + 1} = \frac{\sqrt{a_x{}^4 - 2 a_x{}^2 a_y{}^2 + a_y{}^4 + 4 a_x{}^2 a_y{}^2 \cos^2 \delta}}{2 a_x a_y \cos \delta}
$$

$$
= \frac{\sqrt{a_x{}^4 - 2 a_x{}^2 a_y{}^2 + a_y{}^4 + 4 a_x{}^2 a_y{}^2 - 4 a_x{}^2 a_y{}^2 \sin^2 \delta}}{2 a_x a_y \cos \delta}
$$

$$
= \frac{\left(a_x{}^2 + a_y{}^2\right) \sqrt{1 - \dfrac{4 a_x{}^2 a_y{}^2 \sin^2 \delta}{(a_x{}^2 + a_y{}^2)^2}}}{2 a_x a_y \cos \delta}
$$

$\sin 2\xi$ を次のように定義すると，

$$
\sin 2\xi \equiv \frac{2 a_x a_y \sin \delta}{a_x{}^2 + a_y{}^2}
$$

$\sqrt{\zeta^2 + 1}$ と $1 - \tan^2 \theta$ は，それぞれ次のように求められる．

$$
\sqrt{\zeta^2 + 1} = \frac{\left(a_x{}^2 + a_y{}^2\right) \sqrt{1 - \sin^2 2\xi}}{2 a_x a_y \cos \delta} = \frac{\left(a_x{}^2 + a_y{}^2\right) \cos 2\xi}{2 a_x a_y \cos \delta},
$$

$$
1 - \tan^2 \theta = 2\zeta \sqrt{\zeta^2 + 1} - 2\zeta^2 = 2\zeta \left(\sqrt{\zeta^2 + 1} - \zeta\right)
$$

$$= 2 \cdot \frac{a_x{}^2 - a_y{}^2}{2 a_x a_y \cos \delta} \left\{ \frac{\left(a_x{}^2 + a_y{}^2\right) \cos 2\xi}{2 a_x a_y \cos \delta} - \frac{a_x{}^2 - a_y{}^2}{2 a_x a_y \cos \delta} \right\}$$

$$= 2 \cdot \frac{a_x{}^2 - a_y{}^2}{(2 a_x a_y \cos \delta)^2} \left\{ (\cos 2\xi - 1) a_x{}^2 + (\cos 2\xi + 1) a_y{}^2 \right\}$$

$$= 2 \cdot \frac{a_x{}^2 - a_y{}^2}{(2 a_x a_y \cos \delta)^2} \left(-2 \sin^2 \xi \cdot a_x{}^2 + 2 \cos^2 \xi \cdot a_y{}^2 \right)$$

$$= \frac{a_x{}^2 - a_y{}^2}{(a_x a_y \cos \delta)^2} \left(-\sin^2 \xi \cdot a_x{}^2 + \cos^2 \xi \cdot a_y{}^2 \right)$$

これらを用いると，A^2 は次のようになる．

$$A^2 = \frac{a_x{}^2 a_y{}^2 \sin^2 \delta \cdot \left(1 - \tan^2 \theta\right)}{\left(1 - \tan^2 \theta\right) a_x{}^2 - a_x{}^2 + a_y{}^2}$$

$$= \frac{a_x{}^2 a_y{}^2 \sin^2 \delta \cdot \dfrac{a_x{}^2 - a_y{}^2}{a_x{}^2 a_y{}^2 \cos^2 \delta} \left(-\sin^2 \xi \cdot a_x{}^2 + \cos^2 \xi \cdot a_y{}^2 \right)}{\dfrac{a_x{}^2 - a_y{}^2}{a_x{}^2 a_y{}^2 \cos^2 \delta} \left(-\sin^2 \xi \cdot a_x{}^2 + \cos^2 \xi \cdot a_y{}^2 \right) a_x{}^2 - a_x{}^2 + a_y{}^2}$$

$$= \frac{a_x{}^2 a_y{}^2 \sin^2 \delta \cdot \left(-\sin^2 \xi \cdot a_x{}^2 + \cos^2 \xi \cdot a_y{}^2 \right)}{\left(-\sin^2 \xi \cdot a_x{}^2 + \cos^2 \xi \cdot a_y{}^2 \right) a_x{}^2 - a_x{}^2 a_y{}^2 \cos^2 \delta}$$

ここで，

$$(a_x a_y \sin \delta)^2 = \left(\frac{a_x{}^2 + a_y{}^2}{2} \cdot \sin 2\xi \right)^2 = \left(a_x{}^2 + a_y{}^2 \right)^2 \sin^2 \xi \cos^2 \xi$$

を用いて，δ を消去する．A^2 の分母 b は次のようになる．

$$b = \left(-\sin^2 \xi \cdot a_x{}^2 + \cos^2 \xi \cdot a_y{}^2 \right) a_x{}^2 - a_x{}^2 a_y{}^2 \cos^2 \delta$$

$$= -\sin^2 \xi \cdot a_x{}^4 + \cos^2 \xi \cdot a_x{}^2 a_y{}^2 - a_x{}^2 a_y{}^2 + \left(a_x{}^2 + a_y{}^2 \right)^2 \sin^2 \xi \cos^2 \xi$$

$$= -\sin^2 \xi \cdot a_x{}^4 - \sin^2 \xi \cdot a_x{}^2 a_y{}^2 + \left(a_x{}^2 + a_y{}^2 \right)^2 \sin^2 \xi \cos^2 \xi$$

$$= \sin^2 \xi \cdot \left\{ -a_x{}^4 - a_x{}^2 a_y{}^2 + \left(a_x{}^2 + a_y{}^2 \right)^2 \cos^2 \xi \right\}$$

$$= \left(a_x{}^2 + a_y{}^2 \right) \sin^2 \xi \cdot \left\{ -a_x{}^2 + \left(a_x{}^2 + a_y{}^2 \right) \cos^2 \xi \right\}$$

$$= \left(a_x{}^2 + a_y{}^2 \right) \sin^2 \xi \cdot \left(-\sin^2 \xi \cdot a_x{}^2 + \cos^2 \xi \cdot a_y{}^2 \right)$$

結局，A^2 は次のように求められる．

$$A^2 = \frac{\left(a_x{}^2 + a_y{}^2 \right)^2 \sin^2 \xi \cos^2 \xi \cdot \left(-\sin^2 \xi \cdot a_x{}^2 + \cos^2 \xi \cdot a_y{}^2 \right)}{\left(a_x{}^2 + a_y{}^2 \right) \sin^2 \xi \cdot \left(-\sin^2 \xi \cdot a_x{}^2 + \cos^2 \xi \cdot a_y{}^2 \right)}$$

$$= \left(a_x{}^2 + a_y{}^2\right)\cos^2\xi$$

$E_Y{}^2$ の係数を $1/B^2$ とおくと，A^2 の場合と同様に，B^2 は次のようになる．

$$\begin{aligned}
B^2 &= \frac{a_x{}^2 a_y{}^2 \sin^2\delta}{a_y{}^2 \sin^2\theta + 2a_x a_y \cos\theta \sin\theta \cos\delta + a_x{}^2 \cos^2\theta}\\
&= \frac{a_x{}^2 a_y{}^2 \sin^2\delta}{a_y{}^2 \sin^2\theta + (a_x{}^2 - a_y{}^2)\tan 2\theta \cos\theta \sin\theta + a_x{}^2 \cos^2\theta}\\
&= \frac{a_x{}^2 a_y{}^2 \sin^2\delta}{(\cos^2\theta + \tan 2\theta \cos\theta \sin\theta)\,a_x{}^2 + \left(\sin^2\theta - \tan 2\theta \cos\theta \sin\theta\right)a_y{}^2}\\
&= \frac{a_x{}^2 a_y{}^2 \sin^2\delta}{\dfrac{1}{1-\tan^2\theta}\cdot a_x{}^2 - \dfrac{\tan^2\theta}{1-\tan^2\theta}\cdot a_y{}^2} = \frac{a_x{}^2 a_y{}^2 \sin^2\delta\left(1-\tan^2\theta\right)}{a_x{}^2 - a_y{}^2 + (1-\tan^2\theta)\,a_y{}^2}\\
&= \frac{a_x{}^2 a_y{}^2 \sin^2\delta\left(-\sin^2\xi\cdot a_x{}^2 + \cos^2\xi\cdot a_y{}^2\right)}{a_x{}^2 a_y{}^2 \cos^2\delta + \left(-\sin^2\xi\cdot a_x{}^2 + \cos^2\xi\cdot a_y{}^2\right)a_y{}^2}\\
&= \frac{\left(a_x{}^2 + a_y{}^2\right)^2 \sin^2\xi \cos^2\xi\left(-\sin^2\xi\cdot a_x{}^2 + \cos^2\xi\cdot a_y{}^2\right)}{a_x{}^2 a_y{}^2 - (a_x{}^2 + a_y{}^2)^2 \sin^2\xi \cos^2\xi + \left(-\sin^2\xi\cdot a_x{}^2 + \cos^2\xi\cdot a_y{}^2\right)a_y{}^2}\\
&= \frac{\left(a_x{}^2 + a_y{}^2\right)^2 \sin^2\xi \cos^2\xi\left(-\sin^2\xi\cdot a_x{}^2 + \cos^2\xi\cdot a_y{}^2\right)}{a_x{}^2 a_y{}^2 \cos^2\xi - (a_x{}^2 + a_y{}^2)^2 \sin^2\xi \cos^2\xi + \cos^2\xi\cdot a_y{}^4}\\
&= \frac{\left(a_x{}^2 + a_y{}^2\right)^2 \sin^2\xi \cos^2\xi\left(-\sin^2\xi\cdot a_x{}^2 + \cos^2\xi\cdot a_y{}^2\right)}{(a_x{}^2 + a_y{}^2)\cos^2\xi\cdot\left\{a_y{}^2 - (a_x{}^2 + a_y{}^2)\sin^2\xi\right\}} = \left(a_x{}^2 + a_y{}^2\right)\sin^2\xi
\end{aligned}$$

2.8 (1) 式 (2.66) より，$\tan 2\theta = \infty$ であるから，$2\theta = \pi/2$，すなわち，$\theta = \pi/4$ である．
(2) $E_x E_y$ 平面を主軸方向に $\pi/4$ だけ回転させて，新しい $E_X E_Y$ 平面に移ると，次式が成り立つ．

$$E_x = \frac{1}{\sqrt{2}}\left(E_X - E_Y\right), \qquad E_y = \frac{1}{\sqrt{2}}\left(E_X + E_Y\right)$$

これらを式 (2.65) に代入すると次式が得られる．

$$\frac{1}{2}\left(E_X - E_Y\right)^2 - \left(E_X - E_Y\right)\cdot\left(E_X + E_Y\right)\cos\delta + \frac{1}{2}\left(E_X + E_Y\right)^2 = a^2 \sin^2\delta,$$

$$\frac{1}{2}\left(E_X{}^2 - 2E_X E_Y + E_Y{}^2\right) - \left(E_X{}^2 - E_Y{}^2\right)\cos\delta + \frac{1}{2}\left(E_X{}^2 + 2E_X E_Y + E_Y{}^2\right)$$
$$= a^2 \sin^2\delta,$$

$$(1-\cos\delta)E_X{}^2 + (1+\cos\delta)E_Y{}^2 = a^2 \sin^2\delta = a^2\left(1 - \cos^2\delta\right),$$

$$\frac{E_X{}^2}{a^2(1+\cos\delta)} + \frac{E_Y{}^2}{a^2(1-\cos\delta)} = 1$$

一方，式 (2.70) より，$\sin 2\xi = 2\sin\xi\cos\xi = \sin\delta$ であるから，次式が成り立つ．

$$4\sin^2\xi\cos^2\xi = \sin^2\delta, \qquad 4\left(1-\cos^2\xi\right)\cos^2\xi = \sin^2\delta,$$

$$\left(\cos^2\xi\right)^2 - \cos^2\xi + \frac{\sin^2\delta}{4} = 0$$

$$\therefore \cos^2\xi = \frac{1+\sqrt{1-\sin^2\delta}}{2} = \frac{1+\cos\delta}{2}$$

$$\therefore \sin^2\xi = \frac{\sin^2\delta}{4\cos^2\xi} = \frac{1-\cos^2\delta}{2(1+\cos\delta)} = \frac{1-\cos\delta}{2}$$

したがって，式 (2.68), (2.69) より，A^2, B^2 はそれぞれ次のようになる．

$$A^2 = \left(a_x{}^2 + a_y{}^2\right)\cos^2\xi = 2a^2\cdot\frac{1+\cos\delta}{2} = a^2\left(1+\cos\delta\right)$$

$$B^2 = \left(a_x{}^2 + a_y{}^2\right)\sin^2\xi = 2a^2\cdot\frac{1-\cos\delta}{2} = a^2\left(1-\cos\delta\right)$$

すなわち，式 (2.68)〜(2.70) を用いても，同じ結果が得られる．

2.9 $\varphi = \omega t - kz + \delta_x$ とおくと，式 (2.62), (2.63) はそれぞれ次のようになる．

$$E_x = a_x\cos\varphi$$
$$E_y = a_y\cos(\varphi+\delta) = a_y\left(\cos\varphi\cos\delta - \sin\varphi\sin\delta\right)$$

式 (2.64) より，ϕ と φ の関係は次のようになる．

$$\tan\phi = \frac{E_y}{E_x} = \frac{a_y\left(\cos\varphi\cos\delta - \sin\varphi\sin\delta\right)}{a_x\cos\varphi} = \frac{a_y}{a_x}\cdot\left(\cos\delta - \sin\delta\tan\varphi\right)$$

$0 < \delta < \pi/2$ のとき $\sin\delta > 0$ であるから，ϕ の時間微分は次のように求められる．

$$\frac{d}{dt}\tan\phi = \frac{1}{\cos^2\phi}\cdot\frac{d\phi}{dt} = -\frac{a_y}{a_x}\cdot\frac{\sin\delta}{\cos^2\varphi}\cdot\frac{d\varphi}{dt} \qquad \therefore \frac{d\phi}{dt} = -\frac{a_y}{a_x}\cdot\sin\delta\cdot\frac{\cos^2\phi}{\cos^2\varphi}\cdot\omega \quad (<0)$$

ϕ が時間的に減少するから，左回り楕円偏光である．

3章

3.1 解図 3.1 のように，境界面を含む高さ h，断面積 S の円柱または角柱（破線）を想定する．断面は境界面に平行で，断面積 S および高さ h は十分小さいものとする．媒質 I 内の電束密度を $\boldsymbol{D}_1$，媒質 II 内の電束密度を $\boldsymbol{D}_2$ とし，簡単のため，断面積 S の法線方向と $\boldsymbol{D}_1$ および $\boldsymbol{D}_2$ のなす角を図のようにそれぞれ α, β とする．この立体に付録 A の式 (A.1.2) を適用し，$h \to 0$ とすると，立体の体積はゼロになり，かつ境界面上に面電荷はないから，左辺はゼロとなり，次式が成り立つ．

$$\iint_{\text{(閉曲面)}} \boldsymbol{D}\cdot d\boldsymbol{S} = D_1\cos\alpha\cdot S + D_2\cos(\pi-\beta)\cdot S = D_1\cos\alpha\cdot S - D_2\cos\beta\cdot S = 0$$

演習問題の解答　179

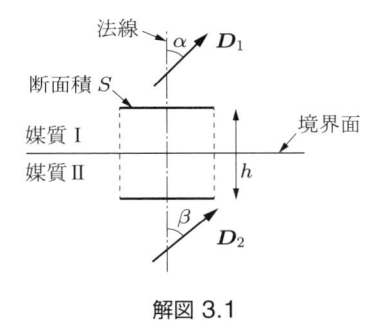

解図 3.1

$$\therefore D_1 \cos\alpha = D_2 \cos\beta$$

すなわち，境界面の法線に沿った電束密度成分は連続でなければならない．同様に，磁束密度 B に対して式 (A.1.2) を適用すると，境界面の法線に沿った磁束密度成分も連続でなければならないことがわかる．

3.2 r^{p} および t^{p} を用いると，式 (3.30) および (3.31) はそれぞれ次のようになる．

$$\cos\theta_{\mathrm{i}} - r^{\mathrm{p}} \cdot \cos\theta_{\mathrm{r}} = t^{\mathrm{p}} \cdot \cos\theta_{\mathrm{t}}$$

$$\frac{1 + r^{\mathrm{p}}}{Z_1} = \frac{t^{\mathrm{p}}}{Z_2}$$

$\theta_{\mathrm{i}} = \theta_{\mathrm{r}}$ を用いると，r^{p} および t^{p} はそれぞれ次のように求められる．

$$Z_1(1 - r^{\mathrm{p}})\cos\theta_{\mathrm{i}} = Z_2(1 + r^{\mathrm{p}})\cos\theta_{\mathrm{t}} \quad \therefore r^{\mathrm{p}} = \frac{Z_1 \cos\theta_{\mathrm{i}} - Z_2 \cos\theta_{\mathrm{t}}}{Z_1 \cos\theta_{\mathrm{i}} + Z_2 \cos\theta_{\mathrm{t}}}$$

$$t^{\mathrm{p}} = \frac{Z_2}{Z_1}(1 + r^{\mathrm{p}}) = \frac{Z_2}{Z_1}\left(1 + \frac{Z_1 \cos\theta_{\mathrm{i}} - Z_2 \cos\theta_{\mathrm{t}}}{Z_1 \cos\theta_{\mathrm{i}} + Z_2 \cos\theta_{\mathrm{t}}}\right) = \frac{2Z_2 \cos\theta_{\mathrm{i}}}{Z_1 \cos\theta_{\mathrm{i}} + Z_2 \cos\theta_{\mathrm{t}}}$$

式 (3.34) を用いると，r^{p} および t^{p} はそれぞれ次のように求められる．

$$r^{\mathrm{p}} = \frac{\dfrac{Z_1}{Z_2} \cdot \cos\theta_{\mathrm{i}} - \cos\theta_{\mathrm{t}}}{\dfrac{Z_1}{Z_2} \cdot \cos\theta_{\mathrm{i}} + \cos\theta_{\mathrm{t}}} = \frac{\sin\theta_{\mathrm{i}} \cos\theta_{\mathrm{i}} - \sin\theta_{\mathrm{t}} \cos\theta_{\mathrm{t}}}{\sin\theta_{\mathrm{i}} \cos\theta_{\mathrm{i}} + \sin\theta_{\mathrm{t}} \cos\theta_{\mathrm{t}}}$$

$$= \frac{\sin 2\theta_{\mathrm{i}} - \sin 2\theta_{\mathrm{t}}}{\sin 2\theta_{\mathrm{i}} + \sin 2\theta_{\mathrm{t}}} = \frac{\cos(\theta_{\mathrm{i}} + \theta_{\mathrm{t}})\sin(\theta_{\mathrm{i}} - \theta_{\mathrm{t}})}{\sin(\theta_{\mathrm{i}} + \theta_{\mathrm{t}})\cos(\theta_{\mathrm{i}} - \theta_{\mathrm{t}})} = \frac{\tan(\theta_{\mathrm{i}} - \theta_{\mathrm{t}})}{\tan(\theta_{\mathrm{i}} + \theta_{\mathrm{t}})}$$

$$t^{\mathrm{p}} = \frac{2\cos\theta_{\mathrm{i}}}{\dfrac{Z_1}{Z_2} \cdot \cos\theta_{\mathrm{i}} + \cos\theta_{\mathrm{t}}} = \frac{2\cos\theta_{\mathrm{i}} \sin\theta_{\mathrm{t}}}{\sin\theta_{\mathrm{i}} \cos\theta_{\mathrm{i}} + \sin\theta_{\mathrm{t}} \cos\theta_{\mathrm{t}}}$$

$$= \frac{4\cos\theta_{\mathrm{i}} \sin\theta_{\mathrm{t}}}{\sin 2\theta_{\mathrm{i}} + \sin 2\theta_{\mathrm{t}}} = \frac{2\cos\theta_{\mathrm{i}} \sin\theta_{\mathrm{t}}}{\sin(\theta_{\mathrm{i}} + \theta_{\mathrm{t}})\cos(\theta_{\mathrm{i}} - \theta_{\mathrm{t}})}$$

3.3 r^{s} および t^{s} を用いると，式 (3.37) および (3.38) はそれぞれ次のようになる．

$$1 + r^{\mathrm{s}} = t^{\mathrm{s}}$$

$$\frac{-\cos\theta_{\mathrm{i}} + r^{\mathrm{s}}\cos\theta_{\mathrm{r}}}{Z_1} = -\frac{t^{\mathrm{s}}}{Z_2}\cos\theta_{\mathrm{t}}$$

$\theta_{\mathrm{i}} = \theta_{\mathrm{r}}$ を用いると，r^{s} および t^{s} はそれぞれ次のように求められる．

$$\frac{(-1 + r^{\mathrm{s}})\cos\theta_{\mathrm{i}}}{Z_1} = -\frac{1 + r^{\mathrm{s}}}{Z_2}\cos\theta_{\mathrm{t}} \qquad \therefore r^{\mathrm{s}} = \frac{Z_2\cos\theta_{\mathrm{i}} - Z_1\cos\theta_{\mathrm{t}}}{Z_2\cos\theta_{\mathrm{i}} + Z_1\cos\theta_{\mathrm{t}}}$$

$$t^{\mathrm{s}} = 1 + r^{\mathrm{s}} = \frac{2Z_2\cos\theta_{\mathrm{i}}}{Z_2\cos\theta_{\mathrm{i}} + Z_1\cos\theta_{\mathrm{t}}}$$

式 (3.34) を用いると，r^{s} および t^{s} はそれぞれ次のように求められる．

$$r^{\mathrm{s}} = \frac{\cos\theta_{\mathrm{i}} - \dfrac{Z_1}{Z_2}\cdot\cos\theta_{\mathrm{t}}}{\cos\theta_{\mathrm{i}} + \dfrac{Z_1}{Z_2}\cdot\cos\theta_{\mathrm{t}}} = \frac{\cos\theta_{\mathrm{i}}\sin\theta_{\mathrm{t}} - \sin\theta_{\mathrm{i}}\cos\theta_{\mathrm{t}}}{\cos\theta_{\mathrm{i}}\sin\theta_{\mathrm{t}} + \sin\theta_{\mathrm{i}}\cos\theta_{\mathrm{t}}} = -\frac{\sin(\theta_{\mathrm{i}} - \theta_{\mathrm{t}})}{\sin(\theta_{\mathrm{i}} + \theta_{\mathrm{t}})}$$

$$t^{\mathrm{s}} = \frac{2\cos\theta_{\mathrm{i}}}{\cos\theta_{\mathrm{i}} + \dfrac{Z_1}{Z_2}\cos\theta_{\mathrm{t}}} = \frac{2\cos\theta_{\mathrm{i}}\sin\theta_{\mathrm{t}}}{\cos\theta_{\mathrm{i}}\sin\theta_{\mathrm{t}} + \sin\theta_{\mathrm{i}}\cos\theta_{\mathrm{t}}} = \frac{2\cos\theta_{\mathrm{i}}\sin\theta_{\mathrm{t}}}{\sin(\theta_{\mathrm{i}} + \theta_{\mathrm{t}})}$$

3.4 式 (3.44), (3.45) より，次式が得られる．

$$\begin{aligned}
R^{\mathrm{p}} + T^{\mathrm{p}} &= \frac{\cos^2(\theta_{\mathrm{i}} + \theta_{\mathrm{t}})\sin^2(\theta_{\mathrm{i}} - \theta_{\mathrm{t}})}{\sin^2(\theta_{\mathrm{i}} + \theta_{\mathrm{t}})\cos^2(\theta_{\mathrm{i}} - \theta_{\mathrm{t}})} + \frac{\sin 2\theta_{\mathrm{i}}\sin 2\theta_{\mathrm{t}}}{\sin^2(\theta_{\mathrm{i}} + \theta_{\mathrm{t}})\cos^2(\theta_{\mathrm{i}} - \theta_{\mathrm{t}})} \\
&= \frac{1}{4}\cdot\frac{(\sin 2\theta_{\mathrm{i}} - \sin 2\theta_{\mathrm{t}})^2}{\sin^2(\theta_{\mathrm{i}} + \theta_{\mathrm{t}})\cos^2(\theta_{\mathrm{i}} - \theta_{\mathrm{t}})} + \frac{\sin 2\theta_{\mathrm{i}}\sin 2\theta_{\mathrm{t}}}{\sin^2(\theta_{\mathrm{i}} + \theta_{\mathrm{t}})\cos^2(\theta_{\mathrm{i}} - \theta_{\mathrm{t}})} \\
&= \frac{1}{4}\cdot\frac{(\sin 2\theta_{\mathrm{i}} - \sin 2\theta_{\mathrm{t}})^2 + 4\sin 2\theta_{\mathrm{i}}\sin 2\theta_{\mathrm{t}}}{\sin^2(\theta_{\mathrm{i}} + \theta_{\mathrm{t}})\cos^2(\theta_{\mathrm{i}} - \theta_{\mathrm{t}})} \\
&= \frac{1}{4}\cdot\frac{(\sin 2\theta_{\mathrm{i}} + \sin 2\theta_{\mathrm{t}})^2}{\sin^2(\theta_{\mathrm{i}} + \theta_{\mathrm{t}})\cos^2(\theta_{\mathrm{i}} - \theta_{\mathrm{t}})} \\
&= \frac{1}{4}\cdot\frac{\{2\sin(\theta_{\mathrm{i}} + \theta_{\mathrm{t}})\cos(\theta_{\mathrm{i}} - \theta_{\mathrm{t}})\}^2}{\sin^2(\theta_{\mathrm{i}} + \theta_{\mathrm{t}})\cos^2(\theta_{\mathrm{i}} - \theta_{\mathrm{t}})} = 1
\end{aligned}$$

式 (3.46), (3.47) より，次式が得られる．

$$\begin{aligned}
R^{\mathrm{s}} + T^{\mathrm{s}} &= \frac{(\sin\theta_{\mathrm{i}}\cos\theta_{\mathrm{t}} - \cos\theta_{\mathrm{i}}\sin\theta_{\mathrm{t}})^2}{\sin^2(\theta_{\mathrm{i}} + \theta_{\mathrm{t}})} + \frac{4\sin\theta_{\mathrm{i}}\cos\theta_{\mathrm{i}}\sin\theta_{\mathrm{t}}\cos\theta_{\mathrm{t}}}{\sin^2(\theta_{\mathrm{i}} + \theta_{\mathrm{t}})} \\
&= \frac{(\sin\theta_{\mathrm{i}}\cos\theta_{\mathrm{t}} + \cos\theta_{\mathrm{i}}\sin\theta_{\mathrm{t}})^2}{\sin^2(\theta_{\mathrm{i}} + \theta_{\mathrm{t}})} = \frac{\sin^2(\theta_{\mathrm{i}} + \theta_{\mathrm{t}})}{\sin^2(\theta_{\mathrm{i}} + \theta_{\mathrm{t}})} = 1
\end{aligned}$$

3.5 (1) $n_2/n_1 = n$ とおくと，式 (3.49) より，次式が得られる．

$$R^{\mathrm{p}} = R^{\mathrm{s}} = \left(\frac{n_2 - n_1}{n_2 + n_1}\right)^2 = \left(\frac{n - 1}{n + 1}\right)^2$$

$$\therefore \frac{d}{dn}R^{\mathrm{p}} = \frac{d}{dn}\left(\frac{n-1}{n+1}\right)^2 = 2\left(\frac{n-1}{n+1}\right) \cdot \frac{n+1-(n-1)}{(n+1)^2} = 4\frac{n-1}{(n+1)^3}$$

$0 < n < 1$ のとき, 微分の値は負, $n = 1$ のとき, 微分はゼロ, $n > 1$ のとき, 微分は正であるから, $n_2/n_1 = 1$ のとき, 反射率 R^{p} (または R^{s}) の最小値はゼロとなる.
(2) $n_2/n_1 = n$ とおくと, 次式が得られる.

$$\left(\frac{n-1}{n+1}\right)^2 \leqq 0.04 = (0.2)^2 \quad \therefore \ -0.2 \leqq \frac{n-1}{n+1} \leqq 0.2$$

左辺より, 次式が得られる.

$$-0.2(n+1) \leqq n-1, \quad 1-0.2 \leqq n+0.2n \quad \therefore \ \frac{0.8}{1.2} = \frac{2}{3} \leqq n$$

右辺より, 次式が得られる.

$$n-1 \leqq 0.2(n+1), \quad n-0.2n \leqq 1+0.2 \quad \therefore \ n \leqq \frac{1.2}{0.8} = \frac{3}{2}$$

すなわち, n_1 および n_2 は次の条件をみたす.

$$\frac{2}{3} \leqq \frac{n_2}{n_1} \leqq \frac{3}{2}$$

3.6 式 (3.51) より, 次式が成り立つ.

$$\tan(\theta_{\mathrm{B1}} + \theta_{\mathrm{B2}}) = \frac{\tan\theta_{\mathrm{B1}} + \tan\theta_{\mathrm{B2}}}{1 - \tan\theta_{\mathrm{B1}} \cdot \tan\theta_{\mathrm{B2}}} = \frac{\dfrac{n_2}{n_1} + \dfrac{n_1}{n_2}}{1 - \dfrac{n_2}{n_1} \cdot \dfrac{n_1}{n_2}} = \frac{\dfrac{n_2}{n_1} + \dfrac{n_1}{n_2}}{1 - 1} = \infty$$

したがって, $\theta_{\mathrm{B1}} + \theta_{\mathrm{B2}} = \pi/2$ である.

3.7 $m = 0, 2, 4, \cdots$ のとき, 次式が成り立つ.

$$\tan\left(\frac{\pi}{2} \cdot m\right) = 0 \quad \therefore \ \tan\left(p - \frac{\pi}{2} \cdot m\right) = \frac{\tan p - \tan\left(\dfrac{\pi}{2} \cdot m\right)}{1 + \tan p \cdot \tan\left(\dfrac{\pi}{2} \cdot m\right)} = \tan p$$

$m = 1, 3, 5, \cdots$ のとき, 次式が成り立つ.

$$\tan\left(\frac{\pi}{2} \cdot m\right) \to \pm\infty$$

$$\therefore \ \tan\left(p - \frac{\pi}{2} \cdot m\right) = \frac{\tan p - \tan\left(\dfrac{\pi}{2} \cdot m\right)}{1 + \tan p \cdot \tan\left(\dfrac{\pi}{2} \cdot m\right)} = \frac{\tan p/\tan\left(\dfrac{\pi}{2} \cdot m\right) - 1}{1/\tan\left(\dfrac{\pi}{2} \cdot m\right) + \tan p}$$

$$= -\frac{1}{\tan p} = -\cot p$$

3.8 (1) 式 (3.56) より，NA および $\theta_{\max}$ はそれぞれ次のようになる．

$$NA = n_1\sqrt{2\Delta} = 3.2 \times \sqrt{0.01} = 0.32$$

$$\theta_{\max} = \sin^{-1} NA = \sin^{-1} 0.32 \fallingdotseq 18.7\,[°]$$

(2) 解図 3.2 のように，コア・クラッド境界面と波数ベクトルのなす角を θ_m，スラブ導波路の入射点 P における入射角を θ_{im} として，式 (3.100) を用いると，次のスネルの法則が成り立つ．

$$\sin\theta_{im} = n_1 \sin\theta_m = n_1 \cdot \frac{\xi_m}{n_1 k_0} = \frac{\xi_m \lambda}{2\pi}$$

$$\therefore\ \theta_{im} = \sin^{-1}\left(\frac{\xi_m \lambda}{2\pi}\right) \qquad (m = 0, 1, 2)$$

例題 3.5(3) の結果より，θ_{i0}，θ_{i1} および θ_{i2} はそれぞれ次のようになる．

$$\theta_{i0} = \sin^{-1}\left(\frac{\xi_0 \lambda}{2\pi}\right) \fallingdotseq \sin^{-1}\left(\frac{0.521 \times 1.3}{6.28}\right) \fallingdotseq 6.19\,[°]$$

$$\theta_{i1} = \sin^{-1}\left(\frac{\xi_1 \lambda}{2\pi}\right) \fallingdotseq \sin^{-1}\left(\frac{1.01 \times 1.3}{6.28}\right) \fallingdotseq 12.1\,[°]$$

$$\theta_{i2} = \sin^{-1}\left(\frac{\xi_2 \lambda}{2\pi}\right) \fallingdotseq \sin^{-1}\left(\frac{1.45 \times 1.3}{6.28}\right) \fallingdotseq 17.5\,[°]$$

波動解に基づく入射角は，最大受光角 $\theta_{\max}$ を超えない範囲で離散的な値をとる．

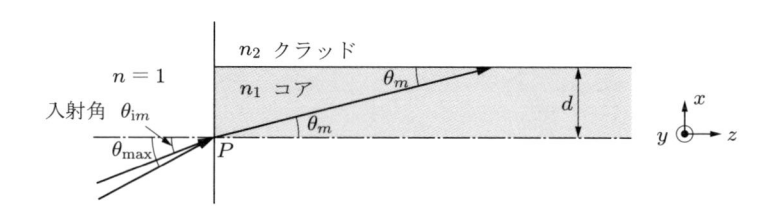

解図 3.2

4 章

4.1 $(\omega_0 - \omega)\tau_c = x$ とおくと，積分は次のように求められる．

$$\frac{A^2}{2}\int_0^\infty \frac{\tau_c}{1+(\omega_0-\omega)^2\tau_c^2}d\omega = \frac{A^2}{2}\int_{\omega_0\tau_c}^{-\infty} \frac{\tau_c}{1+x^2}\cdot\left(-\frac{dx}{\tau_c}\right)$$

$$= \frac{A^2}{2}\int_{-\infty}^{\omega_0\tau_c} \frac{1}{1+x^2}\cdot dx$$

$$= \frac{A^2}{2}[\tan^{-1}x]_{-\infty}^{\omega_0\tau_c} = \frac{A^2}{2}\left(\tan^{-1}\omega_0\tau_c + \frac{\pi}{2}\right)$$

したがって，$\tau_c = 0\,[\text{sec}]$ のとき，積分値は最小となり，次の値をとる．

$$\frac{A^2\pi}{4}$$

スペクトルのピーク値はゼロになるが，半値幅が無限大になるので，積分は確定値をもつ．また，$\tau_c \to \infty\,[\text{sec}]$ のとき，積分値は最大となり，次の値をとる．

$$\frac{A^2\pi}{2}$$

スペクトルのピーク値は無限大になるが，半値幅がゼロになるので，積分は確定値をもつ．

4.2 xy 平面における積分は極座標 r, θ を用いて，次のように求められる．ただし，

$$x = r\cos\theta, \qquad y = r\sin\theta$$

である．

$$A^2 \cdot \frac{{w_0}^2}{w(z)^2} \int_0^{2\pi} d\theta \cdot \int_0^\infty \exp\left\{-2 \cdot \frac{r^2}{w(z)^2}\right\} \cdot r\,dr$$

$$= A^2 \cdot \frac{{w_0}^2}{w(z)^2} \cdot 2\pi \left[-\frac{w(z)^2}{4}\exp\left\{-2 \cdot \frac{r^2}{w(z)^2}\right\}\right]_0^\infty = A^2 \cdot \frac{{w_0}^2\pi}{2}$$

この結果は z に依存しない．これは z 軸に直交する任意の平面上における光パワーは一定であることを示している．

4.3 (1) 式 (4.9) において，$\theta = 10\,[°]$ のとき次式が成り立つ．

$$\exp\left\{-2\left(\frac{10}{\theta_0}\right)^2\right\} = \frac{1}{2}, \qquad -2\left(\frac{10}{\theta_0}\right)^2 = -\ln 2 \qquad \therefore\ \theta_0 = 10\sqrt{\frac{2}{\ln 2}} \fallingdotseq 17.0\,[°]$$

(2) 式 (2.48) より，w_0 は次のようになる．

$$w_0 = \frac{\lambda}{\pi\tan\theta_0} \fallingdotseq \frac{1.3}{3.14 \times \tan(17.0)} \fallingdotseq 1.35\,[\mu\text{m}]$$

5 章

5.1 軌道半径を r とすると，電子にはたらく力は，次のクーロン力 f と遠心力 f' である．

$$f = \frac{q^2}{4\pi\varepsilon_0 r^2}, \qquad f' = \frac{m_0 v^2}{r}$$

ただし，v は電子の速度（速さ）である．$f = f'$ であるから，電子の運動エネルギー E_K は次のようになる．

$$m_0 v^2 = \frac{q^2}{4\pi\varepsilon_0 r} \qquad \therefore\ E_K = \frac{m_0 v^2}{2} = \frac{q^2}{8\pi\varepsilon_0 r}$$

クーロン力に逆らって電子を無限遠点（真空準位）まで運ぶのに要する仕事 E_P' は

$$E'_P = \int_r^\infty \frac{q^2}{4\pi\varepsilon_0 r^2} dr = \frac{q^2}{4\pi\varepsilon_0 r}$$

であり，無限遠点ではポテンシャルエネルギーはゼロであるから，電子のポテンシャルエネルギー E_P は次のようになる．

$$E_P = -E'_P = -\frac{q^2}{4\pi\varepsilon_0 r}$$

したがって，全エネルギー E は次のようになる．

$$E = E_K + E_P = -\frac{q^2}{8\pi\varepsilon_0 r}$$

また，ボーアの仮説 3 より次式が成り立つ．

$$v = \frac{n\hbar}{m_0 r}$$

これと，上の $f = f'$ の式より v を消去すると，許される r の値が得られる．

$$m_0 \left(\frac{n\hbar}{m_0 r}\right)^2 = \frac{n^2\hbar^2}{m_0 r^2} = \frac{q^2}{4\pi\varepsilon_0 r} \qquad \therefore r = \frac{4\pi\varepsilon_0 n^2 \hbar^2}{m_0 q^2} = \frac{n^2 h^2 \varepsilon_0}{\pi m_0 q^2}$$

この値をエネルギー E の式に代入すると E_n が得られる．

$$E_n = -\frac{q^2}{8\pi\varepsilon_0} \cdot \frac{\pi m_0 q^2}{n^2 h^2 \varepsilon_0} = -\frac{m_0 q^4}{8\varepsilon_0^2 h^2 n^2}$$

5.2 (1) 演習問題 5.1 の結果より

$$\nu = \frac{E_n - E_m}{h} = \frac{1}{h} \cdot \frac{m_0 q^4}{8\varepsilon_0^2 h^2}\left(\frac{1}{m^2} - \frac{1}{n^2}\right)$$

であるから，$m_0 = 9.1 \times 10^{-31}$ [kg]，$q = 1.6 \times 10^{-19}$ [C]，$\varepsilon_0 = 8.854 \times 10^{-12}$ [F/m]，$h = 6.63 \times 10^{-34}$ [J·s] を用いると，A は次のようになる．

$$A = \frac{m_0 q^4}{8\varepsilon_0^2 h^3} \fallingdotseq \frac{9.1 \times 10^{-31} \times (1.6 \times 10^{-19})^4}{8 \times (8.854 \times 10^{-12})^2 \times (6.63 \times 10^{-34})^3}$$
$$= \frac{9.1 \times 1.6^4 \times 10^{-31-76}}{8 \times 8.854^2 \times 6.63^3 \times 10^{-24-102}} \fallingdotseq 3.26 \times 10^{15} \text{ [Hz]} = 3260 \text{ [THz]}$$

(2) $m = 1$, $n = 2$ のとき，放出されるフォトンの周波数 ν と波長 λ はそれぞれ次のようになる．

$$\nu \fallingdotseq 3.26 \times 10^{15} \times \left(1 - \frac{1}{4}\right) = \frac{3 \times 3.26 \times 10^{15}}{4} \fallingdotseq 2.45 \times 10^{15} \text{ [Hz]} = 2450 \text{ [THz]}$$

$$\lambda = \frac{3 \times 10^8}{2.45 \times 10^{15}} \fallingdotseq 1.224 \times 10^{-7} \text{ [m]} = 0.1224 \text{ [μm]} = 1224 \text{ [Å]}$$

これより，これは紫外線であることがわかる．
(3) $m = 2$, $n = 3$ のとき，放出されるフォトンの周波数 ν と波長 λ はそれぞれ次のようになる．

$$\nu \fallingdotseq 3.26 \times 10^{15} \times \left(\frac{1}{4} - \frac{1}{9}\right) = \frac{5 \times 3.26 \times 10^{15}}{36} \fallingdotseq 4.53 \times 10^{14}\,[\mathrm{Hz}] = 453\,[\mathrm{THz}]$$

$$\lambda = \frac{3 \times 10^8}{4.53 \times 10^{14}} \fallingdotseq 0.6623 \times 10^{-6}\,[\mathrm{m}] = 0.6623\,[\mathrm{\mu m}] = 6623\,[\mathrm{\AA}]$$

これより，これは可視光線であることがわかる．

5.3 (1) 式 (1.1) より，フォトンのエネルギー E と運動量 p の関係は次のようになる．

$$\nu = \frac{c}{\lambda}, \qquad h\nu = h\frac{c}{\lambda} \qquad \therefore\ E = cp$$

また，電子のエネルギーと運動量の関係は次のようになる．

$$E = \frac{1}{2}m_0 v^2 = \frac{(m_0 v)^2}{2m_0} = \frac{p^2}{2m_0}$$

電子の E は p^2 に比例し，比例係数に m_0 が含まれるが，フォトンの E は p に比例し，比例係数は光速 c である．
(2) 上記 (1) の結果とアインシュタイン – ド・ブロイの関係からエネルギー E と運動量 p を消去すると，振動数 ν と波長 λ の関係が得られる．

$$E = \frac{p^2}{2m_0}, \qquad h\nu = \frac{1}{2m_0}\left(\frac{h}{\lambda}\right)^2 \qquad \therefore\ \nu = \frac{h}{2m_0 \lambda^2}$$

電子の ν は λ^2 に逆比例し，比例係数に m_0 が含まれるが，フォトンの ν は λ に逆比例し，比例係数は c である．

5.4 運動量はベクトル量であるから，x 方向の運動量の不確定さは**解図** 5.1 より，

$$\Delta p_x = \frac{h}{\lambda} \cdot \sin\theta_0 \fallingdotseq \frac{h}{\lambda} \cdot \theta_0$$

とみなせる．x 方向の位置の不確定さは $\Delta x = w_0$ とみなせるから，式 (2.48) を用いると，次式が成り立つ．

$$\frac{\lambda}{\pi w_0} \fallingdotseq \theta_0, \qquad \frac{h}{\lambda}\theta_0 \cdot w_0 \fallingdotseq \frac{h}{\pi} \qquad \therefore\ \Delta x \cdot \Delta p_x \fallingdotseq \frac{h}{\pi}$$

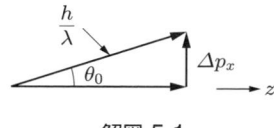

解図 5.1

5.5 熱平衡状態では，単位時間あたりの $E_2 \to E_1$ の遷移数と $E_1 \to E_2$ の遷移数がつり

合っているから，式 (5.6)，(5.7) より，次式が成り立つ．

$$(A + n_{\mathrm{ph}}B)N_2 = n_{\mathrm{ph}}B \cdot N_1$$

式 (5.23) より，次式が成り立つ．

$$A + n_{\mathrm{ph}}B = n_{\mathrm{ph}}B \cdot \frac{N_1}{N_2} = n_{\mathrm{ph}}B \cdot \exp\left(\frac{E_2 - E_1}{k_{\mathrm{B}}T}\right) = n_{\mathrm{ph}}B \cdot \exp\left(\frac{h\nu}{k_{\mathrm{B}}T}\right)$$

$$\frac{A}{n_{\mathrm{ph}}B} = \exp\left(\frac{h\nu}{k_{\mathrm{B}}T}\right) - 1$$

(1) $\lambda = 0.65\,[\mu\mathrm{m}]$ のとき，次式が成り立つ．

$$\frac{A}{n_{\mathrm{ph}}B} = \exp\left(\frac{hc}{k_{\mathrm{B}}T\lambda}\right) - 1 \fallingdotseq \exp\left(\frac{6.63 \times 10^{-34} \times 3 \times 10^8}{1.38 \times 10^{-23} \times 300 \times 0.65 \times 10^{-6}}\right) - 1$$

$$\fallingdotseq \exp\left(\frac{6.63 \times 10^2}{1.38 \times 6.5}\right) \fallingdotseq 1.26 \times 10^{32}$$

(2) $\lambda = 1.3\,[\mu\mathrm{m}]$ のとき，次式が成り立つ．

$$\frac{A}{n_{\mathrm{ph}}B} = \exp\left(\frac{hc}{k_{\mathrm{B}}T\lambda}\right) - 1 \fallingdotseq \exp\left(\frac{6.63 \times 10^{-34} \times 3 \times 10^8}{1.38 \times 10^{-23} \times 300 \times 1.3 \times 10^{-6}}\right) - 1$$

$$\fallingdotseq \exp\left(\frac{6.63 \times 10}{1.38 \times 1.3}\right) \fallingdotseq 1.12 \times 10^{16}$$

(3) $\lambda = 100\,[\mu\mathrm{m}]$ のとき，次式が成り立つ．

$$\frac{A}{n_{\mathrm{ph}}B} = \exp\left(\frac{hc}{k_{\mathrm{B}}T\lambda}\right) - 1 \fallingdotseq \exp\left(\frac{6.63 \times 10^{-34} \times 3 \times 10^8}{1.38 \times 10^{-23} \times 300 \times 100 \times 10^{-6}}\right) - 1$$

$$\fallingdotseq \exp\left(\frac{6.63 \times 10^{-1}}{1.38}\right) - 1 \fallingdotseq 0.62$$

(4) $A = n_{\mathrm{ph}}B$ となるのは

$$\exp\left(\frac{hc}{k_{\mathrm{B}}T\lambda}\right) = 2$$

のときであるから，遷移波長 λ は次のようになる．

$$\lambda = \frac{hc}{k_{\mathrm{B}}T \cdot \ln 2} \fallingdotseq \frac{6.63 \times 10^{-34} \times 3 \times 10^8}{1.38 \times 10^{-23} \times 300 \times 0.693} = \frac{6.63 \times 10^{-5}}{1.38 \times 0.693} \fallingdotseq 6.93 \times 10^{-5}\,[\mathrm{m}]$$

$$= 69.3\,[\mu\mathrm{m}]$$

すなわち，波長が短くなるにつれて自然放出光成分が圧倒的に大きくなる．

5.6 (1) $E_2 - E_1 = h\nu$ とおくと，式 (5.24) の exp が入った分数項はプランクの式の exp が入った分数項と一致する．したがって，式 (5.24) の A/B はプランクの式の $8\pi h\nu^3/c^3$ に対応するが，A/B は密度 $[\mathrm{cm}^{-3}]$ の次元（単位）をもち，$8\pi h\nu^3/c^3$ は単位体積・単位

周波数あたりのエネルギー [J/(cm^3·s^{-1})] の次元をもつので，互いに次元が異なる．次元を合わせると次式が成り立つ．

$$\frac{A}{B} \times \frac{h\nu}{\nu} = \frac{8\pi h\nu^3}{c^3} \ [\text{J/(cm}^3\text{·s}^{-1})] \qquad \therefore \ \frac{A}{B} = \frac{8\pi\nu^3}{c^3} \ [\text{cm}^{-3}]$$

(2) 誘導放出成分に比べて，自然放出成分が周波数の三乗に比例して相対的に大きくなる．したがって，周波数が高くなるほど（波長が短くなるほど），誘導放出に基づくコヒーレントな波動が得にくくなる．

5.7 (1) $1 < u < v$ であるから，u, v の定義域は**解図 5.2**(a) の色のついた部分となる．v が一定値をとる図 (a) の矢印に沿って n_ph を u で微分すると，次のように常に負となり，

$$\frac{dn_\text{ph}}{du} = \frac{A}{B} \cdot \frac{d}{du}\left(\frac{v-u}{u-1}\right) = \frac{A}{B} \cdot \frac{-1 \times (u-1) - (v-u) \times 1}{(u-1)^2}$$
$$= \frac{A}{B} \cdot \frac{1-v}{(u-1)^2} < 0 \qquad (v > 1)$$

u の増加に対して n_ph は減少する．$u \to 1+0$ のとき，

$$\frac{dn_\text{ph}}{du} \to -\infty$$

$u = v - 0$ のとき，

$$\frac{dn_\text{ph}}{du} = -\frac{A}{B} \cdot \frac{1}{v-1} < 0 \qquad (v > 1)$$

となるから，n_ph の u 依存性の概形は図 (b) のようになり，$u \to 1+0$ のとき，$n_\text{ph} \to \infty$ となる．

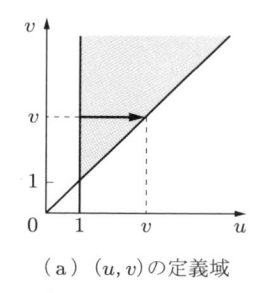

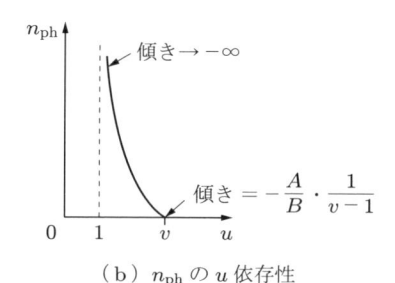

（a）(u,v) の定義域 　　（b）n_ph の u 依存性

解図 5.2

(2) 図 (b) の概形は，誘導放出によりフォトン密度が増幅されると，励起準位の原子密度が減少し，反転分布の度合いが弱くなる，すなわち，利得飽和が生じる傾向を表す．

5.8 1往復にかかる時間を t_0 とすると，往復回数は τ_p/t_0 であるから，式 (5.50)，(5.51) より，次のように求められる．

$$\frac{\tau_\text{p}}{t_0} = \frac{1}{2(\alpha L - \ln R)} = \frac{1}{2 \times (20 \times 300 \times 10^{-4} - \ln 0.32)} \fallingdotseq \frac{1}{2 \times (0.6 + 1.14)} \fallingdotseq 0.287$$

すなわち，1/3往復程度でフォトン密度は $1/e$ になる（したがって，発振させるには利得を十分大きくすることが不可欠となる）．

5.9 (1) 解図 5.3(a) は図 5.11(b) の光共振器において，左側のミラー面のパワー反射率を R_1，右側の反射率 R_2 とした場合のフォトン密度の減衰の様子を示す．式 (5.50), (5.49) と同様に，① → ⑥の所要時間 $t_0 = 2nL/c$ の間にフォトン密度は次のように減少するから，

$$n_{\mathrm{ph0}} \to n_{\mathrm{ph0}} R_1 R_2 \cdot \exp(-2\alpha L)$$

式 (5.51) と同様に，τ_{p} は次のように求められる．

$$R_1 R_2 \cdot \exp(-2\alpha L) = \exp\left(-\frac{t_0}{\tau_{\mathrm{p}}}\right)$$

$$\therefore \tau_{\mathrm{p}} = \frac{t_0}{2\alpha L - \ln(R_1 R_2)} = \frac{2nL}{c\{2\alpha L - \ln(R_1 R_2)\}}$$

$\alpha = 0$ より，τ_{m} は次のようになる．

$$\tau_{\mathrm{m}} = \frac{2nL}{-c\ln(R_1 R_2)}$$

(2) 解図 5.3(b) は図 5.12(a) の光共振器において，左側のミラー面のパワー反射率を R_1，右側の反射率 R_2 とした場合のフォトン密度の減衰の様子を示す．式 (5.53) と同様に，① → ⑤の間でフォトン密度が減衰しないためには，次式が成り立たなければならない．

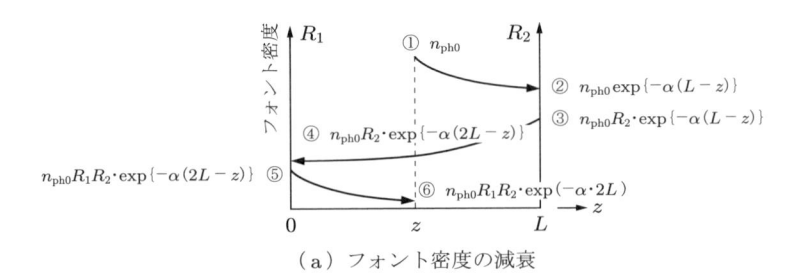

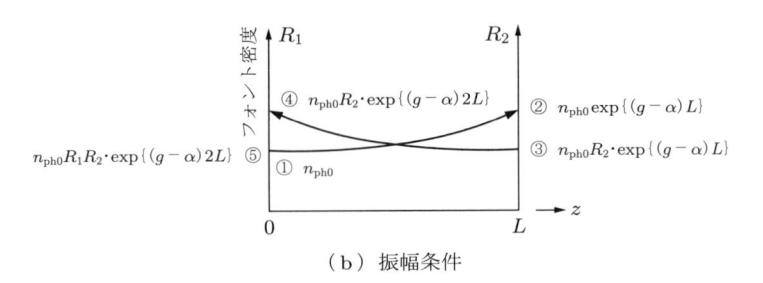

（a）フォント密度の減衰

（b）振幅条件

解図 5.3

$$n_{\text{ph0}} \leqq n_{\text{ph0}} R_1 R_2 \cdot \exp\{(g-\alpha)2L\}$$

したがって，振幅条件は次式で与えられる．

$$1 \leqq R_1 R_2 \cdot \exp\{(g-\alpha)2L\} \qquad \therefore\ g \geqq \alpha - \frac{1}{2L}\ln(R_1 R_2)$$

5.10 式 (5.55) を

$$m\lambda = 2nL$$

と表し，両辺の全微分をとると次式が得られる．

$$\lambda \cdot dm + m \cdot d\lambda = 2L \cdot dn$$

$dm = -1$ のとき $d\lambda = \Delta\lambda$ となり，また $m = 2nL/\lambda$ であるから，次式が成り立つ．

$$-\lambda + m \cdot d\lambda = 2L \cdot dn, \qquad -\frac{\lambda}{d\lambda} + \frac{2nL}{\lambda} = 2L\frac{dn}{d\lambda},$$

$$\frac{2nL}{\lambda} - 2L\frac{dn}{d\lambda} = \frac{2nL}{\lambda}\left(1 - \frac{\lambda}{n}\cdot\frac{dn}{d\lambda}\right) = \frac{\lambda}{d\lambda} = \frac{\lambda}{\Delta\lambda},$$

$$\therefore\ \Delta\lambda = \frac{\lambda^2}{2nL\left(1 - \frac{\lambda}{n}\cdot\frac{dn}{d\lambda}\right)}$$

6 章

6.1 解図 6.1 のように，活性層の熱平衡状態の電子密度を N_0 とすると，定常状態では $N(x)$ は次の拡散方程式をみたす．

$$D_{\text{n}}\frac{d^2\{N(x)-N_0\}}{dx^2} - \frac{N(x)-N_0}{\tau_{\text{s}}} = 0$$

ただし，D_{n} は電子の拡散係数であり，次式で与えられる．

$$D_{\text{n}} = \frac{L_{\text{n}}^2}{\tau_s}$$

拡散方程式の一般解は，A，B を定数として次のようになる．

$$N(x) - N_0 = Ae^{\frac{x}{L_{\text{n}}}} + Be^{-\frac{x}{L_{\text{n}}}} \qquad (L_{\text{n}} \equiv \sqrt{\tau_s D_{\text{n}}})$$

ここで，順方向電圧を $V\,[\text{V}]$ とすると，$x = 0$ における境界条件は次式で与えられる．

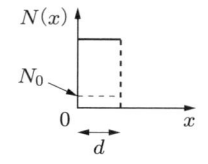

解図 6.1

$$N(0) = N_0 \exp\left(\frac{qV}{k_\mathrm{B}T}\right) = N_0 + A + B$$

$x = d$ における境界条件は，電子の拡散電流ゼロの条件より，

$$\left.\frac{dN(x)}{dx}\right|_{x=d} = \frac{A}{L_\mathrm{n}} e^{\frac{d}{L_\mathrm{n}}} - \frac{B}{L_\mathrm{n}} e^{-\frac{d}{L_\mathrm{n}}} = 0 \qquad \therefore B = A e^{\frac{2d}{L_\mathrm{n}}}$$

と与えられるので，これらの2式より，A および B はそれぞれ次のように求められる．

$$A = \frac{1}{1 + e^{\frac{2d}{L_\mathrm{n}}}} \cdot N_0 \left(e^{\frac{qV}{k_\mathrm{B}T}} - 1\right)$$

$$B = \frac{e^{\frac{2d}{L_\mathrm{n}}}}{1 + e^{\frac{2d}{L_\mathrm{n}}}} \cdot N_0 \left(e^{\frac{qV}{k_\mathrm{B}T}} - 1\right)$$

これらをもとの一般解に代入して整理すると次式となる．

$$N(x) = N_0 + N_0 \left(e^{\frac{qV}{k_\mathrm{B}T}} - 1\right) \cdot \frac{e^{\frac{x}{L_\mathrm{n}}} + e^{\frac{2d-x}{L_\mathrm{n}}}}{1 + e^{\frac{2d}{L_\mathrm{n}}}}$$

$$= N_0 + N_0 \left(e^{\frac{qV}{k_\mathrm{B}T}} - 1\right) \cdot \frac{e^{\frac{x-d}{L_\mathrm{n}}} + e^{-\frac{x-d}{L_\mathrm{n}}}}{e^{\frac{d}{L_\mathrm{n}}} + e^{-\frac{d}{L_\mathrm{n}}}}$$

$$= N_0 + N_0 \left(e^{\frac{qV}{k_\mathrm{B}T}} - 1\right) \cdot \frac{\cosh\left(\dfrac{x-d}{L_\mathrm{n}}\right)}{\cosh\left(\dfrac{d}{L_\mathrm{n}}\right)}$$

したがって，$d \ll L_\mathrm{n}$, $N_0 \ll N(x)$ のとき，$N(x)$ の近似式は次のようになる．

$$N(x) \fallingdotseq N_0 \left(e^{\frac{qV}{k_\mathrm{B}T}} - 1\right)$$

$x = 0$ における電子電流密度 $J_\mathrm{n}(0)$ は

$$J_\mathrm{n}(0) \equiv qD_\mathrm{n} \left.\frac{dN(x)}{dx}\right|_{x=0} = qD_\mathrm{n} N_0 \left(e^{\frac{qV}{k_\mathrm{B}T}} - 1\right) \cdot \frac{-\sinh\left(\dfrac{d}{L_\mathrm{n}}\right)}{L_\mathrm{n} \cosh\left(\dfrac{d}{L_\mathrm{n}}\right)}$$

$$= -\frac{qD_\mathrm{n} N_0}{L_\mathrm{n}} \left(e^{\frac{qV}{k_\mathrm{B}T}} - 1\right) \cdot \tanh\left(\frac{d}{L_\mathrm{n}}\right)$$

となるので，$d \ll L_\mathrm{n}$ のとき，$J_\mathrm{n}(0)$ の近似式は次のようになる．

$$J_\mathrm{n}(0) \fallingdotseq -\frac{qD_\mathrm{n} N_0}{L_\mathrm{n}} \left(e^{\frac{qV}{k_\mathrm{B}T}} - 1\right) \cdot \frac{d}{L_\mathrm{n}} = -\frac{qd}{\tau_\mathrm{s}} N_0 \left(e^{\frac{qV}{k_\mathrm{B}T}} - 1\right) \fallingdotseq -\frac{qd}{\tau_\mathrm{s}} N(x)$$

マイナス符号は $J_\mathrm{n}(0)$ が x の負の向きに流れることを意味しており，絶対値をとれば式 (6.1) となる．

6.2 パワー反射率 R が大きくなると，フォトンが共振器外部に放出されにくくなるので，τ_p および τ_m は大きく（長く）なり，η_d は低下する．ミラー面からの損失が減少するので，I_th も減少する．これらは次のように定量的に求めることができる．

式 (5.51) より，次式が得られる．

$$\frac{\partial \tau_\mathrm{p}}{\partial R} = \frac{\partial}{\partial R} \frac{nL}{c(\alpha L - \ln R)} = \frac{nL}{c} \cdot \frac{\dfrac{1}{R}}{(\alpha L - \ln R)^2} > 0$$

式 (5.52) より，次式が得られる．

$$\frac{\partial \tau_\mathrm{m}}{\partial R} = \frac{\partial}{\partial R} \frac{nL}{-c \ln R} = \frac{nL}{c} \cdot \frac{\dfrac{1}{R}}{(\ln R)^2} > 0$$

式 (6.28) より，次式が得られる．

$$\frac{\partial \eta_\mathrm{d}}{\partial R} = \frac{\partial}{\partial R} \frac{-\ln R}{\alpha L - \ln R} = \frac{-\dfrac{1}{R}(\alpha L - \ln R) + \ln R \cdot \left(-\dfrac{1}{R}\right)}{(\alpha L - \ln R)^2}$$

$$= -\frac{1}{R} \cdot \frac{\alpha L}{(\alpha L - \ln R)^2} < 0$$

R が大きくなると τ_p も大きくなるので，式 (6.23) より，次式が得られる．

$$\frac{\partial N_\mathrm{th}}{\partial \tau_\mathrm{p}} = \frac{\partial}{\partial \tau_\mathrm{p}} \left(N_\mathrm{g} + \frac{1}{\tau_\mathrm{p} B}\right) = -\frac{1}{B \tau_\mathrm{p}^2} < 0$$

I_th は N_th に比例するので，N_th と同様な τ_p 依存性を示す．

6.3 (1) 式 (6.27)，(6.29) より，両面から出る全光出力は次式となる．

$$2S_\mathrm{d}(I - I_\mathrm{th}) \, [\mathrm{W}]$$

したがって，単位時間に放出されるフォトン数は次のようになる．

$$\frac{2S_\mathrm{d}(I - I_\mathrm{th})}{h\nu} = \frac{2S_\mathrm{d}(I - I_\mathrm{th})\lambda}{hc} \, [\text{個}/\mathrm{s}]$$

(2) 上記 (1) の結果より，単位時間に放出されるフォトン数は次のようになる．

$$\frac{2S_\mathrm{d}(I - I_\mathrm{th})\lambda}{hc} = \frac{2 \times 0.35 \times (20 - 10) \times 10^{-3} \times 1.3 \times 10^{-6}}{6.63 \times 10^{-34} \times 3 \times 10^8} \fallingdotseq 4.58 \times 10^{16} \, [\text{個}/\mathrm{s}]$$

6.4 微分量子効率 η_d が一定のとき，波長によらず，単位時間に一定数のフォトンが放出されるが，一つのフォトンのエネルギーは $h\nu = hc/\lambda$ であり，波長に逆比例して小さくなるため，出力光パワーは波長が長くなるほど低下する．すなわち，式 (6.29) より，

$$S_\mathrm{d} \equiv \frac{\Delta P}{\Delta I} = \frac{\eta_\mathrm{d}}{2} \cdot \frac{h\nu}{q} = \frac{\eta_\mathrm{d}}{2} \cdot \frac{hc}{q\lambda}$$

であるから，一定の電流増分 ΔI に対し，出力光パワーの増分 ΔP は波長が長くなるほど低下するので，スロープ効率は低下する．

6.5 (1) **解図 6.2** のように，左側のミラー面のパワー反射率を R_1，右側のミラー面の反射率を R_2，共振器長を L，媒質の利得を g，損失を α とする．簡単のため，パワー P_0 のフォトンが反射率 R_1 の面の内側から右方向に伝搬する場合を想定する．フォトンが反射率 R_2 の面に達するとパワーは $P_0 \cdot e^{(g-\alpha)L}$ となるから，反射により戻るパワーは $P_0 R_2 \cdot e^{(g-\alpha)L}$，透過するパワーは $P_0(1-R_2) \cdot e^{(g-\alpha)L}$ となる．反射率 R_1 の面に戻ったパワーは $P_0 R_2 \cdot e^{(g-\alpha)2L}$ となるから，透過するパワーは $P_0 R_2 (1-R_1) \cdot e^{(g-\alpha)2L}$，再び反射されるパワーは $P_0 R_1 R_2 \cdot e^{(g-\alpha)2L}$ となる．このように，多重の反射と透過を繰り返して両方の面から透過した成分の総和がそれぞれの面からの出力パワーになるから，解図 6.2 より，P_1 および P_2 はそれぞれ次のように求められる．ただし，級数の公比 $R_1 R_2 \cdot e^{(g-\alpha)2L} < 1$ とみなし，級数は収束するとした．

$$P_1 = P_0 R_2 (1-R_1) \cdot e^{(g-\alpha)2L}$$
$$\cdot \{1 + R_1 R_2 \cdot e^{(g-\alpha)2L} + (R_1 R_2)^2 \cdot e^{(g-\alpha)4L} + (R_1 R_2)^3 \cdot e^{(g-\alpha)6L} + \cdots\}$$
$$= \frac{P_0 R_2 (1-R_1) \cdot e^{(g-\alpha)2L}}{1 - R_1 R_2 \cdot e^{(g-\alpha)2L}}$$

$$P_2 = P_0 (1-R_2) \cdot e^{(g-\alpha)L}$$
$$\cdot \{1 + R_1 R_2 \cdot e^{(g-\alpha)2L} + (R_1 R_2)^2 \cdot e^{(g-\alpha)4L} + (R_1 R_2)^3 \cdot e^{(g-\alpha)6L} + \cdots\}$$
$$= \frac{P_0 (1-R_2) \cdot e^{(g-\alpha)L}}{1 - R_1 R_2 \cdot e^{(g-\alpha)2L}}$$

これらの2式より，P_2/P_1 は次のように求められる．

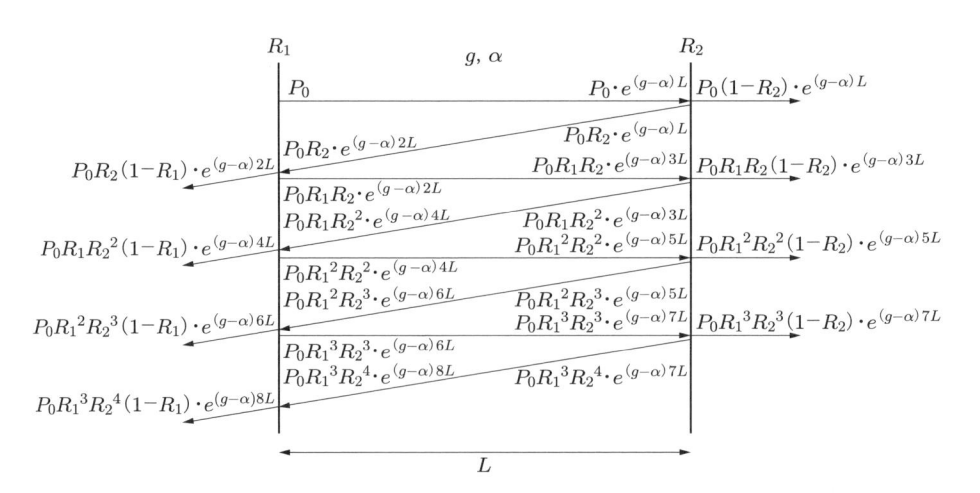

解図 6.2

$$\frac{P_2}{P_1} = \frac{P_0(1-R_2)\cdot e^{(g-\alpha)L}}{P_0 R_2(1-R_1)\cdot e^{(g-\alpha)2L}} = \frac{1-R_2}{R_2(1-R_1)\cdot e^{(g-\alpha)L}} = \frac{1-R_2}{R_2(1-R_1)}\cdot \sqrt{R_1 R_2}$$

$$= \frac{\sqrt{R_1}(1-R_2)}{\sqrt{R_2}(1-R_1)}$$

ただし，演習問題 5.9(2) より，発振後は振幅条件 $R_1 R_2 \cdot e^{(g-\alpha)2L}=1$ が成り立つとした．
(2) $R_1 = 0.16$, $R_2 = 0.64$ のとき P_2/P_1 は次のようになる．

$$\frac{P_2}{P_1} = \frac{\sqrt{0.16}(1-0.64)}{\sqrt{0.64}(1-0.16)} = \frac{0.36}{2\times 0.84} \fallingdotseq 0.214$$

$R = 0.32$ とすると，$R_1 = R/2$, $R_2 = R\times 2$ であるから，$R_1 R_2 = R^2$ となる．したがって，式 (5.51), (5.52), (6.28) と演習問題 5.9(1) より，τ_p, τ_m, η_d は変化しない．また，式 (6.23), (6.24) より，I_th も変化しない．

6.6 式 (6.40) より，

$$n_\mathrm{m} \fallingdotseq \frac{j\omega \cdot n_\mathrm{phm}}{B\cdot N_\mathrm{phb}}$$

であり，これを式 (6.43) に代入して n_m を消去すると，n_phm は次のように求められる．

$$\left(j\omega + B\cdot N_\mathrm{phb} + \frac{1}{\tau_\mathrm{s}}\right)\cdot \frac{j\omega \cdot n_\mathrm{phm}}{B\cdot N_\mathrm{phb}} = -\frac{n_\mathrm{phm}}{\tau_\mathrm{p}} + \frac{i_\mathrm{m}}{qV_\mathrm{a}},$$

$$\left(-\frac{\omega^2}{B\cdot N_\mathrm{phb}} + j\omega + \frac{j\omega}{\tau_\mathrm{s} B\cdot N_\mathrm{phb}} + \frac{1}{\tau_\mathrm{p}}\right)n_\mathrm{phm} = \frac{i_\mathrm{m}}{qV_\mathrm{a}},$$

$$\left(-\omega^2\cdot \frac{\tau_\mathrm{p}}{B\cdot N_\mathrm{phb}} + j\omega\tau_\mathrm{p} + \frac{j\omega\tau_\mathrm{p}}{\tau_\mathrm{s} B\cdot N_\mathrm{phb}} + 1\right)n_\mathrm{phm} = \frac{\tau_\mathrm{p}}{qV_\mathrm{a}}\cdot i_\mathrm{m},$$

$$\left\{1 - \omega^2\cdot \frac{\tau_\mathrm{p}}{B\cdot N_\mathrm{phb}} + j\omega\tau_\mathrm{s}\left(\frac{\tau_\mathrm{p}}{\tau_\mathrm{s}} + \frac{\tau_\mathrm{p}}{\tau_\mathrm{s}^2 B\cdot N_\mathrm{phb}}\right)\right\}n_\mathrm{phm} = \frac{\tau_\mathrm{p}}{qV_\mathrm{a}}\cdot i_\mathrm{m},$$

$$\therefore\ n_\mathrm{phm} = \frac{1}{1-\left(\frac{\omega}{\omega_\mathrm{r}}\right)^2 + j\omega\tau_\mathrm{s}\left(\frac{\tau_\mathrm{p}}{\tau_\mathrm{s}} + \frac{1}{\tau_\mathrm{s}^2 \omega_\mathrm{r}^2}\right)}\cdot \frac{\tau_\mathrm{p}}{qV_\mathrm{a}}\cdot i_\mathrm{m} \qquad \left(\omega_\mathrm{r} \equiv \sqrt{\frac{B\cdot N_\mathrm{phb}}{\tau_\mathrm{p}}}\right)$$

7章

7.1 受光部から内部方向に x 軸をとり，空乏内の電荷密度分布 $\rho(x)$ を描くと**解図 7.1(a)** のようになる．p^+ 層と i 層の接合面の位置を $x=0$ とした．q は電子の電荷（絶対値）である．p^+ 層，i 層および n^+ 層におけるポアソン方程式は，それぞれ次のようになる．

$$\frac{d^2\varphi(x)}{dx^2} = \frac{qN_\mathrm{A}^+}{\varepsilon_\mathrm{s}} \qquad (-w_\mathrm{p} \leqq x \leqq 0)$$

$$\frac{d^2\varphi(x)}{dx^2} = -\frac{qN_\mathrm{D}^-}{\varepsilon_\mathrm{s}} \qquad (0 \leqq x \leqq d)$$

$$\frac{d^2\varphi(x)}{dx^2} = -\frac{qN_\mathrm{D}^+}{\varepsilon_\mathrm{s}} \qquad (d \leqq x \leqq d+w_\mathrm{n})$$

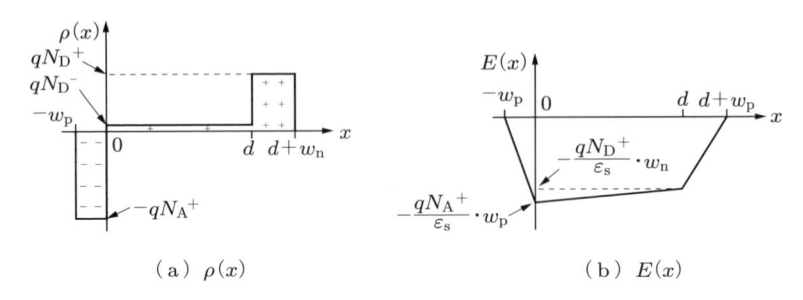

(a) $\rho(x)$　　　　　　　　(b) $E(x)$

解図 7.1

ただし，$\varphi(x)$ は電位分布，ε_s は半導体の誘電率である．
　電界分布を $E(x)$ とすると，境界条件は $E(-w_p) = E(d+w_n) = 0$ であるから，各層における電界はそれぞれ次のようになる．

$$E(x) \equiv -\frac{d\varphi(x)}{dx} = -\frac{qN_A^+}{\varepsilon_s} \cdot (x+w_p) \quad (-w_p \leqq x \leqq 0)$$

$$E(x) \equiv -\frac{d\varphi(x)}{dx} = \frac{qN_D^-}{\varepsilon_s} \cdot (x-C) \quad (0 \leqq x \leqq d)$$

$$E(x) \equiv -\frac{d\varphi(x)}{dx} = \frac{qN_D^+}{\varepsilon_s} \cdot \{x-(d+w_n)\} \quad (d \leqq x \leqq d+w_n)$$

ただし，C は積分定数である．$x=0$ および $x=d$ で電界が連続になる条件は，それぞれ次式となる．

$$\frac{qN_A^+}{\varepsilon_s} \cdot w_p = \frac{qN_D^-}{\varepsilon_s} \cdot C, \quad C = \frac{N_A^+}{N_D^-} \cdot w_p$$

$$\frac{qN_D^-}{\varepsilon_s} \cdot (d-C) = -\frac{qN_D^+}{\varepsilon_s} \cdot w_n$$

これらの 2 式より，C を消去すると次式が得られる．

$$N_D^- \cdot \left(d - \frac{N_A^+}{N_D^-} \cdot w_p\right) = -N_D^+ \cdot w_n \quad \therefore\ N_A^+ \cdot w_p = N_D^- \cdot d + N_D^+ \cdot w_n$$

これは電荷中性条件である．すなわち，電荷中性条件が成り立つので，電界は連続になり，その x 依存性の概形は解図 7.1(b) のようになる．電界の値は負であるから，電子は右方向に，ホールは左方向にドリフトし，左方向の光電流が流れる．

7.2 量子効率 η_p が一定のとき，波長によらず単位時間に一定数のフォトンが入射したとき，一定数のキャリア（電子）が発生するが，一つのフォトンのエネルギーは $h\nu = hc/\lambda$ であり，波長に逆比例して小さくなるため，入射光パワーは波長が長くなるほど低下する．すなわち，式 (7.1) より，

$$S_p \equiv \frac{I_{ph}}{P_i} = \frac{\Delta I}{\Delta P} \ [A/W]$$

演習問題の解答　195

であるから，光電流の一定の増分 ΔI に対し，入射光パワーの増分 ΔP は波長が長くなるほど低下するので，感度は高くなる．

7.3 波長が 0.92 [μm] より短い光は n 層（p^+ 拡散により p 型になっている）で吸収され，電子・ホール（正孔）対が発生するが，この層には電界がないので，発生した少数キャリアは多数キャリアと再結合して消滅し，光電流にほとんど寄与しない．

波長が 0.92 [μm] より長く，1.65 [μm] より短い光は i 層で吸収され，電子・ホール対が発生するが，この層には n^+ 層から p^+ 層方向の強い電界が存在するので，ホールは電界方向に，電子は電界と逆方向にそれぞれドリフトし，光電流が発生する．

波長が 1.65 [μm] より長い光は，すべての層を通過するので感度に寄与しない．

したがって，式 (7.3) より，感度 S_p の波長依存性は次式で表され，

$$S_p \fallingdotseq \frac{\lambda \times 0.8}{1.24} \quad (0.92\,[\mu m] \leqq \lambda \leqq 1.65\,[\mu m])$$

概略形状は**解図 7.2** のようになる．

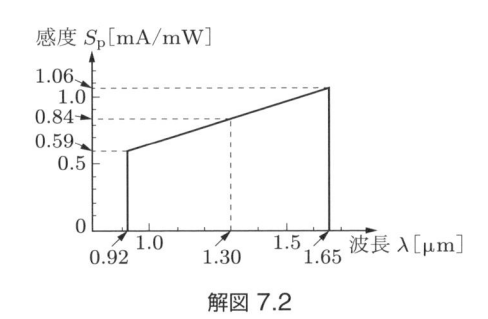

解図 7.2

7.4 PD モードであるから，式 (7.11) より，I_R の値は光電流値に等しく，その振幅は $P_i \cdot S_p$ である．したがって，出力電圧の振幅は $P_i \cdot S_p \cdot R$ である．（光電流値）×（負荷抵抗 R）<（バイアス電圧 V_b）であるから，出力電圧 V は負の範囲で振動し，波形は**解図 7.3** のようになる．

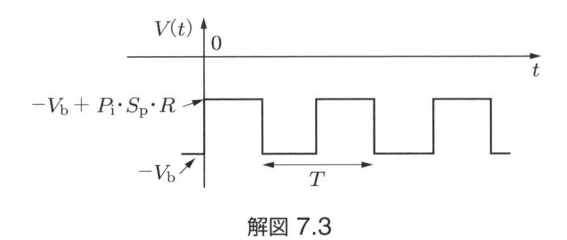

解図 7.3

7.5 式 (7.20) の左辺は次のように変形できる．

$$\left|\frac{1-\exp(-j\omega t_d)}{j\omega t_d}\right| = \frac{\sqrt{\{1-\cos(\omega t_d)\}^2 + \sin^2(\omega t_d)}}{\omega t_d} = \frac{\sqrt{2\{1-\cos(\omega t_d)\}}}{\omega t_d}$$

$$= \frac{\sqrt{4\sin^2\left(\frac{\omega t_\mathrm{d}}{2}\right)}}{\omega t_\mathrm{d}} = \frac{\sin\left(\frac{\omega t_\mathrm{d}}{2}\right)}{\frac{\omega t_\mathrm{d}}{2}}$$

$\omega t_\mathrm{d}/2 = x$ とおくと，式 (7.20) は次式となる．

$$\frac{\sin x}{x} = \frac{1}{\sqrt{2}}$$

これをみたす x は $x \fallingdotseq 1.39$ となる．すなわち，

$$\sin(1.39) \fallingdotseq 0.9837, \quad \frac{1.39}{\sqrt{2}} \fallingdotseq 0.9829$$

である．$x \fallingdotseq 1.39$ のときの ω を ω_c とすると，遮断周波数 f_c は次のようになる．

$$\frac{\omega_\mathrm{c} t_\mathrm{d}}{2} \fallingdotseq 1.39 \quad \therefore f_\mathrm{c} = \frac{\omega_\mathrm{c}}{2\pi} \fallingdotseq \frac{2 \times 1.39}{2\pi \cdot t_\mathrm{d}} = \frac{1.39 \times v}{\pi \cdot d}$$

7.6 $y = x^n$ $(0 < x < 1)$ のとき，$\ln y = n \cdot \ln x$ であるから，両辺を n で微分すると次式が得られる．

$$\frac{1}{y} \cdot \frac{dy}{dn} = \ln x, \quad \frac{dy}{dn} = y \cdot \ln x = x^n \cdot \ln x \quad \therefore \frac{d}{dn} x^n = x^n \cdot \ln x$$

$V/V_\mathrm{B} = x$ とおくと，増倍率 M の n に関する微分は次のようになる．

$$\frac{d}{dn} M = \frac{1}{(1-x^n)^2} \cdot \frac{d}{dn} x^n = \frac{x^n \cdot \ln x}{(1-x^n)^2} < 0$$

したがって，n が大きくなるほど M は小さくなる．

8章

8.1 解図 8.1(a) のように，簡単のため，LD 出射光は $a_x = a_y$，$\delta = 0$ の直線偏光とすると，式 (2.73) より，偏光面と x 軸のなす角は 45 [°] となる．偏光面と PBS の入射面（p面）は一致しているとすると，LD 出射光は PBS を透過する．1/4 波長板により，y 成分

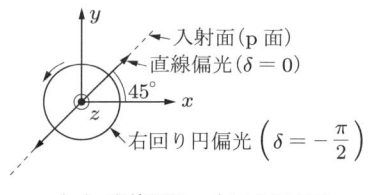

（a）直線偏光→右回り円偏光 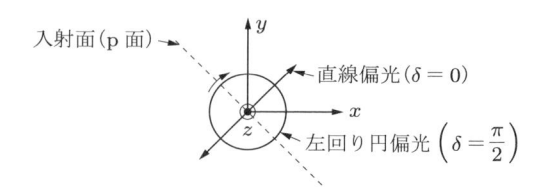 　　　　（b）左回り円偏光→直線偏光

解図 8.1

の位相が $\pi/2$ だけ遅れるので $\delta = -\pi/2$ となり，式 (2.78) より，直線偏光は右回り円偏光になる．

光ディスク面では，入射光の電界の右回り円偏光は，図 (b) のように，（光の進行方向から見て）左回り円偏光になる．（図 (b) の z および x 方向は，図 (a) の z および x 方向とそれぞれ逆向きである．）図 (b) の左回り円偏光は，式 (2.77) より，$\delta = \pi/2$ とみなせるので，1/4 波長板により，y 成分の位相が $\pi/2$ だけ遅れて，$\delta = 0$ の直線偏光となる．この偏光面は入射面（p 面）に対して垂直であるので，PBS で PD 方向に反射される．

8.2 集光スポットの断面積は光源の波長の二乗に比例し，短波長ほど断面積が小さいビームスポットとなるので，ディスク面上の小さいピット情報を読み取る（書き込む）ことができるため．

8.3 スポットサイズ $w(z)$ は z が大きくなるにつれて漸近線に沿って広がるが，$1 \ll \lambda z/(\pi w_0^2)$ とみなせるとき，式 (2.41) より，

$$w(z) \fallingdotseq w_0 \cdot \frac{\lambda z}{\pi w_0^2} = \frac{\lambda z}{\pi w_0}$$

となるから，次の集光公式が得られる．

$$\frac{D}{2} \fallingdotseq \frac{\lambda f}{\pi} \cdot \frac{2}{d} \quad \therefore\ d \fallingdotseq \frac{4}{\pi} \cdot \frac{\lambda f}{D} \fallingdotseq 1.27 \times \frac{\lambda f}{D}$$

式 (8.9) との違いは，$\lambda f/D$ の係数 2.44 が 1.27 になった点であるが，これはスポットサイズの定義が異なるためであり，本質的な違いではない．式 (8.9) では，光強度がゼロとなる点でスポットサイズを定義しているが，ガウスビームでは，光強度がピークの $1/e^2$ ($\fallingdotseq 0.135$) 倍となる点でスポットサイズを定義しているので，式 (8.9) の係数の方が大きくなる．

8.4 解図 8.2 において，△ABC と △AB′F は相似であるから次式が成り立つ．

$$\frac{a}{l_a + l_b} = \frac{a - f}{l_a}, \quad al_a = al_a + al_b - f(l_a + l_b) \quad \therefore\ al_b = f(l_a + l_b)$$

同様に，△DCB と △DC′F′ は相似であるから次式が成り立つ．

$$\frac{b}{l_a + l_b} = \frac{b - f}{l_b}, \quad bl_b = bl_a + bl_b - f(l_a + l_b) \quad \therefore\ bl_a = f(l_a + l_b)$$

これらの 2 式より，次式が得られる．

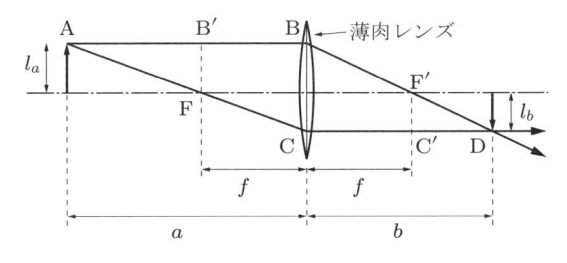

解図 8.2

$$l_b = \frac{b}{a} l_a$$

これを第 1 式に代入すると次式が得られる．

$$\frac{a}{l_a + \frac{b}{a}l_a} = \frac{a-f}{l_a}, \quad \frac{a}{1+\frac{b}{a}} = a-f, \quad f = a - \frac{a^2}{a+b} = \frac{ab}{a+b}$$

$$\therefore \frac{1}{f} = \frac{1}{a} + \frac{1}{b}$$

9 章

9.1 変調時の交流等価回路は，**解図 9.1** のようになり，コイル L は接地される．コイル L と抵抗 r に流れる電流をそれぞれ i_L, i_r とすると，次の 2 式が成り立つ．

$$v = \frac{i_L + i_r}{j\omega C} + r \cdot i_r$$

$$j\omega L \cdot i_L = r \cdot i_r$$

これらの 2 式より i_L を消去すると次式が得られる．

$$v = \left(r + \frac{1}{j\omega C}\right) i_r - \frac{r}{\omega^2 LC} \cdot i_r$$

$$\therefore i_r = \frac{v}{r - \frac{r}{\omega^2 LC} + \frac{1}{j\omega C}} \quad (\omega \to \infty) \quad \to \frac{v}{r}$$

すなわち，電圧 v はすべて抵抗 r にかかり，また，電流はすべて抵抗 r に流れる．

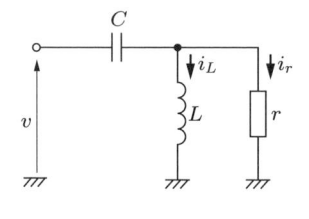

解図 9.1

9.2 回路図は**解図 9.2** のようになる．R_L は負荷抵抗である．PD または APD には負のバイアス電圧が印加される．

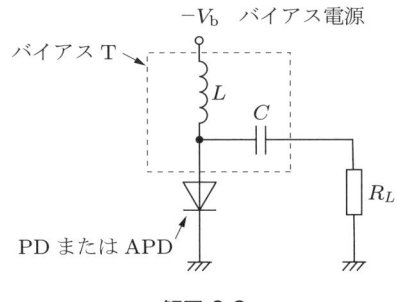

解図 9.2

9.3 (1) クラッドの屈折率を n_2 とすると，ΔT の式は次のように変形できる．

$$\Delta T \fallingdotseq \frac{L}{c} \cdot n_1 \cdot \frac{n_1 - n_2}{n_1} = \frac{L}{c} \cdot (n_1 - n_2) = \frac{L}{\frac{c}{n_1}} - \frac{L}{\frac{c}{n_2}}$$

これは，コア中のみを伝搬する光とクラッド中のみを伝搬する光の到達時間差である．

(2) $\Delta T/L$ は次のようになる．

$$\frac{\Delta T}{L} \fallingdotseq \frac{n_1 \Delta}{c} = \frac{1.5 \times 0.005}{3 \times 10^8} = 25 \times 10^{-12} \,[\text{s/m}] = 25 \times 10^{-9} \,[\text{s/km}]$$

9.4 (1) 式 (9.5) より，光結合効率 κ は次のようになる．

$$\kappa = \frac{4}{\left(\dfrac{1.5}{4} + \dfrac{4}{1.5}\right)^2 + \left(\dfrac{1.55 \times 5}{3.14 \times 1.5 \times 4}\right)^2} \fallingdotseq \frac{4}{3.04^2 + 0.411^2} \fallingdotseq 0.425$$

(2) 上記 (1) の結果と式 (9.6) より，$x = 1, 3\,[\mu\text{m}]$ に対する光結合効率 η_c はそれぞれ次のようになる．

$$\eta_c \fallingdotseq 0.425 \times \exp\left[-0.425 \times \left\{\frac{1^2}{2}\left(\frac{1}{1.5^2} + \frac{1}{4^2}\right)\right\}\right]$$

$$\fallingdotseq 0.425 \times \exp\left(-0.425 \times 0.5 \times 0.507\right) \fallingdotseq 0.381$$

$$\eta_c \fallingdotseq 0.425 \times \exp\left[-0.425 \times \left\{\frac{3^2}{2}\left(\frac{1}{1.5^2} + \frac{1}{4^2}\right)\right\}\right]$$

$$\fallingdotseq 0.425 \times \exp\left(-0.425 \times 4.5 \times 0.507\right) \fallingdotseq 0.161$$

9.5 (1) 光ファイバ出射端パワーを P_2，PD の光電流を I_ph，感度を S_p とすると次式が成り立つ．

$$0.7 \times P_2 \times S_\text{p} = I_\text{ph} \qquad \therefore\ P_2 = \frac{I_\text{ph}}{0.7 \times S_\text{p}} = \frac{0.80}{0.7 \times 0.9} \fallingdotseq 1.27\,[\text{mW}]$$

(2) 式 (9.1) より，光ファイバ長を L，入射端パワーを P_1 とすると次式が成り立つ．

$$-10\log\left(\frac{P_2}{P_1}\right) = 0.2 \times L = 0.2 \times 5 = 1, \qquad \log\left(\frac{P_2}{P_1}\right) = -0.1,$$

$$\frac{P_2}{P_1} = 10^{-0.1} \fallingdotseq 0.794 \qquad \therefore P_1 = \frac{P_2}{0.794} \fallingdotseq \frac{1.27}{0.794} \fallingdotseq 1.60\,[\mathrm{mW}]$$

(3) LD 出射パワーを P とすると次式が成り立つ.

$$0.4 \times P = P_1 \qquad \therefore P = \frac{P_1}{0.4} = 4.0\,[\mathrm{mW}]$$

付　録

A.1　ストークスの定理とガウスの定理

A.1.1　ストークスの定理

図 A.1.1 のように，閉曲線 C で囲まれた面積 S の曲面を想定する．曲面上の破線で囲まれた微小面積を表す面素ベクトルを dS とする．ただし，面素ベクトルの向きは，破線に沿って一周したとき，右ネジの進む向きとし，ベクトルの大きさは破線で囲まれた面積に等しいものとする．閉曲線 C に沿った微小線分を表す線素ベクトルを $d\boldsymbol{r}$ とする．線素ベクトルの向きは，破線に沿って面素を一周する向きと同じとする．このとき，閉曲線 C で囲まれた曲面上で次の関係式が成り立つ．

$$\iint_{(S)} (\nabla \times \boldsymbol{E}) \cdot d\boldsymbol{S} = \oint_{(C)} \boldsymbol{E} \cdot d\boldsymbol{r} \tag{A.1.1}$$

$(\nabla \times \boldsymbol{E}) \cdot d\boldsymbol{S}$ は，$\nabla \times \boldsymbol{E}$ と $d\boldsymbol{S}$ の内積，$\boldsymbol{E} \cdot d\boldsymbol{r}$ は $\boldsymbol{E}$ と $d\boldsymbol{r}$ の内積である．すなわち，$\nabla \times \boldsymbol{E}$（$\boldsymbol{E}$ の回転（ベクトル量））の面積 S 上の面積分は，閉曲線 C に沿った $\boldsymbol{E}$ の線積分に等しい．$\boldsymbol{E}$ は電界ベクトルまたは任意のベクトルである．式 (A.1.1) を**ストークスの定理**という．

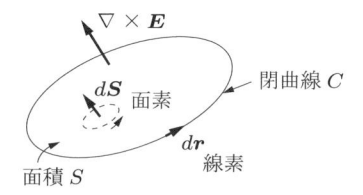

図 A.1.1　閉曲線 C で囲まれた曲面上の面素と閉曲線 C に沿った線素

A.1.2　ガウスの定理

図 A.1.2 のように，閉曲面 S で囲まれた体積 V の立体を想定する．図 A.1.1 と同様に，閉曲面上の面素ベクトルを $d\boldsymbol{S}$ とする．立体内の微小体積を体積素 dV とする．このとき，閉曲面 S で囲まれた立体に対して次の関係式が成り立つ．

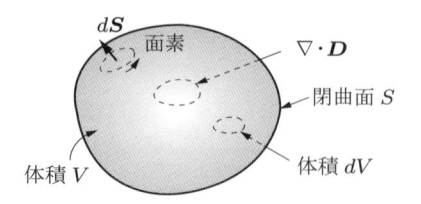

図 A.1.2　閉曲面 S 内の体積素と閉曲面 S 上の面素

$$\iiint_{(V)} \nabla \cdot \boldsymbol{D} dV = \iint_{(S)} \boldsymbol{D} \cdot d\boldsymbol{S} \tag{A.1.2}$$

$\boldsymbol{D} \cdot d\boldsymbol{S}$ は $\boldsymbol{D}$ と $d\boldsymbol{S}$ の内積である．すなわち，$\nabla \cdot \boldsymbol{D}$（$\boldsymbol{D}$ の発散（スカラー量））の体積 V 内の積分は，閉曲面 S 上の $\boldsymbol{D}$ の面積分に等しい．$\boldsymbol{D}$ は電束密度ベクトルまたは任意のベクトルである．式 (A.1.2) を**ガウスの定理**（Gauss' theorem）という．

ストークスの定理またはガウスの定理を用いると，微分形式のマクスウェル方程式を積分形式の方程式に変換することができる．

A.2　インコヒーレント光の周波数スペクトル（参考文献 [1] 参照）

位相の変動（飛び）は偶発的に発生する（時間的にランダムに発生する）ものとすると，図 4.4 の時間変動波形は次式のように表すことができる．

$$E(z_0, t) = A \sin \{\omega_0 t + \phi_\mathrm{r}(t)\} \tag{A.2.1}$$

ただし，ω_0 は位相の飛びがないときの角周波数である．$\phi_\mathrm{r}(t)$ は偶発的に飛びが発生し，かつ飛び幅が 0 と 2π の間にランダム分布する位相角である．このように，時間的に不規則に変動する波形の周波数スペクトルを求めるには，統計的な平均操作が必要となる．そこで，飛びの発生に関する統計的な性質と時間的に不規則に変動する波形に関する周波数スペクトルの考え方を述べた後，式 (A.2.1) の周波数スペクトルを求める．

A.2.1　位相の飛びが発生する確率

位相の飛びは偶発的に発生するが，平均時間間隔 τ_c は一定とみなせるものとする．単位時間あたりの飛びの発生頻度は $1/\tau_\mathrm{c}$ であるから，発生頻度も一定となる．このとき，τ 時間に r 回の位相の飛びが発生する確率は，以下の**ポアソン分布**（Poisson distribution）で表される．

$$P_{\mathrm{r}}(\tau) = e^{-\frac{\tau}{\tau_{\mathrm{c}}}} \cdot \frac{\left(\frac{\tau}{\tau_{\mathrm{c}}}\right)^r}{r!} \tag{A.2.2}$$

τ 時間に位相の飛びが発生しない確率は，式 (A.2.2) で $r=0$ とおいて，

$$P_0(\tau) = e^{-\frac{\tau}{\tau_{\mathrm{c}}}} \tag{A.2.3}$$

となるから，τ 時間に位相の飛びが発生する確率は以下のようになる．

$$1 - P_0(\tau) = 1 - e^{-\frac{\tau}{\tau_{\mathrm{c}}}} \tag{A.2.4}$$

A.2.2　ウイーナー - ヒンチンの定理

　時間的に不規則に変動する波形の周波数スペクトル（パワースペクトル）は，元の不規則な波形の相関関数 $R(\tau)$ を求め，この $R(\tau)$ をフーリエ変換すれば得られる．これを**ウイーナー - ヒンチンの定理**（Wiener–Khintchine's theorem）という．相関関数とは，元の波形と，それを時間 τ だけずらした波形の積を，以下のように十分長い時間にわたって時間平均したものである．

$$R(\tau) \equiv \lim_{T \to \infty} \frac{A^2}{T} \int_{-T/2}^{T/2} \sin\{\omega_0(t+\tau) + \phi_{\mathrm{r}}(t+\tau)\} \cdot \sin\{\omega_0 t + \phi_{\mathrm{r}}(t)\}\, dt \tag{A.2.5}$$

時間平均が時刻 t によらず，時間差 τ のみに依存する場合を定常過程というが，本書では定常過程のみを扱う．通常は，十分長い時間にわたる時間平均は集合平均に等しいとみなせるので，相関関数 $R(\tau)$ は以下のように表すこともできる．

$$R(\tau) \equiv A^2 \langle \sin\{\omega_0(t+\tau) + \phi_{\mathrm{r}}(t+\tau)\} \cdot \sin\{\omega_0 t + \phi_{\mathrm{r}}(t)\} \rangle \tag{A.2.6}$$

ただし，$\langle\ \rangle$ は集合平均を表す．集合平均とは，時間的に不規則に変動する無数の関数の集合を想定し，時刻 t において $\langle\ \rangle$ の中の関数について，その関数の集合がもつ統計的な性質に従って算術平均をとることである．定常過程では，集合平均も時間差 τ のみに依存する．不規則な波形の統計的な性質（いまの場合は位相の飛びが発生する確率や飛び幅の分布など）がわかれば，集合平均は容易に求めることができるので，実際は，ほとんどの場合，相関関数 $R(\tau)$ は集合平均により求められる．

　定常過程では相関関数 $R(\tau)$ は τ の偶関数となるから，パワースペクトル $S(\omega)$ はウイーナー - ヒンチンの定理より，以下のように $R(\tau)$ のフーリエ cos 変換により求めることができる．

$$S(\omega) \equiv \int_{-\infty}^{\infty} R(\tau) \cdot e^{-j\omega\tau} d\tau$$

$$= 2\int_{0}^{\infty} R(\tau) \cos\omega\tau \cdot d\tau \tag{A.2.7}$$

A.2.3　式 (A.2.1) の周波数スペクトル

式 (A.2.6) は以下のように変形できる．

$$R(\tau) = \frac{A^2}{2} \langle \cos\{\omega_0\tau + \phi_r(t+\tau) - \phi_r(t)\}$$

$$- \cos\{2\omega_0 t + \omega_0\tau + \phi_r(t+\tau) + \phi_r(t)\}\rangle$$

$$= \frac{A^2}{2} \{\cos\omega_0\tau \cdot \langle\cos\Delta\phi_r\rangle - \sin\omega_0\tau \cdot \langle\sin\Delta\phi_r\rangle\}$$

$$(\Delta\phi_r \equiv \phi_r(t+\tau) - \phi_r(t)) \tag{A.2.8}$$

第 1 行の第 2 項は時刻 t において，集合の各関数の位相がランダムに変動するので，集合平均はゼロである．

τ 時間に位相の飛びが発生しない確率は式 (A.2.3) で与えられ，このとき $\Delta\phi_r = 0$ であるから，

$$\langle\cos\Delta\phi_r\rangle = 1 \times e^{-\frac{\tau}{\tau_c}} = e^{-\frac{\tau}{\tau_c}}, \qquad \langle\sin\Delta\phi_r\rangle = 0 \times e^{-\frac{\tau}{\tau_c}} = 0 \tag{A.2.9}$$

となる．τ 時間に位相の飛びが発生する確率は式 (A.2.4) で与えられ，このとき $\Delta\phi_r$ は 0 から 2π の間にランダムに分布すると考えられるから，

$$\langle\cos\Delta\phi_r\rangle = \frac{1}{2\pi}\int_0^{2\pi} \cos\Delta\phi_r d(\Delta\phi_r) \times \left(1 - e^{-\frac{\tau}{\tau_c}}\right) = 0 \times \left(1 - e^{-\frac{\tau}{\tau_c}}\right) = 0,$$

$$\langle\sin\Delta\phi_r\rangle = \frac{1}{2\pi}\int_0^{2\pi} \sin\Delta\phi_r d(\Delta\phi_r) \times \left(1 - e^{-\frac{\tau}{\tau_c}}\right) = 0 \times \left(1 - e^{-\frac{\tau}{\tau_c}}\right) = 0 \tag{A.2.10}$$

となる．式 (A.2.9)，(A.2.10) を式 (A.2.8) に代入すると，$R(\tau)$ は次のようになる．

$$R(\tau) = \frac{A^2}{2} \cdot e^{-\frac{\tau}{\tau_c}} \cdot \cos\omega_0\tau \tag{A.2.11}$$

式 (A.2.11) を式 (A.2.7) に代入すると，$S(\omega)$ は次のように求められる．

$$S(\omega) = A^2 \int_0^{\infty} e^{-\frac{\tau}{\tau_c}} \cdot \cos\omega_0\tau \cdot \cos\omega\tau \cdot d\tau$$

A.2 インコヒーレント光の周波数スペクトル

$$= \frac{A^2}{2} \int_0^\infty e^{-\frac{\tau}{\tau_c}} \{\cos(\omega_0+\omega)\tau + \cos(\omega_0-\omega)\tau\} \, d\tau$$

$$= \frac{A^2}{2}\left\{\frac{\tau_c}{1+(\omega_0+\omega)^2\tau_c^2} + \frac{\tau_c}{1+(\omega_0-\omega)^2\tau_c^2}\right\} \quad (A.2.12)$$

ただし，次の積分公式を用いた．

$$\int_0^\infty e^{-ax} \cdot \cos bx \cdot dx = \frac{a}{a^2+b^2} \qquad (a>0) \quad (A.2.13)$$

$\omega > 0$ であるから，$\omega = -\omega_0$ にピークをもつ式 (A.2.12) の第 1 項は無視できて，$S(\omega)$ は以下のようになる．

$$S(\omega) \fallingdotseq \frac{A^2}{2} \cdot \frac{\tau_c}{1+(\omega_0-\omega)^2\tau_c^2} \quad (A.2.14)$$

この型のスペクトルを**ローレンツ型**という．図 A.2.1 は $S(\omega)$ の ω 依存性の概形である．$S(\omega)$ がピークの半分となるところの角周波数幅 $\Delta\omega$ を**半値幅**という．式 (A.2.14) より，$S(\omega)$ がピークの半分となるところの角周波数 ω は次式をみたす．

$$(\omega_0-\omega)\tau_c = \pm 1 \qquad \therefore \ \omega = \omega_0 \mp \frac{1}{\tau_c} \quad (A.2.15)$$

したがって，$\Delta\omega$ は次式で与えられる．

$$\Delta\omega = \left(\omega_0+\frac{1}{\tau_c}\right) - \left(\omega_0-\frac{1}{\tau_c}\right) = \frac{2}{\tau_c} \quad (A.2.16)$$

すなわち，$S(\omega)$ の半値幅は τ_c の逆数に比例し，τ_c が短くなるほど半値幅は広くなる．

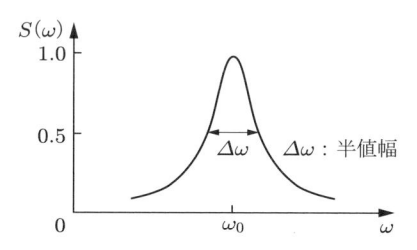

図 A.2.1　$S(\omega)$ の ω 依存性の概形

A.3 物理定数表

真空中の光速： $c = 2.998 \times 10^8$ [m/s]
真空の誘電率： $\varepsilon_0 = 8.854 \times 10^{-12}$ [F/m]
真空の透磁率： $\mu_0 = 1.257 \times 10^{-6}$ [H/m]
電子の電荷： $q = 1.602 \times 10^{-19}$ [C]
電子の静止質量： $m_0 = 9.109 \times 10^{-31}$ [kg]
ボルツマン定数： $k_B = 1.381 \times 10^{-23}$ [J/K]
プランク定数： $h = 6.626 \times 10^{-34}$ [J·s]
ボーア半径： $r_B = 5.292 \times 10^{-11}$ [m] $= 0.5292$ [Å]
1 [eV] のエネルギー： 1 [eV] $= 1.602 \times 10^{-19}$ [J]
$T = 300$ [K] の $k_B T$： $k_B T = 0.026$ [eV]

参考文献

光エレクトロニクス・デバイス工学 関係
 [1] 霜田 光一, 矢島 達夫, 上田 芳文, 清水 忠雄, 粕谷 敬宏：量子エレクトロニクス（上），裳華房（1972）
 [2] 大越 孝敬：光エレクトロニクス，コロナ社（1982）
 [3] 米津 宏雄：光通信素子工学，工学図書（1984）
 [4] 上林 利生, 貴堂 靖昭：光エレクトロニクス，森北出版（1992）
 [5] 小嶋 敏孝：光波工学，コロナ社（1996）
 [6] 栖原 敏明：光波工学，コロナ社（1998）
 [7] 栖原 敏明：半導体レーザの基礎，共立出版（1998）
 [8] 河野 健治：光デバイスのための 光結合系の基礎と応用（第二版），現代工学社（1998）
 [9] 榛葉 實：光ファイバ通信概論，東京電機大学出版局（1999）
 [10] 村上 泰司：入門光ファイバ通信工学，コロナ社（2003）
 [11] 西原 浩, 裏 升吾：光エレクトロニクス入門（改訂版），コロナ社（2005）
 [12] Bahaa E.A. Saleh, Malvin Carl Teich（尾崎 義治, 朝倉 利光 訳）：基本 光工学 1・2，森北出版（2006, 2008）
 [13] 伊藤 國雄：半導体レーザの基礎マスター，電気書院（2009）
 [14] 常深 信彦：発光ダイオードが一番わかる，技術評論社（2010）
 [15] 末松 安晴：新版 光デバイス，コロナ社（2011）
 [16] 安藤 幸司：半導体レーザが一番わかる，技術評論社（2011）

電磁気学，量子力学，統計力学 関係
 [1] 中山 正敏：電磁気学，裳華房（1986）
 [2] 江沢 洋：量子力学（I），裳華房（2002）
 [3] 長岡 洋介：統計力学，岩波書店（1994）

索引

英数先頭

0次のガウス分布　20
1/4波長板　140
3原色　119
APD　121
BD　140
CD　140
$C_t R_{eq}$ 時定数　129
DFB-LD　109
DSF　161
DVD　140
DWDM　165
E/O変換器　163
FFP　64
FP　86, 108
GI型　156
LD　94
LED　94
LPE　100
MBE　100
MD　142
MMF　155
MO　142
NFP　65
O/E変換器　163
PBS　140
PC　142
PD　121
PDモード　125
pin-PD　122
PLC　42
pn接合　94
p偏光　32, 141
R　142
RAM　142
ROM　142
RW/RE　142
SI型　156
SMF　156
S/N比　131
s偏光　32, 141

TDM　163
TEM（横電磁界）波　18
TE奇モード　49
TE偶モード　48
TE（横電界）モード　46
TM（横磁界）モード　46
VPE　100
V値　48
WDM　164
X線　3
γ線（放射線）　3

あ行

アインシュタイン　68, 71
アインシュタイン-ド・ブロイの関係　73
アインシュタインのA係数　71
アインシュタインのB係数　71
アヴァランシェ・フォトダイオード　121
青色光　118
アナログ変調　111, 155
アバランシェ降伏　132
アモルファス状態　145
暗電流　136
イオン化率　134
位相　16
位相条件　89
位相速度　17
位相定数　16, 45
インコヒーレント光　63
ウイーナー-ヒンチンの定理　203
ウエーバー　73
渦　12
埋込み型LD　95
上書き　147
エアリーディスク　149
液相成長法　100

エネルギー準位図　70
エバネッセント波　58
遠視野像　64
円筒光導波路　43
円偏光　27, 141
黄色蛍光体　119
遅れ時間　117
オーバーライト　147

か行

開口数　44
回折　21, 66, 148
回折角　21, 42
回折限界　149
回折格子　109
回折次数　110
回転　12
外部変調　154
ガウスの定理　202
ガウスビーム　20
ガウス分布　54, 65
可干渉性　63
書換型　142
可逆的に変化　145
拡散距離　96
拡散電位　122
角周波数　14
角波数　14
化合物半導体　99
可視光　3
可視光線　3
活性層　94
カットオフ波長　53
ガーマー　72
干渉　62
干渉計　9
感度　123
緩和周波数　113
緩和振動　117
規格化周波数　48
幾何光学　42

索　引　209

幾何光学近似　148
気相成長法　100
基底準位　70
基底状態　70
擬フェルミ準位　96
基本モード　20, 50
逆バイアス　122
逆方向電流　122
逆方向飽和電流　125
キュリー温度　146
境界条件　33
共振器長　86
共振周波数　113
共有結合　99
虚数単位　14
記録モード　9
近軸近似　20
近軸光線　20
近視野像　65
金属の切断　10
空間伝送　9
空乏層　122
矩形光導波路　42
グース - ヘンシェンシフト　58
屈折角　31
屈折の法則　35
屈折率　15
クラッド　42
クラッド層　95
グレーデッドインデックスファイバ　156
結合効率　162
結晶相　145
検光子　147
原子価　99
コア　42
光学距離　156
光子　69
光軸　162
光子寿命　86
高次モードの遮断条件　53
光線　42
構造分散　159
後退波　17, 150
光電効果　69
降伏　132
降伏電圧　127, 132
光路長　156

黒体から放射される電磁波　92
コヒーレンス　63
コヒーレンス時間　63
コヒーレンス長　63
コヒーレント光　63
固有インピーダンス　170
固有値方程式　48
混晶　99
混晶比　99
コンプトン　69
コンプトン効果　69

さ 行

再生専用型　142
再生モード　9
材料分散　159
雑音　131
鞘層　95
磁界　11
紫外線　3
磁界変調方式　147
磁化方向　146
しきい値　103
しきい値電流　7, 104
磁気カー効果　147
指向性　6
次数　50
磁性薄膜　146
自然光　5, 77
自然放出　71
自然放出係数　71
自然放出寿命　77
磁束密度　11
磁場　11
自発放射　71
時分割多重化方式　163
縞　95
シャウロウ　73
遮断周波数　128
ジャバン　73
周期　60
周波数　3
シュレディンガー　73
消光比　117
状態密度　101
ショット雑音　131
真空の透磁率　12

真空の誘電率　12
シングルモードファイバ　156
信号対雑音比　131
進行波　17
真性半導体　122
振動数　3
振動数（周波数）条件　89
振動数条件　70
振幅　60
振幅条件　89
スカラー積（内積）　12
ステップインデックスファイバ　156
ストークスの定理　33, 201
ストライプ　95
ストライプ型 LD　95
スネルの法則　35
スーパーインジェクション　97
スペクトル線幅　62
スペクトル半値幅　109
スポットサイズ　20
スラブ（平板）導波路　43
スロープ効率　107
正帰還　86
静磁界に関するクーロンの法則　12
静電界に関するクーロンの法則　12
石英平面光回路　42
赤外吸収　157
赤外線　3
遷移　70
遷移周波数　70
遷移波長　79
線形化　111
前進波　17
線スペクトル　5, 60
線幅　62
全反射　36
相関関数　203
増倍指数　135
増倍率　135
相変化型　142
組成比　99
損失　85, 157

た 行

第 1 種ベッセル関数　149

太陽電池モード 125
タウンズ 73
楕円偏光 28
多重化 163
多重分離 163
縦波 2
縦モード 90, 108
ダブルインジェクション 97
ダブルヘテロ接合 94
多峰性 51
多モード光導波路 51
多モードファイバ 155
単一モード光導波路 54
単一モードファイバ 156
単色光 5
単色性 5
超越方程式 49
直接変調 154
直線偏光 26, 140
追記型 142
定在波 55
ディジタル変調 111, 155
定常過程 203
定常状態 70, 81
定常波 55
デシベル 157
デバイス効率 107
デビソン 72
電界 11
電荷中性条件 97
電荷密度 11
電子雪崩降伏 132
電磁波 1
伝送損失 157
電束密度 11
電場 11
電波 3
伝搬定数 16
伝搬モード 47
電流源 124
電流の周りの磁界に関するアンペールの法則 12
電流密度 11
等位相面 16, 55
透過角 31
透過係数 37
透過波 31
透過率 38
透磁率 12

導波モード 47
導波路分散 159
特性インピーダンス 170
特性方程式 48
ド・ブロイ 72
ド・ブロイ波 73
ド・ブロイ波長 73
トラック 142
トラックピッチ 142, 143
ドリフト 122

な 行

雪崩増倍 133
ナブラ 12
二重性 73
入射角 31
入射波 31
入射面 31, 141
熱雑音 131
熱平衡状態 78

は 行

バイアスT 154
媒質 2, 75
ハイゼンベルク 73
白色光 119
波形ひずみ 109
波数 14
波数ベクトル 14
バソフ 73
波長 1
波長合波器 164
波長分割多重化方式 164
波長分散 109, 159
波長分波器 164
発光層 94
発光ダイオード 94
発散 12
発振条件 89
波動インピーダンス 30
波動方程式 13
波面 1, 16, 55
波面の曲率半径 20
腹 55
パルス変調 111, 155
バルマー系列 91
パワー利得係数 85
反射角 31
反射係数 37

反射波 31
反射率 38
半値角 64
半値全角 64
半値全幅 62
半値幅 62, 205
半値半角 64
半値半幅 62
反転分布 72, 80, 102
バンドギャップ波長 100
非可逆変化 145
光 3
光エレクトロニクス 1
光共振器 72, 86
光磁気型 142
光増幅器 153
光中継器 153
光ディスク 140
光電流 122
光導波路 42
光ピックアップ 140
光ファイバ 43, 155
光ファイバ通信 9, 153
光変調器 154
光変調方式 147
比屈折率差 44
微小磁区 146
非晶質相 145
左回り円偏光 27
左回り楕円偏光 28
ビット 142
ビット長 143
比透磁率 12
非発光遷移 75
微分演算子 12
微分量子効率 106
ビーム 7
ビームウエスト 21
ビームスポット 142
ビームの大きさ 20
比誘電率 12
ファブリ-ペロー型共振器 86
ファラデーの電磁誘導の法則 12
フィードバック機構 118
フェルミ準位 96
フェルミ分布関数 101
フォトダイオード 121

フォトン　69	ボーアの量子条件　70	横　波　1
フォトン寿命　86	放射モード　47	横モード　51
負温度状態　80	ホモ接合　94	
不確定性関係　92	ポラロイド　29	**ら 行**
負荷線　125	ボルツマン定数　78	ライマン系列　91
節　55	ホログラフィ　9	利　得　85, 157
物質波　73	ポンピング　81	利得曲線　90
フラウンホーファ回折　148		量　子　68
プランク　68	**ま 行**	量子化　70
プランク定数　68	マクスウェル　1, 68	量子効率　123
フーリエ変換　61, 203	マクスウェル方程式　11	量子数　70
ブリュースター角　40	マクスウェル－ボルツマン分布　78	量子力学　73
フレネル係数　37	マルチモードファイバ　155	臨界角　36
プロホロフ　73	右回り円偏光　27, 141	励起　70
分散シフトファイバ　161	右回り楕円偏光　28	励起準位　70
分子線成長法　100	メイマン　73	励起状態　70
分布帰還型レーザ　109	メーザ　73	励起法　75
平面波　2	モード　90	レイリー散乱　157
ベクトル積（外積）　12	モードフィールド径　163	レーザ　74
ヘテロ接合　94	モード分散　156	レーザ光　5
ヘルツ　1		レーザダイオード　94
変位計　9	**や 行**	レーザメス　10
偏光　25	誘電体　13	レート方程式　78
偏光子　29	誘電率　12	レベル計　8
偏光ビームスプリッタ　140	誘導吸収　71	レムピッキ　73
偏光プリズム　29	誘導吸収係数　72	レンズ列　9
偏光面　24	誘導放出　72	録再可能型　142
変　調　7, 111, 154	誘導放出係数　72	ローレンツ型　62, 205
変調感度　113	誘導放出による光の増幅　83	
偏波面　24	ゆらぎ成分　130	**わ 行**
ボーア　69	溶　接　10	湧き出し　12
ポアソン分布　202		

著者略歴

樋口 英世（ひぐち・ひでよ）
　1972 年 3 月　群馬大学工学部電気工学科卒業
　1977 年 3 月　東京工業大学大学院電子物理工学専攻博士課程修了，工学博士
　1977 年 4 月　三菱電機株式会社入社，半導体レーザの開発に従事
　2000 年 4 月　大阪電気通信大学教授
　2017 年 4 月　大阪電気通信大学名誉教授
　　　　　　　　現在に至る

　編集担当　福島崇史（森北出版）
　編集責任　石田昇司（森北出版）
　組　　版　ウルス
　印　　刷　ワコー
　製　　本　協栄製本

例題で学ぶ光エレクトロニクス入門　　　　© 樋口英世　2014

2014 年 10 月 29 日　第 1 版第 1 刷発行　　【本書の無断転載を禁ず】
2024 年 4 月 10 日　第 1 版第 2 刷発行

著　　者　樋口英世
発 行 者　森北博巳
発 行 所　森北出版株式会社
　　　　　東京都千代田区富士見 1-4-11（〒102-0071）
　　　　　電話 03-3265-8341 ／ FAX 03-3264-8709
　　　　　http://www.morikita.co.jp/
　　　　　日本書籍出版協会・自然科学書協会　会員
　　　　　JCOPY ＜(社)出版者著作権管理機構 委託出版物＞

落丁・乱丁本はお取替えいたします．
Printed in Japan／ISBN978-4-627-77511-4

MEMO

MEMO